高等学校教材

电路原理与工程实践

总策划　郁汉琪

主　编　褚南峰　蒋文娟

副主编　邵伟华　钱晓霞

参　编　许其清　童　桂　谢家烨　宋卫菊　孙方霞

　　　　卢松玉　徐国峰　陈兴荣　张斌锋　曾宪阳

　　　　郑子超　刘　静　陈国军

东南大学出版社
SOUTHEAST UNIVERSITY PRESS

·南京·

内 容 简 介

　　《电路原理与工程实践》是根据电路原理实验的要求,在满足电路原理理论课程中有关基本概念和定理验证和实践的基础上,结合人才培养和教学改革而编写的一本实用的实验及课程设计指导书。本书共分五大部分,系统地介绍了电路的基本原理和基本知识、常用电工电子仪器仪表的使用、直流电路实验、交流电路实验、磁路实验、电器控制及可编程控制实验、线下及线上仿真实验、综合及设计实验训练等内容。重点阐述了各实验的目的、原理、方法、步骤、注意事项以及电路原理课程设计的基本要求、目的、任务。

　　本书提供了大量的综合实验及课程设计的题目,以备读者选用。还对常用的实验仪器和装置的使用方法及仿真软件 Multisim 及 OrCAD 软件和 EWB 软件进行了介绍和说明。

图书在版编目(CIP)数据

电路原理与工程实践 / 褚南峰,蒋文娟主编. — 南京:东南大学出版社,2023.2(2025.1重印)
　ISBN　978 - 7 - 5766 - 0550 - 1

　Ⅰ.①电…　Ⅱ.①褚…　②蒋…　Ⅲ.①电路理论
Ⅳ.①TM13

　中国版本图书馆 CIP 数据核字(2022)第 248798 号

责任编辑:朱　珉　　责任校对:韩小亮　　封面设计:顾晓阳　　责任印制:周荣虎
电路原理与工程实践
Dianlu Yuanli Yu Gongcheng Shijian

主　　编	褚南峰　蒋文娟
出版发行	东南大学出版社
社　　址	南京市四牌楼 2 号(邮编:210096　电话:025 - 83793330)
经　　销	全国各地新华书店
印　　刷	苏州市古得堡数码印刷有限公司
开　　本	787 mm×1092 mm　1/16
印　　张	20.5
字　　数	522 千字
版　　次	2023 年 2 月第 1 版
印　　次	2025 年 1 月第 3 次印刷
书　　号	ISBN　978 - 7 - 5766 - 0550 - 1
定　　价	69.00 元

本社图书若有印装质量问题,请直接与营销部联系,电话:025 - 83791830。

序

　　南京工程学院一向重视实践教学，注重学生的工程实践能力和创新能力的培养。长期以来，学校坚持走产学研之路、创新人才培养模式，培养高质量应用型人才。开展了以先进工程教育理念为指导、以提高实践教学质量为抓手、以多元校企合作为平台、以系列项目化教学为载体的教育教学改革。学校先后与国内外一批著名企业合作共建了一批先进的实验室、实验中心或实训基地，规模宏大、合作深入，彻底改变了原来学校实验室设备落后于行业产业技术的现象。同时经过与企业实验室的共建、实验实训设备共同研制开发、工程实践项目的共同指导、学科竞赛的共同举办和教学资源的共同编著等，在产教融合协同育人等方面积累了丰富的经验，在人才培养改革实践过程中取得了重要成果。

　　本次编写的"'十三五'机电工程实践系列规划教材"是围绕机电工程训练体系四大部分内容而编排的，包括"机电工程基础实训系列""机电工程控制基础实训系列""机电工程综合实训系列"和"机电工程创新实训系列"等 28 册。其中"机电工程基础实训系列"包括《电工技术实验指导书》《电子技术实验指导书》《电工电子实训教程》《电路原理与工程实践》(增补)《机械工程基础训练教程(上)》和《机械工程基础训练教程(下)》等 7 册；"机电工程控制基础实训系列"包括《电气控制与 PLC 实训教程(西门子)》《电气控制与 PLC 实训教程(三菱)》《电气控制与 PLC 实训教程(台达)》《电气控制与 PLC 实训教程(通用电气)》《电气控制与 PLC 实训教程(罗克韦尔)》《电气控制与 PLC 实训教程(施耐德电气)》《单片机实训教程》《检测技术实训教程》和《液压与气动控制技术实训教程》等 9 册；"机电工程综合实训系列"包括《数控系统 PLC 编程与实训教程(西门子)》《数控系统 PMC 编程与实训教程(法那科)》《数控系统 PLC 编程与实践训练教程(三菱)》《先进制造技术实训教程》《快速成型制造实训教程》《工业机器人编程与实训教程》和《智能自动化生产线实训教程》等 7 册；"机电工程创新实训系列"包括《机械创新综合设计与训练教程》《电子系统综合设计与训练教程》《自动化系统集成综合设计与训练教程》《数控机床电气综合设计与训练教程》《数字化设计与制造综合设计与训练教程》等 5 册。

　　该系列规划教材，既是学校深化实践教学改革的成效，也是学校教师与企业工程师共同开发的实践教学资源建设的经验总结，更是学校参加首批教育部"本科教学质量与教学改革工程"项目——"卓越工程师人才培养教育计划"、"CDIO工程教育模式改革研究与探索"和"国家级机电类人才培养模式创新实验区"工程实践教育改革的成果。该系列中的实验实训指导书和训练讲义经过了十年来的应用实践，在相关专业班级进行了应用实践与探索，成效显著。

　　该系列规划教材面向工程、重在实践、体现创新。在内容安排上既有基础实验实训，又有综合设计与集成应用项目训练，也有创新设计与综合工程实践项目应用；在项目的实施上采用国际化的 CDIO[Conceive（构思）、Design（设计）、Implement（实现）、Operate（运作）]工程教育的标准理念，"做中学、学中研、研中创"的方法，实现学做创一体化，使学生以主动的、实践的、课程之间有机联系的方式学习工程。通过基于这种系列化的项目教育和学习后，学生会在工程实践能力、团队合作能力、分析归纳能力、发现问题解决问题的能力、职业规划能力、信息获取能力以及创新创业能力等方面均得到锻炼和提高。

　　该系列规划教材的编写、出版得到了通用电气、三菱电机、西门子等多家企业的领导与工程师们的大力支持和帮助，出版社的领导、编辑也不辞辛劳、出谋划策，才能使该系列规划教材如期出版。该系列规划教材既可作为各高等院校电气工程类、自动化类、机械工程类等专业及相关高校工程训练中心或实训基地的实验实训教材，也可作为专业技术人员培训用参考资料。相信该系列规划教材的出版，一定会对高等学校工程实践教育和高素质创新人才的培养起到重要的推动作用。

教育部高等学校电气类教学指导委员会主任

胡敏强

2016 年 5 月于南京

出 版 说 明

近年来,随着经济和科技的飞速发展,我国高等教育进入了一个快速发展的时期,同时也对高校的教学提出了新的挑战,新理论、新技术层出不穷,学科间的交叉和联系不断加强,仅仅依赖书本、文字和简单演示说明的教学方式,已经跟不上科技发展的步伐。在这个大环境下,实验教学已成为高校教学活动的重要环节,而随着高校扩招,学生人数不断增加,学校的实验设备已经无法满足学生随时、多次重复地做一门实验的需求,只能分批次地给学生提供某项实验的时间,教学所需高档仪器设备的配备不足与资金相对短缺的问题也逐渐显露出来。很多学校都把实验教学和实验室建设放在首要位置上,然而,由于受到经费、场地和设备等限制,实验教学并不能达到预期的效果,实验教学的质量较差。一些耗资大的实验许多学校不能开设,学生只能通过课堂上老师的讲述对实验仪器及实验操作进行想象,缺乏实际操作经验。另外随着现在学生数量的增多,许多实验受到教室和课时的限制,在规定的时间内学生无法真正完成实验,造成实验课走过场的现象。同时,在传统的实验教学中,如何考核学习者的实验操作技能,存在一定的困难,尤其是对于一些基础性的实验,实验结束后,由于实验项目和学习者人数较多,如果教师要进行一对一的考核,是很难实施的。传统实验教学模式和手段的局限性,已经成为高校教学发展的制约因素。为此,需在传统的线下实验教学的基础上引入线上虚拟仿真实验。

而 2020 年初,由于新冠病毒感染疫情严重影响了全国高校的教学进程尤其是实验教学的正常开展。当进行线上实验教学阶段时,实验室常处于空置状态。一旦转为线下授课后实验室设备、人员满负荷运转,严重影响正常教学进程,为避免此类不可抗因素的影响,引入线上仿真实验势在必行。同时,引入线上实验后,学生可开展一些以往未开设的破坏性、高电压实验,如无续流二极管的 RL 电路断开实验、串联谐振实验、电压源短路、电流源开路等实验,不必担心因实验中产生的高压对学生造成的人身伤害和对设备造成的破坏。此外,采用线上实验,学生在操作过程中发现错误后可以通过返回、撤销等操作及时纠错,可多次尝试,直至实验成功,还可探索不同条件下的实验结果,与以往线下固定实验电路、固定要求的模式相比,可以大大激发学生的实验兴趣。

以往在实验室中开展实验,教学计划和时间安排已提前完成,教师和学生都是按部就班地完成实验课程的各项任务,学生与教师的互动也大多出现在课堂上学生进行实验操作中,实验报告更是要等到课后一周左右集中收取,归档存放更是少不了的环节,学生得到的反馈也因此往往滞后,而线上实验可以很好地解决此类问题。

线上实验具有资源丰富、时空灵活及可扩展性强的优势,可在基础部分实验完成后适当布置具有扩展性和探究性的设计、综述和大作业等具有挑战性的任务,充分发挥鼓励学生采用多人协作开发机制,既可以保证挑战性任务完成的质量,又锻炼了学生的协作精神和合作能力。

为此我们在本书中将引入线上仿真实验内容作为亮点,线上虚拟仿真实验和传统的线下操作实验并重,既可以保持传统实验的实际操作锻炼,又突出利用仿真软件对每一个传统实验进行了扩展,使得学生得到多方面的训练和提高。此外,随着本校其他工科专业进行了教学计划的调整,扩大了"电路原理"的授课专业,使得"电路原理实践"课程覆盖面进一步扩大,前面"'十三五'机电工程实践系列规划教材之机电工程基础实训系列"系列化教材中,空缺《电路原理与工程实践》教材,学生尚无较合适的教材上课,今特此增补上,以使其系列完整。本教材适用于所有电类专业学生,每学年大约有 50 多个班级使用,并可作为学生进行电路课程设计的教学用书。

此教材的编写者都是长期从事电工电子教学第一线的有着丰富经验的理论和实践教师,实验内容都是经过仔细研究和试验的,具有很好的操作性和质量保证。

编　者

2022 年 6 月于南京

前　言

　　《电路原理与工程实践》是根据电路原理实验的要求，在满足电路原理理论课程中有关基本概念和定理验证的基础上，结合我校人才培养和教学改革而编写的一本实用的实验及课程设计指导用书。本书共分五大部分，系统地介绍了电路的基本原理和基本知识、常用电工电子仪器仪表的使用、直流电路实验、交流电路实验、磁路实验、电器控制及可编程控制实验、线下及线上仿真实验、综合及设计实验训练等内容。重点阐述了各实验的目的、原理、方法、步骤、注意事项以及电路原理课程设计的基本要求、目的、任务。

　　本书提供了大量的综合实验及课程设计的题目，以备读者选用。还对常用的实验仪器和装置的使用方法及仿真软件 Multisim 的操作以及 OrCAD 软件和EWB 软件进行了介绍和说明。为了适应电工实验教学改革的需要，按照电路实验课（电类及非电类）教学大纲的要求，在原来《电工技术实验》教材的基础上进行了修改，编写了《电路原理与工程实践》，以满足电路原理实验独立开课的需要。本书共有 65 个实验，其中线下实验有 40 个，给出了实验原理图和详细的实验步骤。另外提供了线上实验 15 个及综合实验 10 个，此类实验给出了实验要求，需要由学生自行设计出电路图以及自拟实验步骤。本书还对常用的实验仪器的使用进行了介绍。结合教学的基本内容和特点，充分考虑了实验的可操作性和对学生的创造性的训练。

　　本书由褚南峰编写了第一部分，蒋文娟和褚南峰共同编写了第二部分，邵伟华编写了第三部分，邵伟华和褚南峰共同编写了第四部分，钱晓霞和褚南峰共同编写了第五部分。全书由褚南峰整理、统稿。本书在编写过程中得到了南京工程学院工业中心的郁汉琪、许其清、谢家烨和南京海事职业技术学院孙方霞等老师的指导和帮助，同时受到了两校电工电子教研室和实验室的所有参编教师的大力支持，在此表示感谢。

　　由于本书编写时间匆忙，难免有一些错误和不妥之处，恳请使用本书的老师和同学们批评指正，以利于我们今后进一步修改和提高。

编　者

2022 年 6 月

目　录

第一部分　电路基本知识概述

第二部分 基本实验

第三部分　Multisim 仿真实验

第四部分　综合实验及课程设计

第五部分　常用实验装置及仪器仪表

第一部分　电路基本知识概述

1 直流电路基本定律与定理概述

1.1 欧姆定律

1.1.1 定律内容

流过电阻的电流与电阻两端的电压成正比。

1.1.2 表示公式

$$U = \pm RI \tag{1.1}$$

注意:式(1.1)中电压与电流参考方向一致时取"+",反之取"−"。

1.1.3 适用范围

欧姆定律适用于线性电阻。

1.2 基尔霍夫定律

1.2.1 基尔霍夫电流定律

1) 内容

在集中参数电路中,任一时刻,流入任一节点的电流之和应该等于由该节点流出的电流之和,简称 KCL。

2) 表示公式

$$\sum i = 0 \tag{1.2}$$

3) 注意事项

(1) 应用于节点或任一假设的闭合面。

(2) 列写 KCL 方程时,应根据各支路电流的参考方向是流入还是流出来判断其在代数和中是取正号还是取负号。

(3) 由于各电流本身的值也有正、负,所以在使用 KCL 时必须注意两套正、负号。

(4) 基尔霍夫电流定律体现了电流的连续性,即流入某节点的电流总和等于流出该节点的电流总和。

4) 适用范围

基尔霍夫电流定律只与电路的结构和连接方式有关,而与电路元件的性质无关,适用于一切集中参数电路。

1.2.2 基尔霍夫电压定律

1) 内容

在集中参数电路中,任一时刻、任一回路的各段(或各元件)电压的代数和恒等于零,简称 KVL。

2) 表示公式

$$\sum u = 0 \tag{1.3}$$

3) 注意事项

(1) 应用于集中参数电路中的任一回路(必须先选定回路的绕行方向)。

(2) 列写 KVL 方程时,应根据各段电压参考方向与回路的绕行方向是否一致来判断其在代数和中是取正号还是取负号。

(3) 由于各电压本身的值也有正、负,所以在使用 KVL 时必须注意两套正、负号。

(4) 基尔霍夫电压定律体现了电路中两点间的电压与路径选择无关这一性质。

4) 适用范围

基尔霍夫电压定律只与电路的结构和连接方式有关,而与电路元件的性质无关,适用于一切集中参数电路。

1.3 叠加定理

1.3.1 内容

在线性电路中,所有独立电源共同作用所产生的响应都等于各个独立电源单独作用时所产生响应的叠加。

1.3.2 应用注意

(1) 独立电源分别作用时,对暂不起作用的独立电源都应视为零值,即电压源用短路代替,电流源用开路代替,而其他元件的连接方式都不应有变动。

(2) 各个电源单独作用下的响应,应选择与原电路中对应响应相同的参考方向,在叠加时应把各部分响应的代数值代入。

(3) 叠加定理只能用来计算线性电路中的电压和电流,而不能用来计算功率。

(4) 当电路中含有受控源时,不能将受控源当作独立源让其单独作用,而必须全部保留在各自的支路中。

1.3.3　适用范围

叠加定理只适用于线性电路。

1.4　替代定理

1.4.1　内容

在线性或非线性的任意网络中,若已知第 k 条支路的电压为 u_k,电流为 i_k,则不论该支路由什么元件组成,只要各支路电压、电流均有唯一确定值,那么这条支路就可以用以下三种元件中的任意一种来代替:①电压为 u_k 的电压源;②电流为 i_k 的电流源;③阻值为 u_k/i_k 的电阻。替代后,不影响电路中其他部分的电压和电流。替代定理也称为置换定理。

1.4.2　应用注意

替代定理与等效变换不同。当被替代支路以外的电路发生变化时,将会引起各处电压电流的变化,这时被替代支路需要以新的电压、电流或电阻值来替代而不能不变。但当电路等效变换时,无论外部情况如何变化,等效电路中的各参数总是不变的。

1.4.3　适用范围

(1) 替代定理适用于线性或非线性的任意网络。
(2) 替代定理常用来证明网络定理或用于网络的分析计算。

1.5　戴维南定理与诺顿定理

1.5.1　定理内容

戴维南定理:任何一个线性有源二端网络,对外总可以用一个电压源和电阻串联组合的电路模型来等效。该电压源的电压等于有源二端网络的开路电压,电阻等于将有源二端网络变成无源二端网络后的等效电阻。该电路模型称为戴维南等效电路。

诺顿定理:任何一个线性有源二端网络,对外总可以用一个电流源和电阻并联组合的电路模型来等效。该电流源的电流等于有源二端网络的短路电流,电阻等于将有源二端网络变成无源二端网络后的等效电阻。该电路模型称为诺顿等效电路。

1.5.2　应用注意

(1) 含有受控源的有源二端网络,受控源和控制量必须同处在被变换部分,才能对其应用戴维南定理与诺顿定理。
(2) 含有受控源的有源二端网络在求解等效电阻时,所有的受控源都必须保留,计算时常采用外加电源法。

（3）对于一些内部结构和元件参数未知的有源二端网络,求它们的戴维南等效电路和诺顿等效电路时,可采用开路-短路法。

1.5.3　适用范围

由于在证明戴维南定理与诺顿定理的过程中用了叠加定理,因此要求有源二端网络必须是线性的。而负载部分用的是替代定理,对负载的性质并无特殊要求,它既可以是线性的,也可以是非线性的;可以是无源的,也可以是有源的;可以是一个元件,也可以是一个网络。

1.6　最大功率传输定理

1.6.1　定理内容

一个有源二端网络向负载 R_L 输送功率,该网络的戴维南等效电路是确定的,则当负载 R_L 等于该网络的戴维南等效电路的等效电阻 R_{eq} 时,负载从有源二端网络中获得最大功率。

1.6.2　应用注意

（1）负载获得的最大功率为:

$$P_{max} = \frac{u_{oc}^2}{4R_{eq}} \tag{1.4}$$

（2）在负载获得最大功率时,传输效率却很低,有一半的功率在电源内部消耗掉了。

1.6.3　适用范围

在无线电技术和通信系统中,传输的功率较小,效率属次要问题,应用较为普遍。

1.7　换路定律及电路的暂态过程

1.7.1　换路定律

1）定律内容

在动态电路的换路瞬间,若电容电流和电感电压为有限值,则电容电压不能跃变,电感电流不能跃变。

2）公式表示

$$\left. \begin{array}{l} u_C(0_+) = u_C(0_-) \\ i_L(0_+) = i_L(0_-) \end{array} \right\} \tag{1.5}$$

3）应用注意

（1）确定电路的初始值是进行暂态分析的一个重要环节。

（2）注意独立初始值和相关初始值的概念和计算方法的不同。

1.7.2　一阶电路的暂态过程

1）相关概念

（1）一阶电路只含有一种且只有一个（或等效为一个）储能元件的电路。

（2）暂态过程由于换路引起的稳定状态的改变,必然伴随着能量的改变。而储能不可能跃变,需要有一个过渡过程。实际电路中的过渡过程往往是短暂的,故又称为暂态过程,简称暂态。

2）分析方法

（1）全响应＝零状态响应＋零输入响应。

（2）全响应＝稳态响应＋暂态响应。

（3）三要素法。

全响应：

$$f(t) = f(\infty) + [f(0_+) - f(\infty)] e^{-\frac{t}{\tau}} \quad (t \geqslant 0) \tag{1.6}$$

注意：三要素法仅适用于一阶线性电路,对二阶或高阶电路是不适用的。

3）一阶电路的阶跃响应

（1）积分电路：当时间常数 τ 足够大时,输出电压与输入电压之间就近似为积分关系,构成积分电路。

（2）微分电路：当时间常数 τ 足够小时,输出电压与输入电压之间就近似为微分关系,构成微分电路。

1.7.3　二阶电路的暂态过程

1）相关概念

（1）二阶电路：电路响应的数学模型为二阶微分方程的电路。

（2）暂态过程：由于短路引起的稳定状态的改变,必然伴随着能量的改变,而储能不可能跃变,需要有一个过渡过程。实际电路中的过渡过程往往是短暂的,故又称为暂态过程,简称暂态。

2）分析方法

（1）时域分析法：直接采用求解微分方程的方法来分析电路的动态过程,分析求解过程中所涉及的都是时间变量,这种方法称为时域分析法。

（2）复频域分析法：应用拉普拉斯变换把时域中的微分和积分运算变换为复频域中的代数运算,从而把时域中的微分方程变换为复频域中的代数方程,这就是复频域分析法。

3）RLC 串联电路的零输入响应

RLC 串联电路,因为其电路方程是二阶微分方程,因此无论是零输入响应,或者是零状态响应,电路过渡过程的性质都由其特征方程的特征根 P_1、P_2 来决定。

其特征方程:

$$LCP^2 + RCP + 1 = 0 \tag{1.7}$$

$$P_{1,2} = -\frac{R}{2L} \pm \sqrt{\left(\frac{R}{2L}\right)^2 - \left(\frac{1}{LC}\right)} = -\delta \pm \sqrt{\delta^2 - \omega^2}$$

式中:$\delta = R/2L$;$\omega = 1/\sqrt{LC}$。

(1) 当 $\delta > \omega_0$,即 $R > 2\sqrt{\dfrac{L}{C}}$ 时,则 $P_{1,2}$ 为两个不相等的负实根,电路过渡过程的性质为过阻尼的非振荡过程。

(2) 当 $\delta = \omega_0$,即 $R = 2\sqrt{\dfrac{L}{C}}$ 时,则 $P_{1,2}$ 为两个相等的负实根,电路过渡过程的性质为临界阻尼的非振荡过程。

(3) 当 $\delta < \omega_0$,即 $0 < R < 2\sqrt{\dfrac{L}{C}}$ 时,则 $P_{1,2}$ 为两个共轭复根,电路过渡过程的性质为欠阻尼的减幅振荡过程。

(4) 若 $R = 0$,则 $P_{1,2}$ 为两个不相等的纯虚根,电路过渡过程的性质为欠阻尼的等幅振荡过程。

2 交流电路基本性质概述

2.1 交流电路的相量法

正弦量的相量表示法：

1）正弦量的三要素

正弦量的三要素分别为角频率、振幅、初相位。要想完整地表示一个正弦量，这三个要素缺一不可。如正弦电流 $i = I_m \sin(\omega t + \varphi_i)$。

2）正弦交流电路的相量法

如果直接利用正弦量的解析式来分析计算正弦交流电路，将是非常烦琐和困难的。通常是采用复数表示正弦量，把对正弦量的各种计算化为复数的代数运算，从而大大简化正弦交流电路的分析计算过程，这种方法称为相量法。

3）正弦量的相量表示

因为所有的激励和响应都是同频率的正弦量，所以有效值和初相位就成为表征各个正弦量的主要内容。相量就通过对正弦量的有效值和初相位的表示，来描述一个正弦量。

具体方法为：用上面带小圆点的大写字母来表示。如：$\dot{I}$ 表示电流相量；$\dot{U}$ 表示电压相量。以式 $i = I_m \sin(\omega t + \varphi_i)$ 为例，该电流的相量为 $\dot{I} = I \underline{/\varphi_i}$。

2.2 交流电路的频率特性

频率特性：响应与频率的关系称为电路的频率特性或频率响应。

2.2.1 RC 串联电路的频率特性

1）低通滤波电路

（1）功能：具有使低频信号较易通过而抑制较高频率信号的作用。

（2）RC 低通滤波电路，如图 2.1 所示。

（3）RC 低通滤波电路传递函数为：

$$T(j\omega) = \frac{U_2(j\omega)}{U_1(j\omega)} = \frac{1}{1 + j\omega RC} \tag{2.1}$$

式中：$T(j\omega)$ 的幅频特性 $|T(j\omega)|$ 为：

$$|T(j\omega)| = \frac{1}{\sqrt{1 + (\omega RC)^2}} \tag{2.2}$$

相频特性 $\varphi(\omega)$ 为：

$$\varphi(\omega) = -\arctan(\omega RC) \tag{2.3}$$

2）高通滤波电路

（1）功能：具有使高频信号较易通过而抑制较低频率信号的作用。

（2）RC 高通滤波电路，如图 2.2 所示。

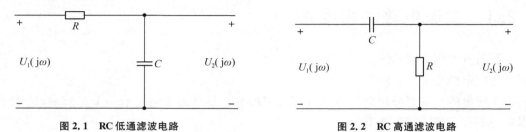

图 2.1 RC 低通滤波电路 图 2.2 RC 高通滤波电路

（3）RC 高通滤波电路传递函数为：

$$T(\mathrm{j}\omega) = \frac{U_2(\mathrm{j}\omega)}{U_1(\mathrm{j}\omega)} = \frac{\mathrm{j}\omega RC}{1 + \mathrm{j}\omega RC} \tag{2.4}$$

式中：$|T(\mathrm{j}\omega)|$（幅频特性）为：

$$|T(\mathrm{j}\omega)| = \frac{1}{\sqrt{1 + \left(\dfrac{1}{\omega RC}\right)^2}} \tag{2.5}$$

$\varphi(\omega)$（相频特性）为：

$$\varphi(\omega) = -\arctan\left(\frac{1}{\omega RC}\right) \tag{2.6}$$

3）带通滤波电路

（1）功能：具有使某一频率范围的谐波分量通过而抑制其他谐波分量通过的功能。

（2）RC 带通滤波电路，如图 2.3 所示。

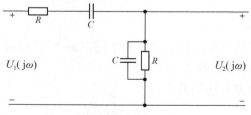

图 2.3 RC 带通滤波电路

（3）RC 带通滤波电路传递函数为：

$$T(\mathrm{j}\omega) = \frac{U_2(\mathrm{j}\omega)}{U_1(\mathrm{j}\omega)} = \frac{\mathrm{j}\omega RC}{(1 + \mathrm{j}\omega RC)^2 + \mathrm{j}\omega RC} \tag{2.7}$$

式中：$|T(j\omega)|$（幅频特性）为：

$$|T(j\omega)| = \frac{1}{\sqrt{3^2 + \left(\omega RC - \dfrac{1}{\omega RC}\right)^2}} \qquad (2.8)$$

$\varphi(\omega)$（相频特性）为：

$$\varphi(\omega) = -\arctan\left[\frac{\omega RC - \dfrac{1}{\omega RC}}{3}\right] \qquad (2.9)$$

2.2.2　谐振

具有电感和电容元件的电路中，如果调节电路的参数或电源频率使电路两端的电压与其中的电流同相，这时电路的状态称为谐振状态。

按发生谐振的电路的不同，谐振现象可分为串联谐振和并联谐振。

1）串联谐振

（1）定义

发生在串联电路中的谐振，称为串联谐振。

（2）条件

$$X_L = X_C \qquad (2.10)$$

（3）谐振频率

$$f_0 = \frac{1}{2\pi \sqrt{LC}} \qquad (2.11)$$

（4）特点

① 电路的阻抗模最小。在电源电压不变的情况下，电路中的电流将在谐振时达到最大值。

② 电路对电源呈现电阻性。电源供给电路的能量全部被电阻消耗掉，电源与电路之间不发生能量互换，能量的转换只发生在电感线圈和电容之间。

③ 电感电压与电容电压大小相等，方向相反，互相抵消，对整个电路不起作用，电源电压等于电阻上的电压。串联谐振时电感电压或电容电压与电源电压的比值，即为电路的品质因数 Q。

（5）应用

串联谐振在无线电工程中的应用较多，例如在接收机里被用来选择信号。

2）并联谐振

（1）定义

发生在并联电路中的谐振，称为并联谐振。

（2）条件

$$X_L = X_C \tag{2.12}$$

（3）谐振频率

$$f_0 \approx \frac{1}{2\pi \sqrt{LC}} \tag{2.13}$$

（4）特点

① 电路的阻抗模最大。在电源电压不变的情况下,电路中的电流将在谐振时到达最小值。

② 电路对电源呈现电阻性。电源供给电路的能量全部被电阻消耗掉,电源与电路之间不发生能量互换,能量的转换只发生在电感线圈和电容之间。

③ 电感支路电流与电容电流大小近似相等,且比总电流大许多倍。其倍数即为电路的品质因数 Q。

（5）应用

并联谐振在无线电工程和工业电子技术中的应用较多,例如利用并联谐振时阻抗模高的特点来选择信号或消除干扰。

2.3 交流电路中功率因数的提高

1）功率因数

功率因数是有功功率与视在功率的比值,数值介于 0 与 1 之间。

2）提高功率因数的意义

（1）充分利用电源设备的容量。

（2）减小线路和电源内部的功率损耗。

3）常用方法

对电感性负载采用并联静电电容器的方法来提高该负载的功率因数。

4）应用注意

并联电容器后有功功率并未改变,因为电容器是不消耗电能的。

2.4 互感电路

2.4.1 互感电路

1）互感

由于一个线圈的电流变化而在另一个线圈中产生互感电压的物理现象称为互感。

2）互感电压的大小

$$u_{12} = M \left| \frac{\mathrm{d}i_2}{\mathrm{d}t} \right| \tag{2.14}$$

互感电压的方向遵循互感电压与产生该电压的电流的参考方向对同名端一致的原则。由此得出结论：

$$u_{12} = M \left| \frac{\mathrm{d}i_2}{\mathrm{d}t} \right| \ (i_2 \ 与 \ u_{12} \ 的参考方向对同名端一致) \tag{2.15}$$

3）互感电路的计算

（1）基本方法：根据标出的同名端，计入互感电压，按 KCL、KVL 列出电路方程求解（如支路电流法、回路电流法应用较为普遍，但节点电压法一般不用）。

（2）互感消去法：先画出原电路的去耦等效电路，消去互感后再对电路进行分析计算。

2.4.2　空芯变压器

1）相关概念

变压器：一种实现能量和信号传递的电气设备。

空芯变压器：若变压器互感线圈绕在非铁磁材料制成的芯子上，则该变压器称为空芯变压器。

2）空芯变压器电路

如图 2.4 所示。

3）空芯变压器特性

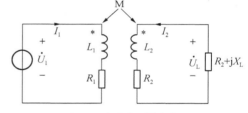

图 2.4　空芯变压器电路

（1）反射阻抗二次侧对一次侧的影响可以看作在一次侧电路中串了一个复阻抗 Z_1'，其值为：

$$Z_1' = \frac{x_{\mathrm{M}}^2}{Z_{22}} = \frac{x_{\mathrm{M}}^2}{R_{22} + \mathrm{j}X_{22}} \tag{2.16}$$

式中：Z_1' 称为反射阻抗。

（2）若二次侧线圈有电阻 R_2，则反射阻抗吸收的有功功率是二次侧回路获得的总有功功率，而不仅仅是负载电阻 R_1 消耗的有功功率。

2.5　三相电路及三相功率的特点

2.5.1　三相电路

1）三相电源

（1）产生：通常由三相发电机产生。

（2）特点：大小相等，频率相等，相位上彼此相差 $120°$。

$$u_A + u_B + u_C = 0 \qquad (2.17)$$

（3）表达式：

$$\begin{cases} u_A = U_m \sin\omega t \\ u_B = U_m \sin(\omega t - 120°) \\ u_C = U_m \sin(\omega t + 120°) \end{cases} \qquad (2.18)$$

（4）连接方式：Y 形和△形。

① 三相电源的 Y 形连接：将三相电源的三个负极性端连接在一起，形成一个节点 N，称为中性点，再由三个正极性端 A、B、C 分别引出三根输出线，称为端线（俗称火线）。这样就构成了三相电源的 Y 形连接。其特点是：三相电源作 Y 形连接时，若相电压对称，则线电压也一定是对称的，并且线电压有效值是相电压有效值的 $\sqrt{3}$ 倍，记作 $U_L = \sqrt{3}U_P$，在相位上线电压超前于相应两个相电压中的先行相 $30°$。

② 三相电源的△形连接：将三相电源的三个电压源正、负极相连接，然后从三个连接点引出三根端线，这就构成了三相电源的△形连接。其特点是：三相电源作△形连接时，三个电压源形成一个闭合回路，只要连线正确，由于有 $u_A + u_B + u_C = 0$，所以闭合回路中不会产生环流。

2）三相负载

（1）Y 形连接：将三相负载的三个负极性端连接在一起，形成一个节点 N'，称为负载中性点，再由三个正极性端 A'、B'、C' 分别引出三根输出线，这样就构成了三相负载的 Y 形连接。其特点是：

① 三相负载作 Y 形连接时，线电流等于相应的相电流。

② 中性线电流等于三相线电流之和。

③ 若相电压为一组对称三相电压，那么线电压也是一组对称三相电压，且线电压是相电压的 $\sqrt{3}$ 倍，记为 $U_L = \sqrt{3}U_P$。

（2）△形连接：将三相负载接成△形后与电源相连，就是负载的△形连接。其特点是：

① 三相负载作△形连接时，每相负载的相电压等于线电压。

② 若相电流为一组对称三相电流，那么线电流也是一组对称三相电流且线电流是相电流的 $\sqrt{3}$ 倍，记为 $I_L = \sqrt{3}I_P$，并且线电流相位滞后于相应两个相电流的后续相 $30°$。

③ 将△形连接的三相负载看作一个广义节点，由 KCL 知，$i_A + i_B + i_C = 0$ 恒成立，与电流的对称与否无关。

3）三相电路的分析与计算

（1）对称三相电路的分析与计算（以 Y—Y 对称电路为例）

① 对称三相电路的特点：独立性、对称性，中性线的有无不影响电路工作状态（中性线电流为零）。

② 对称三相电路的分析和计算方法：单相计算法（对负载△形连接的对称三相电路，可

将△形负载等效变换为 Y 形连接的负载）。

（2）不对称三相电路的分析与计算

① 不对称三相电路的特点：无中线时有中性点位移，使负载各相电压不对称；各相的工作状况相互关联，一相负载发生变化，会影响另外两相的工作；对于不对称三相电路，中性线的存在非常重要。

② 不对称三相电路的分析和计算方法：根据负载的连接方式，各相分别计算。

2.5.2 三相功率及其测量

1）三相功率

（1）瞬时功率

三相负载瞬时功率应是各相负载瞬时功率之和，即

$$p(t)=p_A(t)+p_B(t)+p_C(t)=u_A i_A+u_B i_B+u_C i_C \qquad (2.19)$$

（2）有功功率

三相负载所吸收的有功功率应是各相负载吸收的有功功率之和，即

$$P=P_A+P_B+P_C=U_{AP}I_{AP}\cos\varphi_A+U_{BP}I_{BP}\cos\varphi_B+U_{CP}I_{CP}\cos\varphi_C \qquad (2.20)$$

注意：当三相电路对称时，

$$P=3U_P I_P\cos\varphi_z=\sqrt{3}U_l I_l\cos\varphi_z \qquad (2.21)$$

（3）无功功率

三相电路的无功功率应是各相负载吸收的无功功率之和，即

$$Q=Q_A+Q_B+Q_C=U_A P I_{AP}\cos\varphi_A+U_{BP}I_{BP}\cos\varphi_B+U_{CP}I_{CP}\cos\varphi_C \qquad (2.22)$$

注意：当三相电路对称时，

$$Q=3U_P I_P\sin\varphi_z=\sqrt{3}U_L I_L\sin\varphi_z \qquad (2.23)$$

（4）视在功率

用 S 表示：

$$S=\sqrt{P^2+Q^2} \qquad (2.24)$$

注意：当三相电路对称时，

$$S=\sqrt{3}U_z I_z=3U_P I_P \qquad (2.25)$$

（5）功率因数

$$\cos\varphi'=\frac{P}{S} \qquad (2.26)$$

注意：当在对称三相电路中，$\cos\varphi'$ 即为每相负载的功率因数 $\cos\varphi$，而在不对称三相电路

中，$\cos\varphi'$ 只有计算上的意义，没有实际意义。

　　2）三相功率的测量

　　（1）三瓦计法：分别测出各相功率后，再相加来得到三相总功率的方法。

　　（2）一瓦计法：若三相电路对称，则各相功率相等，只要测出一相负载的功率，然后乘以 3 倍，就可得到三相负载的总功率。

　　（3）二瓦计法：在三相三线制电路中，无论电路对称与否，都可用两个功率表的读数之和得到三相总功率。

　　二瓦计法接线原则：两只功率表的电流线圈分别串接于任意两根端线中，而电压线圈则分别并联在本端线与第三根端线之间，这样两块功率表读数的代数和就是三相电路的总功率。

　　使用二瓦计法测量三相功率时应该注意：

　　① "二瓦计"法适用于任意三相三线制电路和对称的三相四线制电路。

　　② 在一定条件下，当功率表电压线圈两端的电压与流过电流线圈的电流，相位差大于 90°时，相应的功率表的读数为负值，则求总功率时应将负值代入。

　　③ 一般来讲，"二瓦计"法中任一个功率表的读数是没有意义的。

　　④ 一般情况下即使是对称电路，"二瓦计"法中两表读数也是不相等的。

2.6　非正弦周期电路的特点

2.6.1　非正弦周期信号的特点

　　（1）一个非正弦的周期函数只要满足狄里赫利条件，就可以分解为一个收敛的无穷三角级数，即傅里叶级数。

　　（2）电工技术中所遇到的周期函数一般都满足这个条件，都可以分解为傅里叶级数。

　　（3）可以根据周期函数波形的对称性确定其傅里叶级数。

2.6.2　非正弦周期电流电路中的有效值、平均值、平均功率

　　1）有效值

　　（1）广义定义：任何周期量的有效值都等于它的方均根值，即（以电流 i 为例）

$$I = \sqrt{\frac{1}{T}\int_0^T i^2 \, \mathrm{d}t} \tag{2.27}$$

　　（2）非正弦周期电流电路的有效值：是它的各次谐波（包括零次谐波）有效值的平方和的平方根，即

$$I = \sqrt{I_1^2 + I_2^2 + I_3^2 + \cdots + I_k^2 + \cdots} \tag{2.28}$$

2）平均值

（1）代数平均值：交流量的代数平均值实际上就是其傅里叶展开式中的直流分量，定义为：

$$I_{av} = \frac{1}{T}\int_0^T i\,dt \tag{2.29}$$

（2）绝对平均值：交流量的绝对值在一个周期内的平均值，也称为整流平均值，即

$$I_{rect} = \frac{1}{T}\int_0^T |i|\,dt \tag{2.30}$$

（3）有效值与平均值的关系：正弦波的有效值是其整流平均值的1.11倍。

（4）不同类型的仪表测量同一个非正弦周期量的情况：

① 磁电系仪表指针偏转角度正比于被测量的直流分量，读数为直流量。

② 电磁系仪表指针偏转角度正比于被测量有效值的平方，读数为有效值。

③ 整流系仪表指针偏转角度正比于被测量的整流平均值，其标尺是按正弦量的有效值与整流平均值的关系换算成有效值刻度的，只有在测量正弦量时才确实是它的有效值，而测量非正弦量时就会有误差。

3）平均功率

（1）广义定义式

$$P = \frac{1}{T}\int_0^T P(t)\,dt \tag{2.31}$$

（2）非正弦周期电流电路的平均功率公式

$$P = U_0 I_0 + \sum_{k=1}^{\infty} U_k I_k \cos\varphi_k \tag{2.32}$$

（3）非正弦周期电流电路的无功功率公式

$$Q = \sum_{k=1}^{\infty} U_k I_k \cos\varphi_k \tag{2.33}$$

2.6.3　非正弦周期电流电路的分析与计算

1）方法

非正弦周期电流电路的分析与计算用谐波分析法。

2）基本依据

基本依据是线性电路的叠加定理。

3）基本步骤

（1）将给定的非正弦周期激励信号分解为傅里叶级数，并根据具体问题要求的准确度，取有限项高次谐波。

（2）分别计算各次谐波分量作用于电路时产生的响应。计算方法与直流电路及正弦交

流电路的计算完全相同。但必须注意,电感和电容对不同频率的谐波有不同的电抗。对于直流分量,电感相当于短路,电容相当于开路;对于基波,感抗 $X_{L(1)} = \omega L$,容抗 $X_{C(1)} = \dfrac{1}{\omega C}$;而对于 k 次谐波,感抗 $X_{L(k)} = k\omega L$,容抗 $X_{C(K)} = \dfrac{1}{k\omega C}$,也就是说谐波次数越高,感抗越大,容抗越小。

（3）应用叠加定理,把电路在各次谐波作用下的响应解析式进行叠加。但应注意,必须先将各次谐波分量响应写成瞬时值表达式后才可以叠加,而不能把表示不同正弦量的相量直接加、减。

3 磁路与铁芯线圈电路概述

3.1 磁路的基本物理量

3.1.1 磁感应强度

（1）定义：磁感应强度 B 是表示磁场内某点的磁场强弱和方向的物理量。它是一个矢量。

（2）表达式：它与电流之间的方向关系可用右手螺旋定则来确定，大小可用下式来衡量，即

$$B=\frac{F}{H} \tag{3.1}$$

（3）国际单位：T（特斯拉）。

3.1.2 磁通

（1）定义：磁感应强度 B 与垂直于磁场方向的面积 S 的乘积，称为通过该面积的磁通。

（2）表达式为：

$$\Phi=BS \tag{3.2}$$

（3）国际单位：Wb（韦伯）。

3.1.3 磁场强度

（1）定义：磁场强度 H 是计算磁场时所引用的一个物理量，也是矢量，通过它来确定磁场与电流之间的关系。

（2）表达式为：

$$\oint H\mathrm{d}l = \sum I \tag{3.3}$$

注意：式（3.3）是安培环路定律（或全电流定律）的数学表达式。它是计算磁路的基本公式。式中的 $\oint H\mathrm{d}l$ 是磁场强度矢量 H 沿任意闭合回线 l（常取磁力线作为闭合回线）的线积分；$\sum I$ 是穿过该闭合回线所围面积的电流的代数和。当电流的方向与闭合回线的方向符合右手螺旋定则时取正，反之则取负。

(3) 国际单位:A/m(安/米)。

3.1.4 磁导率

(1) 定义:磁导率 μ 是一个用来表示磁场媒质磁性的物理量,也就是用来衡量物质导磁能力的物理量。

(2) 表达式:它与磁场强度的乘积就等于磁感应强度,即

$$B = \mu H \tag{3.4}$$

(3) 相对磁导率:任意一种物质的磁导率 μ 和真空的磁导率 μ_0 的比值,称为该物质的相对磁导率 μ_r,即

$$\mu_r = \frac{\mu}{\mu_0} \tag{3.5}$$

对非磁性材料而言: $\mu \approx \mu_0$, $\mu_r \approx 1$。

磁性材料的磁性能将在下节讨论。

(4) 国际单位:H/m(亨/米)。

3.2 磁性材料的磁性能

3.2.1 高导磁性

磁性材料的磁导率很高, $\mu_r \gg 1$,可达数百、数千乃至数万。这就使它们具有被强烈磁化(呈现磁性)的特性。

(1) 原理:在磁性物质内部分成许多小区域,由于磁性物质的分子间有一种特殊的作用力而使每一区域内的分子磁铁都排列整齐,显示磁性。这些小区域称为磁畴。在没有外磁场的作用时,各个磁畴排列混乱,磁场互相抵消,对外就显示不出磁性来。在外磁场的作用下,磁畴将顺外磁场的方向转向,显示出磁性来。随着外磁场的增强,磁畴将逐渐转到与外磁场同方向上,这样就产生了一个很强的与外磁场同方向的磁化磁场,而使磁性物质内的磁感应强度大大增加,也就是说磁性物质被强烈磁化了。

(2) 应用:广泛应用于电工设备中,例如电机、变压器及各种铁磁元件的线圈中都放有铁芯。利用优质的磁性材料可使同一容量的电机的重量和体积大大减轻和减小。

3.2.2 磁饱和性

磁性物质由于磁化所产生的磁化磁场不会随着外磁场的增强而无限地增强。当外磁场增大到一定值时,全部磁畴的磁场方向都转向与外磁场的方向一致。这时磁化磁场的磁感应强度 B 达饱和值。

3.2.3 磁滞性

(1) 磁滞回线:在铁芯反复交变磁化的情况下,表示磁化磁场的磁感应强度 B 与外磁场

的磁场强度 H 之间变化关系的闭合曲线称为磁滞回线。

（2）磁滞性：当铁芯线圈中通有交变电流时，铁芯就受到交变磁化。由磁滞回线可见，当外磁场的磁场强度 H 已减到零值时，磁化磁场的磁感应强度 B 仍未回到零值。这种磁感应强度滞后于磁场强度变化的性质称为磁性物质的磁滞性。

3.3 磁路及其基本定律

3.3.1 磁路

电工设备中多采用磁导率较大的铁磁材料做成铁芯，绕在铁芯上的线圈通以较小的励磁电流，就会在铁芯中产生很强的磁场。可以认为，磁场几乎全部集中在铁芯所构成的路径中。这种由铁芯所限定的磁场就叫磁路。

3.3.2 磁路的欧姆定律

表达式为：

$$\varphi = \frac{NI}{\dfrac{l}{\mu S}} = \frac{F}{R_\mathrm{m}} \tag{3.6}$$

式中：$F = NI$ 为磁动势，即由此而产生磁通 $R_\mathrm{m} = \dfrac{l}{\mu S}$ 称为磁阻，是表示磁路对磁通具有阻碍作用的物理量；l 为磁路的平均长度；S 为磁路的截面积。

3.3.3 磁路的基尔霍夫第一定律

定律内容：磁路中任一节点所连接的各分支磁通的代数和等于零。

表达式为：

$$\sum \Phi = 0 \tag{3.7}$$

3.3.4 磁路的基尔霍夫第二定律

定律内容：在磁路的任一回路中，各段磁压的代数和等于各磁动势的代数和。

表达式为：

$$\sum (Hl) = \sum IN \qquad 或 \qquad \sum U_\mathrm{m} = \sum F_\mathrm{m} \tag{3.8}$$

式中：Hl 称为各段磁路的磁压，用 U_m 表示；IN 是磁路中产生磁通的激励源，称为磁动势，用 F_m 表示。

注意，应用式（3.8）时，应先选择回路的绕行方向，当某段磁路的 H 方向与绕行方向相同时，该段磁路的磁压取正号，反之则取负号；而磁动势的正、负号则取决于各励磁电流的方向与回路的绕行方向是否符合右手螺旋定则,符合的取正号,不符合的取负号。

3.4　交流铁芯线圈电路

铁芯线圈分为直流铁芯线圈电路和交流铁芯线圈电路。

(1) 直流铁芯线圈电路:通直流电流来励磁。如直流电机的励磁线圈、电磁吸盘及各种直流电器的线圈。分析直流铁芯线圈较简单。因为励磁电流是直流,产生的磁通是恒定的,在线圈和铁芯中不会感应出电动势,在一定电压 U 下,线圈中的电流 I 只和线圈本身的电阻 R 有关;功率损耗也只有 I^2R。

(2) 交流铁芯线圈电路:通交流电流来励磁。如交流电机、变压器及各种交流电器的线圈。交流铁芯线圈在电磁关系、电压电流关系及功率损耗等几个方面和直流线圈有所不同。

3.4.1　电磁关系

磁动势 Ni 产生的磁通分为主磁通 Φ(通过铁芯的绝大部分磁通)和漏磁通 Φ_σ(经过空气或其他非导磁媒质的很少的一部分磁通)。这两个磁通在线圈中产生两个感应电动势,即主磁电动势 e 和漏磁电动势 e_σ。

电磁关系表示:

$$u \to i(iN) \begin{cases} \Phi \to e = -N\dfrac{\mathrm{d}\Phi}{\mathrm{d}t} \\[2mm] \Phi_\sigma \to e_\sigma = -N\dfrac{\mathrm{d}\Phi_\sigma}{\mathrm{d}t} = -L_\sigma\dfrac{\mathrm{d}i}{\mathrm{d}t} \end{cases} \tag{3.9}$$

3.4.2　电压电流关系

(1) 交流铁芯线圈电路

$$u = u_R + u_\sigma + (-e) \tag{3.10}$$

(2) 正弦交流铁芯线圈电路

$$\dot{U} = \dot{U}_R + \dot{U}_\sigma + (-\dot{E}) \tag{3.11}$$

(3) 结论

$$E = \frac{E_m}{\sqrt{2}} = \frac{2\pi fN\Phi_m}{\sqrt{2}} = 4.44fN\Phi_m \tag{3.12}$$

$$U \approx E = 4.44fNB_mS \tag{3.13}$$

式中: B_m 是铁芯中磁感应强度的最大值,单位用 T(特斯拉); S 是铁芯截面积,单位用 m²(平方米)。

3.4.3　功率损耗

（1）铜损：线圈电阻上的功率损耗，用 ΔP_{Cu} 表示。

（2）铁损：处于交变磁化下的铁芯中的功率损耗，用 ΔP_{Fe} 表示，由磁滞和涡流产生。

① 磁滞损耗 ΔP_{h}：交变磁化一周在铁芯的单位体积内所产生的磁滞损耗能量与磁滞回线所包围的面积成正比。

② 涡流损耗 ΔP_{e}：当线圈中通有交流电时，不仅在线圈中产生感应电动势，而且在铁芯中也要产生感应电动势和感应电流。这种感应电流称为涡流。由涡流引起的能量损耗，称为涡流损耗。

③ 铁损 ΔP_{Fe}，其计算式为：

$$\Delta P_{\text{Fe}} = \Delta P_{\text{h}} + \Delta P_{\text{e}} \tag{3.14}$$

$$\Delta P_{\text{Fe}} = P_0 m \tag{3.15}$$

式中：P_0 为单位质量，（kg）的铁损，称为比铁损；m 为铁芯重量。

3.5　变压器

变压器：是一种实现能量传输和信号传递的电气设备，通常由两个互感线圈组成。一个线圈与电源相连接，称为原绕组；一个线圈与负载相连接，称为副绕组。

变压器在电力系统和电子线路中应用广泛。

3.5.1　变压器的工作原理

1）电压变换

变压器原、副绕组电压之比为：

$$\frac{U_1}{U_2} \approx \frac{E_1}{E_2} = \frac{N_1}{N_2} = K \tag{3.16}$$

式中：K 为变压器的变比，亦即原、副绕组的匝数比。

结论：当电源电压 U_1 一定时，只要改变匝数比，就可得出不同的输出电压 U_2。

2）电流变换

变压器原、副绕组电流关系为：

$$\frac{I_1}{I_2} \approx \frac{N_2}{N_1} = \frac{1}{K} \tag{3.17}$$

结论：变压器原、副绕组的电流之比近似等于它们匝数比的倒数。

3）阻抗变换

直接接在电源上的阻抗模 $|Z'|$ 和接在变压器副边的负载阻抗模 $|Z|$ 是等效的，两者的关系可以表达为：

$$|Z'| = \left(\frac{N_1}{N_2}\right)^2 |Z| \tag{3.18}$$

结论：匝数比不同，负载阻抗模 $|Z|$ 折算到（反映到）原边的等效阻抗模 $|Z'|$ 也不同。即可以采用不同的匝数比，把负载阻抗模变换为所需要的、比较合适的数值。这种做法通常称为阻抗匹配。

3.5.2　变压器的外特性

当电源电压 U_1 和负载功率因数 $\cos\varphi_2$ 为常数时，U_2 和 I_2 的变化关系可用外特性曲线 $U_2 = f(I_2)$ 来表示，如图 3.1 所示。

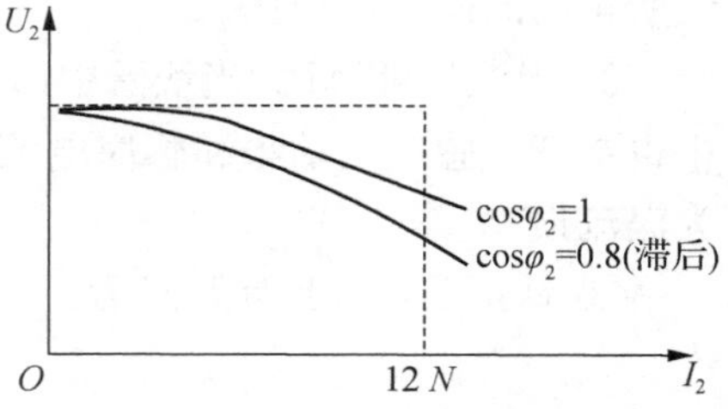

图 3.1　变压器的外特性曲线

3.5.3　变压器的损耗与效率

功率损耗：包括铁芯中的铁损 ΔP_{Fe} 和绕组上的铜损 ΔP_{Cu} 两部分。铁损的大小与铁芯内磁感应强度的最大值 B_m 有关，与负载大小无关，而铜损则与负载大小（正比于电流的平方）有关。

效率：变压器的效率常用下式确定，即

$$\eta = \frac{P_2}{P_1} = \frac{P_2}{P_2 + \Delta P_{Fe} + \Delta P_{Cu}} \tag{3.19}$$

结论：变压器的损耗很小，所以效率很高，通常在 95% 以上。

3.5.4　特殊变压器

1）自耦变压器

特点：副绕组是原绕组的一部分。

2）电流互感器

特点：主要用来扩大测量交流电流的量程，同时使测量仪表与高压电路隔开，以保证人身与设备的安全。

注意：使用电流互感器时，副绕组电路是不允许断开的。

3.5.5　变压器绕组的极性

同极性端：为了正确连接，在线圈上标以记号"·"。标有"·"号的两端称为同极性端。

作用：当电流从两个线圈的同极性端流入（或流出）时，产生的磁通方向相同；或者当磁通变化时，在同极性端感应电动势的极性也相同。

3.6　电磁铁

（1）定义：电磁铁是利用通电的铁芯线圈吸引衔铁或保持某种机械零件、工件于固定位置的一种电器。

（2）组成：线圈、铁芯和衔铁三部分。

（3）原理：衔铁的动作可使其他机械装置发生联动，当电源断开时，电磁铁的磁性随之消失，衔铁或其他零件即被释放。

电磁铁的吸力是它的主要参数之一。吸力的大小与气隙的截面积 S_0 及气隙中的磁感应强度 B_0 的平方成正比。计算吸力的基本公式为：

$$F = \frac{10^7}{8\pi} B_0^2 S_0 [\text{N}] \tag{3.20}$$

（4）交、直流电磁铁的不同点

① 直流电磁铁中，铁芯是用整块软铁制成的，而交流电磁铁中为了减小铁损，铁芯是由钢片叠成。

② 在直流电磁铁中，励磁电流仅与线圈电阻有关，不因气隙的大小而变。但在交流电磁铁的吸合过程中，线圈电流（有效值）变化很大，随着气隙的减小，磁阻减小，线圈的电感和感抗增大，因而电流逐渐减小。

4 电动机及其控制概述

电动机:能将电能转换为机械能的一种装置。现代各种生产机械都广泛应用电动机。

电动机可分为交流电动机和直流电动机两大类。交流电动机又分为异步电动机(或感应电动机)和同步电动机。直流电动机按照励磁方式的不同分为他励、并励、串励和复励四种。

4.1 交流电动机

由于在生产上主要用的是交流电动机,特别是三相异步电动机。故下面主要讨论三相异步电动机,对同步电动机和单相异步电动机仅作简单介绍。

4.1.1 三相异步电动机

1)构造

(1)组成:定子(固定部分)和转子(旋转部分)。

(2)构造:定子由机座和装在机座内的圆筒形铁芯以及其中的三相定子绕组组成。机座是用铸铁或铸钢制成的,铁芯是由互相绝缘的硅钢片叠成的。转子根据构造的不同分为鼠笼式和绕线式。转子铁芯是圆柱状,用硅钢片叠成,表面冲有槽,铁芯装在转轴上,轴上加机械负载。鼠笼式的转子绕组做成鼠笼状,是应用得最广泛的一种电动机。

2)转动原理

(1)旋转磁场

① 产生:当定子绕组中通入三相电流后,它们共同产生的合成磁场是随电流的交变而在空间不断地旋转着,这就形成了旋转磁场。

② 转向:与通入绕组的三相电流的相序有关。

③ 极数:三相异步电动机的极数即旋转磁场的极数,与三相绕组的安排有关。用 p 表示磁极对数。

④ 转速:决定于磁场的极数。当旋转磁场具有 p 对极时,磁场的转速为:

$$n_0 = \frac{60 f_1}{p} \tag{4.1}$$

故对某一异步电动机而言,f_1 和 p 通常是一定的,磁场转速 n_0 是个常数。

(2)转动原理

当旋转磁场向顺时针方向旋转时,其磁力线切割转子导条,导条中就感应出电动势。电动势的方向由右手定则确定。

在电动势的作用下,闭合的导条中就有电流。该电流与旋转磁场相互作用而使转子导条受到电磁力。电磁力的方向由左手定则确定。由电磁力产生电磁转矩,使转子转动起来,并且转子转动的方向和磁极旋转的方向相同。

（3）转差率

转差率 s 表示转子转速 n 与磁场转速 n_0 相差的程度,即

$$s=\frac{n_0-n}{n_0} \tag{4.2}$$

应用:转差率是异步电动机的一个重要的物理量。转子转速越接近旋转磁场,则转差率越小。通常异步电动机在额定负载时的转差率为 $1\%\sim9\%$。

3）电路分析

图 4.1 是三相异步电动机的每相电路图,下面分别对定子和转子电路进行分析。

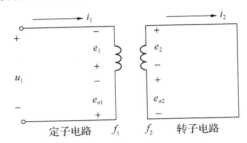

图 4.1 三相异步电动机的每相电路图

（1）定子电路

定子每相电路的电压方程为:

$$u_1=R_1i_1+(-e_{\sigma1})+(-e_1)=R_1i_1+L_{\sigma1}\frac{\mathrm{d}i_1}{\mathrm{d}t}+(-e_1) \tag{4.3}$$

结论:

① $\dot{U}\approx-\dot{E_1}$ \qquad (4.4)

② $E_1=4.44f_1N_1\Phi_\mathrm{m}\approx U_1$ \qquad (4.5)

③ $f_1=\frac{pn_0}{60}$ \qquad (4.6)

（2）转子电路

转子每相电路的电压方程为:

$$e_2=R_2i_2+(-e_{\sigma2})=R_2i_2+L_{\sigma2}\frac{\mathrm{d}i_2}{\mathrm{d}t} \tag{4.7}$$

结论:

① 转子频率 f_2 为:

$$f_2=\frac{p(n_0-n)}{60}=sf_1 \tag{4.8}$$

可见转子频率与转差率 s 有关，也就是与转速有关。

② 转子电动势 E_2 为：

$$E_2 = 4.44 f_2 N_2 \Phi_m = s E_{20} \tag{4.9}$$

可见转子电动势 E_2 与转差率 s 有关。

③ 转子感抗 X_2 为：

$$X_2 = 2\pi f_1 L_{\sigma 2} = s X_{20} \tag{4.10}$$

可见转子感抗 X_2 与转差率 s 有关。

④ 转子电路的功率因数 $\cos\varphi_2$ 为：

$$\cos\varphi_2 = \frac{R_2}{\sqrt{R_2^2 + (s X_{20})^2}} \tag{4.11}$$

可见转子电路的功率因数 $\cos\varphi_2$ 也与转差率 s 有关。

由上述可知，转子电路的各个物理量都与转差率有关，亦即与转速有关。

4）转矩与机械特性

（1）转矩公式

$$① \quad T = K_T \Phi I_2 \cos\varphi_2 \tag{4.12}$$

式中：K_T 是一常数，它与电动机的结构有关。

可见转矩除与 Φ 成正比外，还与 $I_2 \cos\varphi_2$ 成正比。

$$② \quad T = K \frac{s R_2 U_1^2}{R_2^2 + (s X_{20})^2} \tag{4.13}$$

式中：K 是一常数。

可见转矩还与定子每相电压 U_1 的平方成比例。此外转矩还受到转子电阻 R_2 的影响。

（2）机械特性曲线

定义：在一定的电源电压 U_1 和转子电阻 R_2 之下，转矩与转差率的关系曲线 $T = f(s)$ 或转速与转矩的关系曲线 $n = f(T)$ 称为电动机的机械特性曲线。

主要讨论的三个转矩：

① 额定转矩 T_N，是电动机在额定负载时的转矩，它可从电动机铭牌上的额定功率和额定转速应用式（4.14）求得，即

$$T_N = 9\,550 \frac{P_{2N}}{n_N} \tag{4.14}$$

② 最大转矩 T_{max} 是转矩的最大值，也称为临界转矩，即

$$T_{max} = K \frac{U_1^2}{2 X_{20}} \tag{4.15}$$

③ 转矩 T_{st}，电动机刚起动（$n = 0, s = 1$）的转矩称为起动转矩，其计算式为：

$$T_{st} = K \frac{R_2 U_1^2}{R_2^2 + X_{20}^2} \tag{4.16}$$

5）起动、调速和制动

（1）起动

① 起动性能：起动电流较大，起动转矩一般并不大。

② 起动方法：直接起动、降压起动。

a. 直接起动，就是利用闸刀开关或接触器将电动机直接接到具有额定电压的电源上。这种方法起动简单，但由于起动电流较大，将使线路电压下降，影响负载工作。二三十瓦以下的异步电动机一般都是采用直接起动的。

b. 降压起动，就是在起动时降低加在电动机定子绕组上的电压，以减小起动电流。有 Y－△形换接起动和自耦降压起动两种方式。

（2）调速

调速就是在同一负载下能得到不同的转速，以满足生产过程的要求。

调速方法：由公式 $n=(1-s)n_0=(1-s)\dfrac{60f_1}{p}$ 可知，改变电动机的转速有三种可能，即改变电源频率 f_1、极对数 p 及转差率 s。前两者是鼠笼式电动机的调速方式，后者是绕线式电动机的调速方式。

① 变频调速：先利用整流器将频率为 f 的三相交流电变换为直流电，再由逆变器变换为频率可调、电压有效值 U_1 也可调的三相交流电，供给三相鼠笼式电动机。由此可得到电动机的无级调速，并具有硬的机械特性。

② 变极调速：由式 $n_0=\dfrac{60f_1}{p}$ 可知，改变极对数 p 可以得到不同的转速。双速电动机在机床上用得较多，其调速是有级的。

③ 变转差率 s 调速：只要在绕线式电动机的转子电路中接入一个调速电阻（和起动电阻一样接入），改变电阻的大小，就可得到平滑调速。这种方法调速设备简单、投资少，但能量损耗较大，广泛应用于起重设备中。

（3）制动

因为电动机的转动部分有惯性，所以将电源切断后，电动机还会继续转动一定时间后才会停止。为了提高效率和安全起见，往往要求电动机能迅速停车和反转，即要求它的转矩与转子的转动方向相反，这就是电动机的制动。这时的转矩称为制动转矩。

制动方法有能耗制动、反接制动和发电反馈制动。

6）铭牌数据

（1）型号：表明三相异步电动机的类别、大小、磁极数等数据。

（2）接法：指定子三相绕组的接法，有 Y 形连接和△形连接两种

（3）电压：指电动机在额定运行时定子绕组上应加的线电压值。一般规定电动机的电压不应高于或低于额定值的 5%。三相异步电动机的额定电压有 380 V、3 000 V 及 6 000 V 等多种。

（4）电流：指电动机在额定运行时定子绕组的线电流值。

（5）功率与效率：铭牌上所标的功率值是指电动机在额定运行时轴上输出的机械功率

值。铭牌上所标的效率就是指输出功率与输入功率的比值。一般鼠笼式电动机在额定运行时的效率为 $72\%\sim93\%$。

（6）功率因数：因为电动机是电感性负载，定子相电流比相电压滞后一个角，$\cos\varphi$ 就是电动机的功率因数。

（7）转速：指异步电动机在额定运行时的转速。

（8）绝缘等级：是按电动机绕组所用的绝缘材料在使用时容许的极限温度来分级的。极限温度是指电动机绝缘机构中最热点的最高允许温度。

（9）工作方式：电动机的工作方式分为八类，用字母 S1～S8 表示。

7）三相异步电动机的选择

（1）功率的选择

① 连续运行电动机功率的选择：对于连续运行的电动机，先算出生产机械的功率，所选电动机的额定功率等于或稍大于生产机械的功率即可。

② 短时运行电动机功率的选择：通常是根据过载系数 λ 来选择短时运行电动机的功率。电动机的功率可以是生产机械所要求功率的 $1/\lambda$。

（2）种类和型式的选择

① 种类的选择：选择电动机的种类是从交流或直流、机械特性、调速与起动性能、维护及价格等方面来考虑的。

② 结构型式的选择：通常是根据电动机不同的工作环境及能保证电动机安全可靠运行的角度来选择电动机的结构型式的。

（3）电压和转速的选择

① 电压的选择：电动机电压等级的选择，要根据电动机的类型、功率以及使用地点的电源电压来决定。

② 转速的选择：电动机的额定转速是根据生产机械的要求而选定的。

4.1.2　同步电动机

1）工作原理

同步电动机的定子和三相异步电动机一样，而它的转子是磁极，由直流励磁，直流经电刷和滑环流入励磁绕组。在磁极的极掌上装有和鼠笼式绕组相似的起动绕组，当将定子绕组接到三相电源产生旋转磁场后，同步电动机就像异步电动机一样起动起来，当电动机的转速接近同步转速 n_0 时，才对转子励磁。这时，旋转磁场就能紧紧地牵引着转子一起转动，以后两个转速便保持相等（同步），即

$$n=n_0=\frac{60f}{p}\tag{4.17}$$

2）主要特性

（1）当电源频率 f 一定时，同步电动机的转速 n 是恒定的，不随负载而变，所以它的机械特性曲线：$n=f(T)$ 是一条与横轴平行的直线。

（2）改变励磁电流可以改变定子相电压和相电流之间的相位差，从而可以使同步电动机运行于电感性、电阻性和电容性三种状态。

3）应用

同步电动机常用于长期连续工作及保持转速不变的场所，如用来驱动水泵、通风机、压缩机等。

4.1.3 单相异步电动机

单相异步电动机常用于功率不大的电动工具（如电钻、搅拌器等）和众多的家用电器（如洗衣机、电冰箱、电风扇、抽排油烟机等）。

常用的单相异步电动机有电容分相式异步电动机和罩极式异步电动机。

4.2 直流电动机概述

4.2.1 直流电机介绍

1）定义

直流电机是将机械能和直流电能互相转换的旋转机械装置。

2）构造

由磁极、电枢和换向器三部分组成。

（1）磁极：用来在电机中产生磁场的，分成极心和极掌两部分。极心上放置励磁绕组；极掌的作用是使电机空气隙中磁感应强度的分布最为合适。

（2）电枢：是电机中产生感应电动势的部分。直流电机的电枢是旋转的，电枢铁芯呈圆柱状，由硅钢片叠成，表面冲有槽，槽中放电枢绕组。

（3）换向器：是直流电机中的一种特殊装置，装在转轴上。

3）工作原理

利用电磁力和电磁感应原理。

4.2.2 直流电动机介绍

1）定义

直流电动机是将电能转换为机械能的直流电机。

2）应用

直流电动机虽然比三相异步电动机的结构复杂，维护也不方便，但是它的调速性能较好，起动转矩较大，适用于对调速要求较高或需要较大起动转矩的生产机械。

3）分类

按励磁方式分为他励、并励、串励和复励四种。常用的有并励电动机和他励电动机两种，且他励电动机和并励电动机只是连接上的不同，两者特性是一样的。

4）并励电动机介绍

（1）机械特性

① 并励电动机的磁通等于常数,它的转矩与电枢电流成正比。

② 在电源电压和励磁电路的电阻为常数的条件下,电动机的转速与转矩之间的关系为:

$$n=\frac{U}{K_E\Phi}-\frac{R_a}{K_EK_T\Phi^2}$$ 　　　　　　(4.18)

式中:R_a为电枢电阻;K_E与K_T是与电机结构有关的常数。

③ 由于并励电动机的R_a很小,在负载变化时,转速的变化不大。

（2）起动与反转

① 起动

特点:并励电动机直接起动的瞬间,起动电流(即电枢电流)将达到额定电流的10～20倍,起动转矩(正比于电枢电流)也很大而产生机械冲击,使传动机构遭受损坏。

方法:限制起动电流(起动时在电枢电路中串接起动电阻,将起动电阻放在最大值处,待起动后,随着电动机转速的上升,把它逐段切除)。

注意,直流电动机在起动或工作时,励磁电路一定要接通,不能让它断开(起动时要满励磁),否则会发生事故。

② 反转:要改变直流电动机的转动方向,必须改变电磁转矩的方向。由左手定则可知:在磁场方向固定的情况下,必须改变电枢电流的方向;如果电枢电流的方向不变,改变励磁电流的方向同样可以达到反转的目的。

（3）调速:根据并励电动机的转速公式:

$$n=\frac{U-I_aR_a}{K_E\Phi}$$ 　　　　　　(4.19)

改变转速常采用两种方法:调磁和调压。

4.3　控制电机概述

控制电机主要完成转换和传递信号的任务,能量的转换是次要的。控制电机主要分为伺服电动机、测速发电机、自整角机和步进电动机。

4.3.1　伺服电动机

伺服电动机用来驱动控制对象,转矩和转速受信号电压控制。当信号电压的大小和极性(或相位)发生变化时,电动机的转速和转动方向将非常灵敏和准确地跟着变化。伺服电动机主要分为交流和直流两种。

（1）交流伺服电动机:就是两相异步电动机。它的定子上装有两个绕组,一个是励磁绕组,一个是控制绕组,它们在空间相隔90°。转子分两种:鼠笼转子和杯形转子。鼠笼转子和杯形转子转动的原理是一样的。

（2）直流伺服电动机：直流伺服电动机的结构和一般直流电动机一样,只是为了减小转动惯量而做得细长一些。它的励磁绕组和电枢分别由两个独立电源供电。通常采用电枢控制,就是励磁电压一定,建立的磁通也是定值,而将控制电压加在电枢上。

（3）直流力矩电动机：直流力矩电动机是一种能够长期处于堵转（起动）状态下工作的低转速、高转矩的直流电动机,其工作原理与特性和直流伺服电动机相似,只是在结构与外形尺寸上有所不同。

4.3.2　测速发电机

作用：自动控制系统中,测速发电机用来测量和调节转速,也可将它的输出电压反馈到电子放大器的输入端以稳定转速。

分类：交流和直流两种。

1）交流测速发电机

（1）分类：分为同步式和异步式两种。

（2）主要特性：测速发电机的输出电压是其转速的线性函数。

2）直流测速发电机

（1）分类：永磁式和他励式两种。

（2）主要特性：测速发电机的输出电压正比于其转速。

4.3.3　自整角机

作用：在转角随动系统中,自整角机是主要的元件,它利用电的连接,使两个在机械上不相连接的转轴做同步偏转。

分类：根据使用上的不同分为控制式和力矩式两种。

4.3.4　步进电动机

1）概念

步进电动机是一种利用电磁铁的作用原理将电脉冲信号转换为线位移或角位移的电机,近年来在数字控制装置中的应用日益广泛。

2）主要特性

（1）结构简单、维护方便、精确度高、起动灵敏、停车准确。

（2）步进电动机的转速决定于电脉冲频率,并与频率同步。

4.3.5　自动控制的基本概念

自动控制系统从结构上看,可分为开环控制和闭环控制。

1）开环控制

（1）概念：当发出控制指令后,控制对象便开始工作,但不能自动检测控制对象是否按照控制指令的要求进行工作。

（2）特点：主轴实际转速不能自动调节。

（3）应用：在对输出量的精确度要求不高的场合应用较广。

2）闭环控制

（1）概念：通过反馈环节将控制对象的输出信号引回到输入端，与给定值进行比较，得出的差值信号去控制控制对象的输出信号。这样，信号的传送途径是一个闭合环路，称为闭环。闭环控制系统也叫作反馈控制系统。

（2）特点：当被调量受到外界影响时，按照给定要求能自动调节。

（3）应用：在对输出量的精确度要求较高的场合应用较广。

4.4 继电接触器控制系统概述

继电接触器控制系统是指采用继电器、接触器及按钮等控制电器来实现自动控制的控制系统。

4.4.1 常用控制电器

（1）组合开关：常用来作为电源引入开关或直接起动和停止小容量鼠笼式电动机正反转，局部照明电路也常用它来控制。有单极、双极、三极和四极组合开关。

（2）按钮：通常用来接通或断开控制电路，从而控制电动机或其他电器设备。

（3）交流接触器：常用来接通和断开电动机或其他设备的主电路，每小时可开闭数百次。主要由电磁铁和触点两部分组成。它是利用电磁铁的吸引力而动作的。

（4）中间继电器：通常用来传递信号和同时控制多个电路，也可直接用它来控制小容量电动机或其他电气执行元件。

（5）热继电器：是用来保护电动机使之免受长期过载的危害。它是利用电流的热效应而动作的。

（6）熔断器：是最简便的且最有效的短路保护电器。线路在正常工作情况下，熔断器中的熔丝或熔片不应熔断，一旦发生短路或严重过载时，熔断器中的熔丝或熔片应立即熔断。

（7）低压断路器（自动空气开关）：是常用的一种低压保护电器，可实现短路、过载和失压保护。

4.4.2 鼠笼式电动机的控制电路

（1）直接起动控制：先将组合开关闭合，当按下起动按钮时，电动机便起动，当松开起动按钮时，由于自锁触点的作用，电动机仍然转动；如按下停止按钮，则电动机停止转动。

（2）正反转控制：利用将接到电源的任意两根连线对调一头的方法，使电动机能实现正反两个方向的转动，同时通过互锁或联锁，使同一时间只允许一个接触器工作（即正转接触器和反转接触器不能同时工作）。

4.4.3 行程控制

当运动部件到达一定行程位置时采用行程开关来进行控制。

4.4.4　时间控制

时间控制就是采用时间继电器进行延时控制。在交流电路中常采用空气式时间继电器,分通电延时和断电延时两种。除此之外也常用晶体管时间继电器。

5 可编程控制器及其应用概述

可编程控制器(PLC)是以中央处理器为核心,综合了计算机和自动控制等先进技术发展起来的一种工业控制器。

PLC具有可靠性高、功能完善、组合灵活、编程简单以及功耗低等许多独特优点,已被广泛应用于许多控制领域。

关于可编程控制器(PLC)的基本原理及应用,其他书中有专门介绍,在此不再赘述。

第二部分　基本实验

6 直流电路实验

6.1(实验 1) 元件伏安特性的测量

1) 实验目的

(1) 学习测量线性和非线性定常电阻伏安特性的方法。

(2) 加深对线性元件的可加性和齐次性的理解。

(3) 学习用图解法作出线性电阻的串并联特性。

(4) 研究实际独立电源的外特性。

(5) 学会直流稳压电源和直流电压表、电流表的使用方法。

2) 实验原理

(1) 电阻的伏安特性

线性定常电阻的特性曲线是由 $u-i$ 平面(或 $i-u$ 平面)上的一条通过原点(零点)的直线来表示,如图 6.1(a)所示。非线性定常电阻的特性曲线则是由 $u-i$ 平面上的一条曲线来表示。

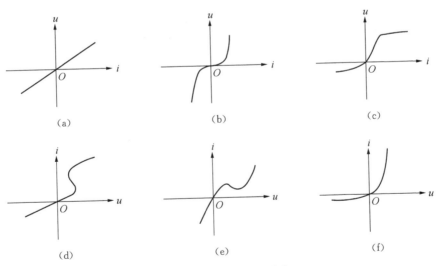

图 6.1　电阻的伏安特性曲线

非线性电阻可分双向型(对称原点)和单向型(不对称原点)两类。如图 6.1(b)、(c)、(d)、(e)、(f)所示分别为钨丝电阻(灯泡)、稳压管、充气二极管、隧道二极管和普通二极管的 $u-i$ 特性曲线。图 6.1(c)、(d)为电流控制型非线性电阻的特性曲线,图 6.1(e)为电压控制型非线性电阻的特性曲线,图 6.1(b)、(f)为单调型非线性电阻的特性曲线。

非线性电阻种类很多,它们的特性各异,被广泛应用在工程检测(传感器)、保护和控制电路中。

(2) 电阻伏安特性的测量

电阻的伏安特性可以通过在电阻上施加电压、测量电阻中的电流而获得,如图 6.2 所示。在测量过程中,只使用电压表(伏特表)、电流表(安培表),此方法称为伏安法。伏安法的最大优点是不仅能测量线性电阻的伏安特性,而且能测量非线性电阻的伏安特性。由于电压表的内阻不是无限大,电流表的内阻不为零,因此,无论图 6.2(a)或图 6.2(b)的接线方式都会给测量带来一定的误差。比较而言,图 6.2(a)适合于测量电阻值较大的电阻,而图 6.2(b)适合于测量电阻值较小的电阻。

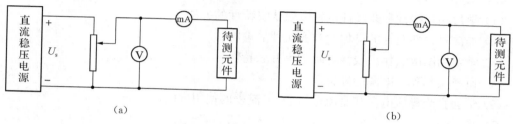

(a)　　　　　　　　　　　　　　　　(b)

图 6.2　测量电阻伏安特性的电路

(3) 电阻端电压及电流特性

线性定常电阻的端电压 $u(t)$ 与其电流 $i(t)$ 之间的关系符合欧姆定律,即

$$u(t) = Ri(t) \text{ 或 } i(t) = Gu(t)$$

式中:R 为电阻;G 为电导,都是与电压、电流和时间无关的常量。上式表明,对于线性定常电阻 $u(t)$ 是 $i(t)$ 的线性函数(或者说 $i(t)$ 是 $u(t)$ 的线性函数),满足可加性和齐次性,即

若

$$u_1(t) = Ri_1(t), u_2(t) = Ri_2(t) \tag{6.1}$$

则

$$u(t) = R[i_1(t) + i_2(t)] = u_1(t) + u_2(t) \tag{6.2}$$

又

$$u_1(t) = Ri_1(t) \tag{6.3}$$

则有

$$u(t) = R[ki_1(t)] = ku_1(t) \text{ (k 为比例系数)} \tag{6.4}$$

(4) 电阻的串联和并联

线性定常电阻的端电压 $u(t)$ 是其电流 $i(t)$ 的单值函数,反之亦然。两个线性电阻串联后的 $u-i$ 特性曲线可由 u_1-i 和 u_2-i 对应的 i 叠加而得到(对应于图 6.3(b)中的 $u = f(i)$ 特性曲线)。两个线性电阻并联后的 $i-u$ 特性曲线可由 i_1-u 和 i_2-u 对应于不同的 u 叠加而得到(对应于图 6.4(b)中的 $i = g(u)$ 特性曲线)。

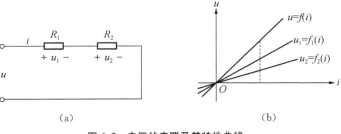

图 6.3　电阻的串联及其特性曲线

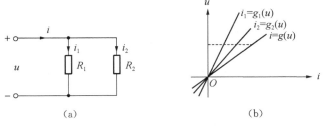

图 6.4　电阻的并联及其特性曲线

（5）电压源的伏安特性

理想电压源的端电压 $u_s(t)$ 是确定的时间函数，而与流过电源中的电流大小无关。如果 $u_s(t)$ 不随时间变化（即为常数），则该电压源称为理想的直流电压源 U_s，其伏安特性如图 6.5 中曲线①所示。实际电压源的特性如图 6.5 中曲线②所示，它可以用一个理想电压源 U_s 和电阻 R_s 相串联的电路模型来表示（见图 6.6）。显然，R_s 越大，图 6.5 中的角 θ 也越大，其正切的绝对值代表实际电压源的内阻 R_s。

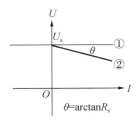

图 6.5　电压源的伏安特性

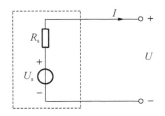

图 6.6　实际电压源的电路模型

3）实验任务

方案一

（1）测定线性电阻器的伏安特性

首先将直流数显电压源的输出旋钮逆时针调到底（拧不动就停止，否则会损坏旋钮），在元件箱上找到 1 kΩ 电阻元件，按图 6.7 接线，调节稳压电源的输出电压 U，使 R 两端的电压依次为表 6.1 中 U_R 所列值，记下相应的电流表读数 I。

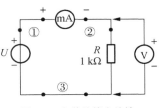

图 6.7　负载的伏安特性

表 6.1　负载电流

$U_R(V)$	2.00	4.00	6.00	8.00	10.00
$I(mA)$					

（2）测定非线性小灯珠的伏安特性

在元件箱上找到"12 V，0.1 A"的小灯珠，注意小灯珠是有极性的（红色插孔是正极性端，黑色插孔是负极性端），直流数显电压源的输出旋钮逆时针旋转到底，将图 6.7 中的 R 换成小灯珠，按照图 6.7 连接实物。表格 6.2 中 U_L 为小灯珠的端电压。在测量过程中小灯珠的电压不能超过 12 V，否则灯珠会损坏。

表 6.2　负载电压

$U_L(V)$	2.00	4.00	6.00	8.00	10.00	12.00
$I(mA)$						

（3）测定半导体二极管的伏安特性

在元件箱上找到半导体二极管 1N4007，二极管是有极性的（红色插孔是正极性端，黑色插孔是负极性端）。直流数显电压源输出旋钮逆时针旋转到底。

测二极管的正向特性时，按图 6.8 接线，R 为限流电阻器，阻值为 200 Ω。二极管 VD 的正向压降 U_{D+} 按表 6.3 所列取值。

测反向特性时，电路如图 6.9 所示（只要将图 6.8 中的二极管两端的导线位置互换），其反向电压 U_{D-} 可加到 30 V。所测数据填写到表 6.4 中。

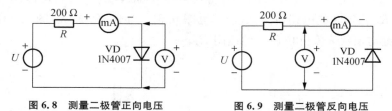

图 6.8　测量二极管正向电压　　　　　图 6.9　测量二极管反向电压

表 6.3　正向特性实验数据

$U_{D+}(V)$	0.10	0.30	0.50	0.55	0.60	0.65	0.70
$I(mA)$							

表 6.4　反向特性实验数据

$U_{D-}(V)$	0	−5	−10	−15	−20	−25	−30
$I(mA)$							

（4）测定稳压二极管的伏安特性

① 正向特性实验

在元件箱上找到稳压二极管 1N4728，稳压二极管是有极性的（红色插孔是正极性端，黑色插孔是负极性端）。直流数显电压源输出旋钮逆时针旋转到底。

测量电路如图 6.10 所示，慢慢调节电压源输出旋钮，记录稳压二极管的电压 U_{Z+} 与电流于表 6.5 中。U_{Z+} 为 1N4728 的正向压降。

表 6.5 测量正向特性

U_{Z+} (V)	0.10	0.30	0.50	0.55	0.60	0.65	0.70	0.75
I (mA)								

② 反向特性实验

电路如图 6.11 所示,电路中的限流电阻 R 选择 510 Ω,测量稳压二极管 1N4728 的反向特性。测量 IN4728 两端的电压 U_Z 及电流 I,数据记入表 6.6 中。从 U_{Z-} 的变化情况可看出其稳压特性。

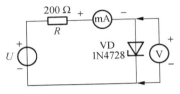
图 6.10 稳压二极管正向特性

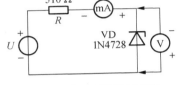
图 6.11 稳压二极管反向特性

表 6.6 反向特性

U_{Z-} (V)	−0.5	−1.0	−1.5	−2.0	−2.3	−2.5	−2.8	−3.0
I (mA)								
U_{Z-} (V)	−3.1	−3.2	−3.3	−3.4	−3.5	−3.6	−3.7	−3.8
I (mA)								

方案二

以下给出实验任务的实验原理图和元件的参数,同学们也可以自己设计电路、选择合适元器件。在设计电路时要考虑可行性,在选择元器件时,一定要考虑所选的元器件的参数,不能超过元器件的额定电流和额定电压。(带 * 的为选做内容,教师可根据实际情况选做)

(1) 用图 6.12 电路测定电阻值线性电阻 R_1 和 R_2 的伏安特性曲线。

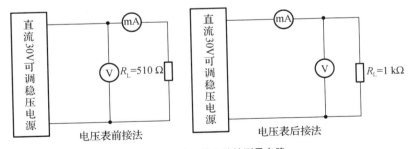
图 6.12 电阻伏安特性测量电路

(2) 用图 6.13 电路测定两个电阻 R_1 和 R_2 串联后的总伏安特性曲线。

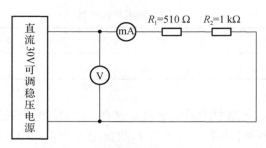

图 6.13 串联电阻伏安特性测量电路

（3）用图 6.14 电路测定两个电阻 R_1 和 R_2 并联后的总伏安特性曲线。

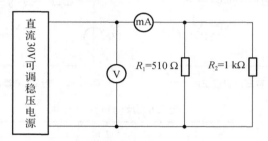

图 6.14 并联电阻伏安特性测量电路

以上 3 项任务的测试数据可记录在表 6.7 中。

表 6.7   并联电阻伏安特性测量表

$U(V)$								
流过 R_1 的电流（mA）								
流过 R_2 的电流（mA）								
R_1 和 R_2 串联的总电流（mA）								
R_1 和 R_2 并联的总电流（mA）								

（4）测定实际电压源的伏安特性曲线。按图 6.15 电路接线。在实验中实际电压源是采用一台直流稳压电源 $U_s = 10\ V$，串联一个电阻 $R_s = 200\ \Omega$ 来模拟。

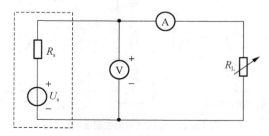

图 6.15   测量实际电压源伏安特性的电路

① 把直流稳压电源输出电压 U_s 及电阻 R_s 调到给定的数值，即 $U_s = 10\ V$，$R_s = 200\ \Omega$。

② 调节 R_L 以改变电路中的电流，分别测量对应的电流和电压的数值，将测量数据记录在表 6.8 中。

③ 增大电阻 R_s，重复上述实验步骤②，将测量数据记录在表 6.8 中。

表 6.8 实际电压源伏安特性测量

给定值	$R_L(\Omega)$							
测量值	I(mA)							
	U(V)							

*(5) 采用图 6.16 所示电路，测量一非线性电阻（二极管 VD）的伏安特性曲线。串联电阻 $R_0(R_0=510\ \Omega)$ 用作限流保护。在测量二极管 VD 反向特性时，电流表应用微安挡，电压表一端跨接在微安表正极上。在测量二极管 VD 正向特性时，正向电流值不要超过二极管 VD 最大整流电流值 I_m(1.5 A)，反向耐压值不能超过 VD 的最大耐压 U_d($U_d=400$ V)。测量数据记录在表 6.9 中。

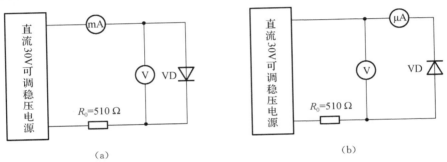

(a)   (b)

图 6.16 测量二极管伏安特性的电路

表 6.9 非线性电阻伏安特性测量

	电压(V)							
正向实验	电流(mA)							
	动态电阻(Ω)							
反向实验	电压(V)							
	电流(mA)							
	动态电阻(Ω)							

4）注意事项

（1）实验过程中，直流稳压电压源的输出值，应该开路后调到给定值，电流源应该在短路后调到给定值。电压源不能短路，电流源不能开路。

（2）记录所用仪表的内阻，必要时考虑它们对实验结果带来的影响，仪表显示有 4 位数字，读前 3 位即可。

（3）在测量直流电压时，电压表应该并联在电路里，在测量直流电流时，电流表应该串联在电路里，电流表千万不能并联。

5）预习及思考题

（1）若电阻器的伏安特性曲线为一根不通过坐标原点的直线，它满足可加性与齐次性吗？为什么？

（2）为什么对两个电阻串联的总特性，要强调它们是电流控制型，而对两个电阻并联后的总特性，要强调它们是电压控制型的？

（3）非线性电阻器的伏安特性曲线有何特征？

（4）由实际电源的伏安特性曲线中求出各种情况下实际电源的内阻值，并与实验给定的内阻值进行比较，看是否相同。如果不相同，为什么？

6）实验报告要求

（1）用作图法画出 R_1、R_2 的伏安特性曲线及 R_1 与 R_2 串联或并联的伏安特性曲线，并与理论进行比较。

*（2）按任务（5）的实验结果画出二极管的伏安特性曲线。

（3）根据测量数据画出内阻 R_s 下的实际电压源的伏安特性曲线，并说明实际电源的外特性。

7）实验设备及主要器材

方案一

（1）HDKG－1 型电工实验台	可调直流稳压电压源	1 台
（2）HDKG－1 型电工实验台	直流数字毫安表	1 块
（3）HDKG－1 型电工实验台	直流数字电压表	1 块
（4）HDKG－1 型电工实验台	二极管	1 个
（5）HDKG－1 型电工实验台	稳压二极管	1 个
（6）HDKG－1 型电工实验台	小灯珠（12 V，0.1 A）	1 个
（7）HDKG－1 型电工实验台	线性电阻（200 Ω、510 Ω、1 kΩ/8 W）	3 个
（8）直流导线		若干

方案二

（1）直流可调稳压/固定电源单元	1 块
（2）直流可调稳压/稳流电源单元	1 块
（3）电路原理实验板	1 块
（4）直流电压/电流表单元	1 块
（5）万用表	1 只
（6）直流连接导线	若干
（7）电阻、电容、二极管	若干

6.2（实验 2）　直流电路中电位的测量

1）实验目的

（1）掌握测量电路各点电位的方法，并通过电路各点的测量，加深对电位与电压间关系的理解。

（2）验证基尔霍夫电压定律，了解直流电路中电位升降的定律。

2) 实验原理

(1) 电路的参考点选定后,电路中其他各点的电位也就随之而定,若电路情况不变,选择不同的参考点,则电路中各点的参考电位也就不同。

(2) 电路中任一点的电位,等于该点到参考点之间的电压,故各电位可以用电压表测量。

(3) 电路中如有两个等电位点,用导线将此两点短接,对电路不产生任何影响。在此两点间任何电阻元件也对电路无影响,因为此电阻中不会有电流流过。

3) **实验任务**

方案一

(1) 测量电路如图 6.17 所示。利用"基尔霍夫定律/叠加原理"实验箱线路,实验前先将开关 S_1 打到左侧,S_2 打到右侧,S_3 打到 330 Ω 侧。

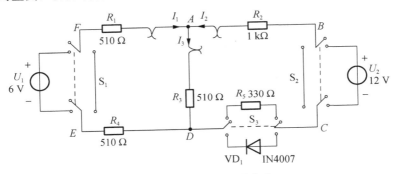

图 6.17 测量叠加原理的电路

(2) 实验台上共有两路直流数显电压源,分别将两路直流稳压电源连接到实验台上的数字电压表进行校准,调节直流数显电压源的输出旋钮,分别使直流数字电压表显示为 6.00 V 和 12.00 V(即一个直流数显电压源输出为 6.00 V,另一个直流数显电压源输出为 12.00 V)。将调节好的直流数显电压源分别连到"基尔霍夫定律/叠加原理模块"的 U_1、U_2 端。此时"基尔霍夫定律/叠加原理模块"的电路已经连接完整,可以进行相关数据测量。

(3) 以图 6.17 中的 A 点作为电位的参考点(即将直流数字电压表的负极性端与 A 点相连,此时 $V_A = 0$),分别测量 B、C、D、E、F 各点的电位值(即将直流数字电压表的正极性端分别与 B、C、D、E、F 相连,读出的相关读数就是各点的电位值 V_B、V_C、V_D、V_E、V_F)。以 D 点为参考点,重复以上电位的测量,将数据填入表 6.10 中。

表 6.10 电位测量记录表

电位参考点	电位 V	V_A(V)	V_B(V)	V_C(V)	V_D(V)	V_E(V)	V_F(V)
A	测量值	0					
D	测量值				0		

(4) 相邻两点之间的电压值 U_{AB}、U_{BC}、U_{CD}、U_{DE}、U_{EF} 及 U_{FA} 的测量,以 U_{AB} 的测量为例,只要将 A 点连接到直流数字电压表的正极性端,B 点连接到直流数字电压表的负极性端,电压表显

示的数值就是 U_{AB}。以 D 点为参考点，重复以上电压的测量。将数据填入表 6.11 中。

表 6.11 电压测量记录表

电位参考点	电压 U	U_{AB}(V)	U_{BC}(V)	U_{CD}(V)	U_{DE}(V)	U_{EF}(V)	U_{FA}(V)
	计算值①						
A	测量值						
	相对误差(%)②						
	计算值						
D	测量值						
	相对误差%						

注①：计算值 U_{AB}＝测量值 V_A－测量值 V_B，$U_{BC}＝V_B－V_C$，依此类推；
②：相对误差＝$\dfrac{测量值－计算值}{计算值}×100\%$。

（5）以 A、D 为参考点分别画出电位图。根据测得的各点电位值，在各点所在的垂直线上描点，用直线依次连接相邻两个电位点。

方案二

（1）按图 6.18 接线，并将电源调到规定的电压输出值，用实验箱上的直流电压表分别测量 U_{ab}、U_{bc}、U_{cd}、U_{de}、U_{ea}（注意读数的正负），并测量出电流值，将测量数据填入表 6.12 表中。

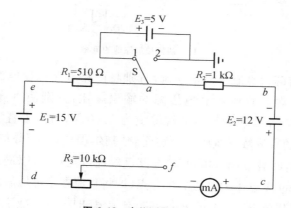

图 6.18 电位测量的电路图

表 6.12 电压测量记录表

测量结果						计算结果			
U_{ab}(V)	U_{bc}(V)	U_{cd}(V)	U_{de}(V)	U_{ca}(V)	I(mA)	R_1(Ω)	R_2(Ω)	R_3(Ω)	$\sum U$(V)

（2）将开关 S 拨向 1 处，分别测量各点电位（注意正负），并计算各点电压，记入表 6.13 中。

（3）将 E_3 反接，使 a 点电压降低 E_3 值，在测量各点电位是否都是相同变化，记入表 6.13 中。

(4) 将开关 S 拨向 2 处,即 $U_a=0$ V,在测量各点电位是否都是相同变化,记入表 6.13 中。

(5) 开关 S 仍置 2 处,在 a 与 f 点之间,接入直流电压表,调节电位器 R_3,使 $U_{af}=0$ V,然后将电压表换成电流表,观察电流是否为 0,若有小电流,再略调节一下,可使电流为 0。然后用导线将 a、f 直接连接起来,再测量各点电位,填入表 6.13 中,并与任务(4)测量的结果进行比较。

表 6.13　电位测量记录表

测量结果					计算结果					
V_a(V)	V_b(V)	V_c(V)	V_d(V)	V_e(V)	U_{ab}(V)	U_{bc}(V)	U_{cd}(V)	U_{de}(V)	U_{ea}(V)	$\sum U$(V)
5										
−5										
0										
5										

4) 注意事项

(1) 实验过程中,直流稳压电压源的输出值,应该开路调到给定值,电流源应该在短路时调到给定值。注意电压源不能短路,电流源不能开路。

(2) 记录所用仪表的内阻,必要时考虑它们对实验结果带来的影响,仪表显示有四位数字,读前三位即可。

(3) 在测量直流电压时,电压表应该并联在电路里,在测量直流电流时,电流表应该串联在电路里。注意电流表千万不能并联。

5) 预习及思考题

(1) 根据计算出的电阻值和测量的各点电位值绘制本实验电路的电位图。

(2) 通过这次实验,明确了电位和电压的哪些概念?

6) 实验报告要求

(1) 列表表示实验任务方案一和方案二中(1)～(4)的实验数据,并在方格纸上画出它们的电位曲线。

(2) 由测量数据验证电位与电压之间的关系是否成立。

7) 实验设备及主要器材

方案一

(1) HDKG-1 型电工实验台 可调直流稳压电压源　　　　　　　1 台

(2) HDKG-1 型电工实验台 直流数字毫安表　　　　　　　　　1 块

(3) HDKG-1 型电工实验台 基尔霍夫定律模块　　　　　　　　1 块

(4) 直流导线　　　　　　　　　　　　　　　　　　　　　　　若干

方案二

(1) 直流可调稳压/固定电源单元　　　　　　　　　　　　　　1 块

(2) 直流可调稳压/稳流电源单元　　　　　　　　　　　　　　1 块

(3) 电路原理实验板　　　　　　　　　　　　　　　　　　　　1 块

（4）直流电压/电流表单元   1 块

（5）万用表   1 只

（6）直流连接导线   若干

（7）电阻   若干

6.3(实验 3) 基尔霍夫定律的验证

1）实验目的

（1）验证基尔霍夫定律的正确性，加深对基尔霍夫定律的理解。

（2）学会用电流插头、插座测量各支路电流的方法。

2）原理说明

基尔霍夫定律是电路的基本定律。测量某电路的各支路电流及每个元件两端的电压，应能分别满足基尔霍夫电流定律（KCL）和电压定律（KVL）。即任何时刻对电路中的任一个节点而言，应有 $\sum I = 0$；对任何一个闭合回路而言，应有 $\sum U = 0$。

运用该定律时必须注意各支路或闭合回路中电流的参考方向已经如图 6.19 中所示假设好了，在连接时只要注意电流导线正负极性连到直流数显电流表对应的插孔就可以了（即红对红，黑对黑，如图 6.20 所示）

3）实验内容

实验线路如图 6.19，用"基尔霍夫定律/叠加原理"试验箱模块。图 6.20 为电路中所用测电流的插座模块，其中测电流的导线和对应的电流插座模块如图 6.21 所示。实验前先将开关 K_1 打到左侧，K_2 打到右侧，K_3 打到 R_5 侧。

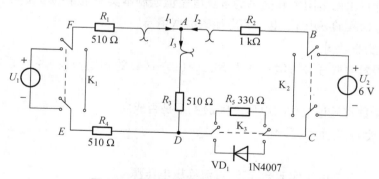

图 6.19 测量基尔霍夫定律/叠加原理电路

图 6.20 测电流的插座模块

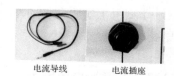

图 6.21 导线和插座

（1）图中三条支路的电流正方向已经预先设定，即图 6.19 中的 I_1、I_2、I_3 的方向已设定

（图中箭头所示）。

（2）将直流数显电压源 1 的电压校准为 6.00 V，直流数显电压源 2 的电压校准为 12.00 V，分别接入图 6.19 的 U_1、U_2 处，$U_1 = 6$ V，$U_2 = 12$ V。

（3）熟悉电流插头的结构，将电流插头的两端接至直流数字表的"＋"、"－"两端（红色插孔是"＋"，黑色插孔是"－"）。

（4）将电流插头分别插入三条支路的三个电流插座中，读出并记录在表 6.14 之中。

（5）用直流数字电压表分别测量两路电源及电阻元件上的电压值，记录在表 6.14 之中。

表 6.14　测量的电流和电压

被测量	I_1(mA)	I_2(mA)	I_3(mA)	U_1(V)	U_2(V)	U_{FA}(V)	U_{AB}(V)	U_{AD}(V)	U_{CD}(V)	U_{DE}(V)
计算值										
测量值										
相对误差(%)										

4）预习及注意事项

（1）本次实验中不使用电流插头和插座。箱子上的 K_3 应拨向 330 Ω 侧。

（2）所有需要测量的电压值，均以同一电压表测量的读数为准。U_1、U_2 也需测量，不应取电源本身的显示值，电源本身的显示值有效位数少。

（3）防止稳压电源两个输出端碰线短路。

5）预习思考题

（1）根据图 6.19 的电路参数，计算出待测的电流 I_1、I_2、I_3 和各电阻上的电压值，记入表中，以便与实验中测得的数据相比较，计算相对误差。

6）实验报告要求

（1）根据实验数据，选定节点 A，验证 KCL 的正确性。

（2）根据实验数据，选定实验电路中的任一个闭合回路，验证 KVL 的正确性。

（3）误差原因分析、心得体会及其他。

7）实验设备和主要实验器材

（1）HDKG - 1 型电工实验台 可调直流稳压电压源　　　　　　　　　　1 台

（2）HDKG - 1 型电工实验台 直流数字毫安表　　　　　　　　　　　　1 块

（3）HDKG - 1 型电工实验台 直流数字电压表　　　　　　　　　　　　1 块

（4）HDKG - 1 型电工实验台 基尔霍夫定律模块　　　　　　　　　　　1 台

（5）HDKG - 1 型电工实验台 测电流导线　　　　　　　　　　　　　　1 根

（6）直流导线　　　　　　　　　　　　　　　　　　　　　　　　　　若干

6.4(实验4)　基本电工仪表的使用及测量误差的计算

1) 实验目的

(1) 掌握指针式电压表、电流表内阻的测量方法。

(2) 熟悉电工仪表测量误差的计算方法。

2) 原理说明

为了准确地测量电路中实际的电压和电流,必须保证仪表接入电路后不会改变被测电路的工作状态。这就要求电压表的内阻为无穷大,电流表的内阻为零,而实际使用的指针式电工仪表都不能满足上述要求。因此,当测量仪表一旦接入电路,就会改变电路原有的工作状态,这就导致仪表的读数值与电路原有的实际值之间出现误差。这种测量误差值的大小与仪表本身内阻值的大小密切相关。只要测出仪表的内阻,即可计算出由其产生的测量误差。以下介绍几种测量指针式仪表内阻的方法。

(1) 用分流法测量电流表的内阻

如图 6.22(a)所示,R_A 为直流电流表的内阻,调节电流源的输出电流 I 使电流表指针满偏转。图 6.22(b)所示电路接上电阻箱 R_B,并保持 I 值不变(即电流源的大小不要调节),调节电阻箱 R_B 的阻值,使电流表的指针指在 1/2 满偏转位置(即表头的正中间位置),此时有 $I_A = I_S = \dfrac{I}{2}$,两条支路的电流分别是总电流的一半,所以两条支路的电阻相等,即 $R_A = R_B$,R_B 可由电阻箱的刻度读得,测出电流表的内阻 R_A。

(a)　　　　　　　　　　　　　　　　(b)

图 6.22　测量电流表内阻

(2) 用分压法测量电压表的内阻

R_V 为电压表的内阻。测量时先按照图 6.23(a)所示连接电路,电路中就只有 R_V 和直流稳压电源。调节直流稳压电源的输出电压,使电压表的指针为满偏转。接着按照图 6.23(b)所示连接电路,将 R_B 接入电路中,并保持电压 U 不变(即电源的大小不要调节),调节 R_B 使电压表的指针指在 1/2 满偏转位置(即表头的正中间位置)。此时 R_V 上的电压变为原来的一半,所以有:$R_V = R_B$,电压表的灵敏度为:

$$S = \frac{R_V}{U} \quad (\Omega/V) \tag{6.5}$$

式中:U 为电压表满偏时的电压值。

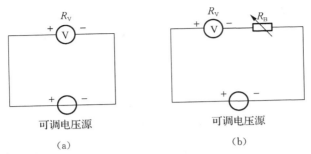

图 6.23 测量电压表内阻

（3）仪表内阻引入的测量误差的计算

仪表内阻引入的测量误差通常称为方法误差，而仪表本身结构引起的误差称为仪表基本误差。

① 以图 6.24 所示电路为例，R_1 上的电压为 $U_{R1} = \dfrac{R_1 U}{R_1 + R_2}$，现用一内阻为 R_V 的电压表来测量 U_{R1} 值，当 R_V 与 R_1 并联后，则 $R_{AB} = \dfrac{R_V R_1}{R_V + R_1}$，以此来替代 U_{R1} 式中的 R_1，则得到：

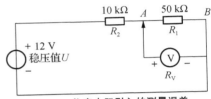

图 6.24 仪表内阻引入的测量误差

$$U'_{R1} = \frac{\dfrac{R_V R_1}{R_V + R_1}}{\dfrac{R_V R_1}{R_V + R_1} + R_2} U \tag{6.6}$$

绝对误差：

$$\Delta U = U'_{R_1} - U_{R1} = \frac{-R_1^2 R_2 U}{R_V(R_1^2 + 2R_1 R_2 + R_2^2) + R_1 R_2(R_1 + R_2)} \tag{6.7}$$

若 $R_1 = R_2 = R_V$，则得：

$$\Delta U = -\frac{U}{6} \tag{6.8}$$

相对误差：

$$\Delta U = \frac{U'_{R1} - U_{R1}}{U} \times 100\% = \frac{-U/6}{U/2} \times 100\% = -33.3\% \tag{6.9}$$

由此可见，当电压表的内阻与被测电路的电阻相近时，测得值的误差是非常大的。

② 伏安法测量电阻的原理为：测出流过被测电阻 R_X 的电流 I_R 及其两端的电压降 U_R，则其阻值 $R_X = U_R / I_R$。图 6.25（a）、（b）为伏安法测量电阻的两种电路。

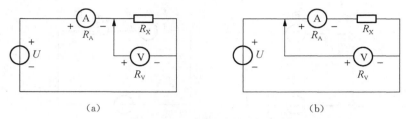

（a）　　　　　　　　　　　　　　　　　（b）

图 6.25　伏安法测量电阻的电路

　　设所用电压表和电流表的内阻分别为 $R_V=20$ kΩ,$R_A=100$ Ω,电源 $U=20$ V,假定 R_X 的实际值为 $R=10$ kΩ。现在来计算用此两种电路测量结果的误差。

　　电路（a）：

$$I_R=\frac{U}{R_A+\dfrac{R_VR_X}{R_V+R_X}}=\frac{20}{0.1+\dfrac{10\times20}{10+20}}=2.96（mA）\qquad(6.10)$$

$$U_R=I_R\frac{R_VR_X}{R_V+R_X}=2.96\times\frac{10\times20}{10+20}=19.73（V）\qquad(6.11)$$

$$R_X=\frac{U_R}{I_R}=\frac{19.73}{2.96}=6.666（kΩ）\qquad(6.12)$$

　　相对误差

$$\Delta a=\frac{R_X-R}{R}=\frac{6.666-10}{10}\times100\%=-33.4\%\qquad(6.13)$$

　　电路（b）：

$$U_R=20\text{ V},I_R=\frac{U}{R_A+R_X}=\frac{20}{0.1+10}=1.98（mA）\qquad(6.14)$$

$$R_X=\frac{U_R}{I_R}=\frac{20}{1.98}=10.1（kΩ）,\Delta b=\frac{10.1-10}{10}\times100\%=1\%\qquad(6.15)$$

　　由此例,既可看出仪表内阻对测量结果的影响,也可看出采用正确的测量电路也可获得较满意的结果。

　　3）实验内容

　　（1）分流法测电流表内阻:用 5 mA 挡位内阻测量。

　　① 调节直流数显恒流源,如图 6.26 所示,将拨动旋钮（输出粗调）拨到"0.20 mA"挡位,输出细调旋钮逆时针旋到底。

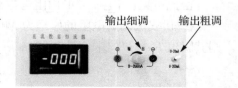

输出细调　　输出粗调

图 6.26　电流源的调节

② 对指针式万用表表头进行机械调零,用平头起子选择表头中间的黑色旋钮使指针指着最左边的 0 刻度,如图 6.27 所示。万用表的挡位旋钮指到直流 5 mA 挡位,如图 6.28 所示。

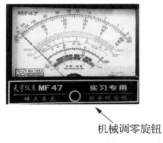

机械调零旋钮

图 6.27　表头调零

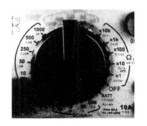

图 6.28　万用表挡位

③ 按照图 6.22(a)接线,接好的电路如图 6.29 所示,慢慢旋转直流数显恒流源的输出细调旋钮,注意观察万用表的指针偏转,直到指针指到最右侧 0 刻度位置时(见图 6.30),直流数显恒流源的输出细调旋钮停止旋转,保持不动。

图 6.29　测量实物图

图 6.30　表头显示

④ 使用电阻箱上的十进制可变电阻器,如图 6.31 所示。十进制可变电阻器的最小电阻是 0 Ω,最大电阻可达到 999 999 Ω,其阻值的变化通过图中的旋钮旋转进行改变,共有 6 个挡位进行调节,分别是:$R×1,R×10,R×100,R×1\ k,R×10\ k,R×100\ k$。电阻值的大小计算方法如下:将旋钮上白色刻度线所指的数字乘以相关挡位,再将 6 个挡位乘积相加,此时得到的就是目前十进制可变电阻器对应的电阻值。图 6.31 中的电阻值为:

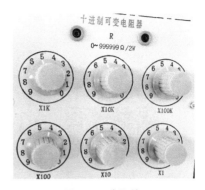

图 6.31　电阻箱

$$5 \times 100 \text{ k} + 5 \times 10 \text{ k} + 5 \times 1 \text{ k} + 4 \times 100 + 5 \times 10 + 6 \times 1 = 555\ 456\ (\Omega)$$

除 $R \times 100$、$R \times 10$、$R \times 1$ 挡位外，其余挡位旋扭都指到"0"且保持不动，将十进制可变电阻器并联到直流数显恒流源两端，即按照图 6.22(b)所示电路连接，直流数显恒流源保持上一个实验状态不动，连好的电路如图 6.32 所示。组合调节 $R \times 100$、$R \times 10$、$R \times 1$ 挡位旋钮，同时观察指针式万用表的指针偏转，当指针指到表头刻度中央时，如图 6.33 所示，停止旋转旋钮，读出十进制可变电阻器对应的电阻值 R_B，该电阻即为万用表 5 mA 挡位的内阻 R_A。将数据填入表 6.15 中。

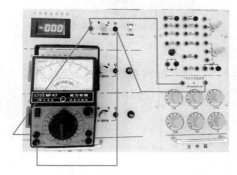

图 6.32 实物连线

图 6.33 表头显示

表 6.15 测量数据记录

被测电流表 量限	R_B 未连接时表读数 （mA）	R_B 接上时表读数 （mA）	R_B （Ω）	计算内阻 R_A （Ω）
5 mA				

（2）分压法测电压表内阻：用 10 V 挡位内阻测量。

① 选择一路直流数显电压源，如图 6.34 所示，将直流数显电压源的输出旋钮逆时针旋转到底。万用表旋钮旋转到直流电压 10 V 挡位，如图 6.35 所示。

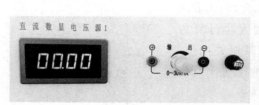

图 6.34 电压源的调节

图 6.35 万用表挡位

② 按照图 6.23(a)接线,接好的电路如图 6.36 所示,慢慢旋转直流数显电压源的输出旋钮,注意观察万用表的指针偏转,直到指针指到最右侧 0 刻度位置时(见图 6.37),直流数显电压源的输出旋钮停止旋转,保持不动。

图 6.36 实物接线

图 6.37 表头显示

③ 将十进制可变电阻器串联到电路中,即按照图 6.23(b)所示电路连接,连好的电路如图 6.38 所示。组合调节十进制可变电阻器旋钮,同时观察指针式万用表的指针偏转,当指针指到表头刻度中央时,停止旋转旋钮,读出十进制可变电阻器所示的电阻 R_B,该电阻即为万用表 10 V 挡位的内阻 R_V。将数据填入表 6.16 中。

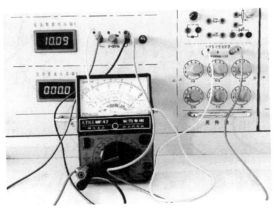

图 6.38 测量电路

表 6.16 测量数据记录

被测电压表量限	R_B 未接时表读数 (V)	R_B 接上时表读数 (V)	R_B (kΩ)	计算内阻 R_V (kΩ)	S (Ω/V)
10 V					

(3)误差计算

用指针式万用表直流电压 10 V 挡量程测量图 6.24 电路中 R_1 上的电压 U'_{R1} 之值,并计算测量的绝对误差与相对误差。

首先将直流数显电压源与实验台上的直流数字电压表相连接,如图 6.39 所示,调节直流数显电压源的输出旋钮,使电压调节为 12.00 V,保持电压源输出旋钮不动,断开导线连接。

图 6.39　测量电路(一)

然后将十进制可变电阻器的电阻调节为 50 kΩ,并在此实验箱上找到 10 kΩ 的单个电阻,将它们与直流数显电压源进行串联,如图 6.40 所示。

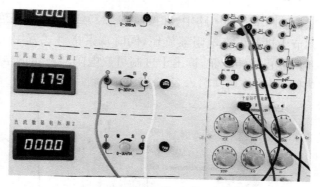

图 6.40　测量电路(二)

最后,只要将指针式万用表并联到十进制可变电阻器两端,如图 6.41 所示,读出此时万用表的读数,即为 U'_R,将数据填入表 6.17 中,并进行相关计算。

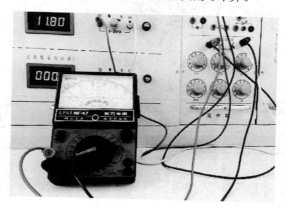

图 6.41　测量电路(三)

表 6.17 测量数据记录

U	R_2	R_1	$R_{10\,V}$ (kΩ)	计算值 U_{R1} (V)	实测值 U'_{R1} (V)	绝对误差 ΔU	相对误差 $\frac{\Delta U}{U} \times 100\%$
12 V	10 kΩ	50 kΩ		10			

4）实验注意事项

（1）实验台上配有实验所需的恒流源,在开启电源开关前,应将恒流源的输出粗调拨到 2 mA 挡,输出细调旋钮应调至最小。接通电源后,再根据需要缓慢调节。

（2）当恒流源输出端接有负载时,如果需要将其粗调旋钮由低挡位向高挡位切换时,必须先将其细调旋钮调至最小。否则输出电流会突增,可能会损坏外接器件。

（3）电压表应与被测电路并联使用,电流表应与被测电路串联使用,并且都要注意极性与量程的合理选择。

（4）本实验仅测试指针式仪表的内阻。由于所选指针表的型号不同,本实验中所列的电流、电压量程及选用的 R_B 等均会不同。实验时请按选定的表型自行确定。

5）预习及思考题

本实验中在进行测量指针式万用表各电压、电流挡位的内阻时,其依据的电路原理分别是什么?

6）实验报告及要求

（1）列表记录实验数据,并计算各被测仪表的内阻值。

（2）计算实验内容（3）的绝对误差与相对误差。

7）实验设备

（1）HDKG-1 型电工实验台 可调直流稳压电压源　　　　1 台

（2）HDKG-1 型电工实验台 可调直流恒流源　　　　1 台

（3）HDKG-1 型电工实验台 直流数字电压表　　　　1 块

（4）指针式万用表　　　　1 块

（5）十进制可变电阻器（0～999 999 Ω）　　　　1 块

（6）直流导线　　　　若干

6.5（实验 5）　叠加原理的验证

1）实验目的

（1）用实验方法验证叠加原理。

（2）进一步掌握直流电流表、电压表、直流稳压电源的使用方法。

2）实验原理

在由多个电源共同作用的线性电路中,任一支路的电流（或电压）都是电路各个电源单独作用时在该支路中产生的电流（或电压）的代数和,这就是叠加原理。应当注意的是,它只适用于线性电路中的电流和电压,不适用于功率。对不起作用的电源处理是:恒压源视为短路,用短路线代替,内阻保留在原电路中;恒流源视为开路,直接断开。

3）实验任务

方案一

实验线路如图 6.42 所示,用"基尔霍夫定律/叠加原理"试验箱模块。

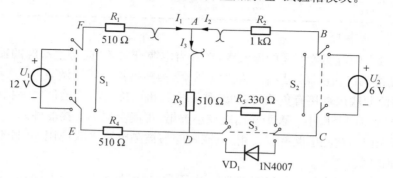

图 6.42　实验电路

（1）线性电路

实验前先将开关 K_3 打到 R_5 侧。

① 将两路直流数显电压源分别校准为 12.00 V、6.00 V,接入"基尔霍夫定律/叠加原理"模块的 U_1 和 U_2 处,$U_1=12.00$ V,$U_2=6.00$ V。电路连接完整。

② 令 U_1 电源单独作用(将开关 S_1 扳向左侧,开关 S_2 扳向左侧)。用直流数字电压表和直流数字电流表(接电流插头)来测量各电阻元件两端的电压及各支路电流,数据记入表6.18 中。

表 6.18　叠加原理测量数据(一)

测量项目 实验内容	U_1(V)	U_2(V)	I_1(mA)	I_2(mA)	I_3(mA)	U_{AB}(V)	U_{CD}(V)	U_{AD}(V)	U_{DE}(V)	U_{FA}(V)
U_1 单独作用	12.00	S_2左侧								
U_2 单独作用	S_1 右侧	6.00								
U_1、U_2 共同作用	12.00	6.00								
$2U_2$ 单独作用	S_1 右侧	12.00								

③ 令 U_2 电源单独作用(将开关 S_1 扳向右侧,开关 S_2 扳向右侧),重复实验步骤②的测量和记录,数据记入表 6.18。

④ 令 U_1 和 U_2 共同作用(开关 S_1 扳向左侧,S_2 扳向右侧),重复上述的测量和记录,数据记入表 6.18。

⑤ 将 U_2 的数值调至 $+12.00$ V,(将开关 S_1 扳向右侧,开关 S_2 扳向右侧),重复上述步骤③的测量并记录,数据记入表 6.18。

（2）非线性电路

将 R_5(330 Ω)换成二极管 1N4007(即将开关 S_3 扳向二极管 1N4007 侧)

① 将两路直流电压源的输出分别校准为 12.00 V 和 6.00 V,接入"基尔霍夫定律/叠加原理"模块的 U_1 和 U_2 处,$U_1=12.00$ V,$U_2=6.00$ V。电路连接完整。

② 令 U_1 电源单独作用（将开关 S_1 扳向左侧，开关 S_2 扳向左侧），用直流数字电压表和直流电流表（接电流插头）测量各电阻元件两端的电压及各支路电流，数据记入表 6.19。

③ 令 U_2 电源单独作用（将开关 S_1 扳向右侧，开关 S_2 扳向右侧），重复实验步骤②的测量，数据记入表 6.19。

④ 令 U_1 和 U_2 共同作用（开关 S_1 扳向左侧，K_2 扳向右侧），重复上述的测量，数据记入表 6.19。

⑤ 将 U_2 的数值调至 $+12.00$ V（将开关 S_1 扳向右侧，开关 S_2 扳向右侧），重复上述步骤③的测量，数据记入表 6.19。

表 6.19　叠加原理测量数据（二）

测量项目实验内容	U_1(V)	U_2(V)	I_1(mA)	I_2(mA)	I_3(mA)	U_{AB}(V)	U_{CD}(V)	U_{AD}(V)	U_{DE}(V)	U_{FA}(V)
U_1 单独作用	12.00	S_2左侧								
U_2 单独作用	S_1右侧	6.00								
U_1、U_2共同作用	12.00	6.00								
$2U_2$单独作用	S_1右侧	6.00								

方案二

（1）叠加原理

本实验按图 6.43 接线。

① U_s(U_1)单独作用：将 I_S 开路，将开关扳向 U_s 端，即合上开关，使 U_s 单独作用，测量各元件两端电压以及支路 AC 上的电流，记录在表 6.20 中。

② I_S(I_1)单独作用：接上 I_S，将开关扳向短路线端，即断开电压源，使 I_S 单独作用，测量各元件两端电压以及支路 AC 上的电流，记录在表 6.20 中。

③ U_s 和 I_S 同时作用：接上 I_S，将开关扳向 U_s 端，使 U_s、I_S 共同作用，测量各元件两端电压以及支路 AC 上的电流，记录在表 6.20 中。

④ 电源的调节方法：在电压源开路时，把电压源的输出稳定在 10 V；在电流源短路时，把电流源的输出稳定在 15 mA。严禁把电压源短路。

⑤ 电路的实物接线可以参看图 6.44 所示。

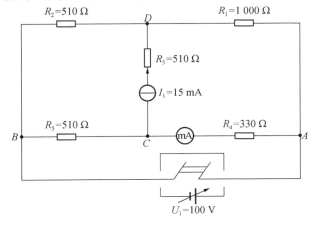

图 6.43　叠加原理电路图

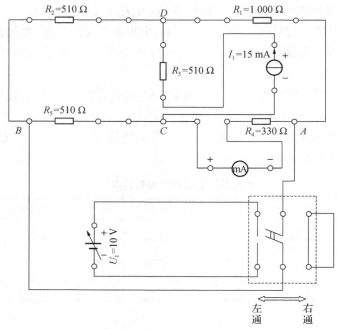

图 6.44 叠加原理实物接线图

表 6.20 验证叠加原理测量数据

条件	$U_{AD}(V)$	$U_{DC}(V)$	$U_{BD}(V)$	$U_{AC}(V)$	$I_{AC}(mA)$
U_S 单独作用					
I_S 单独作用					
U_S、I_S 共同作用					

4）注意事项

（1）直流稳压电源的输出端禁止短路。

（2）使用万用表时,电流挡、欧姆挡不能用来测电压。

（3）直流稳压电源的输出电压值,必须用电压表或万用表校对。

（4）万用表使用完毕,需将转换开关旋至交流 500 V 位置。

（5）测量电流/电压时,要用同一只电流/电压表的同一量程。

5）预习及思考题

（1）若将 R3 阻值改变为 300 Ω 时,叠加原理是否仍成立?

（2）在求有源线性一端口网络等效电路中的 R_i 时,如何理解"原网络中所有独立电源为零值"? 实验中怎样将独立电源置零?

6）实验报告要求

（1）用叠加原理计算图 6.43 各支路的电压和电流值与实验数据相比较计算其相对误差,并分析产生误差的原因。

（2）用实验数据说明叠加原理的正确性。

（3）记录各实验任务的数据。

（4）回答思考题。

7）实验设备和主要器材

方案一
（1）HDKG‐1 型电工实验台 可调直流稳压电压源	1 台
（2）HDKG‐1 型电工实验台 直流数字毫安表	1 块
（3）HDKG‐1 型电工实验台 直流数字电压表	1 块
（4）HDKG‐1 型电工实验台 基尔霍夫定律模块	1 台
（5）HDKG‐1 型电工实验台 测电流导线	1 根
（6）直流导线	若干

方案二
（1）直流可调稳压/固定电源单元	1 块
（2）直流可调稳压/稳流电源单元	1 块
（3）电路原理实验板	1 块
（4）直流电压/电流表单元	1 块
（5）万用表	1 只
（6）直流连接导线	若干
（7）电阻	若干

6.6（实验6）　戴维南定理的验证

1）实验目的
（1）加深对戴维南定理的理解。
（2）学习线性有源一端口网络等效电路参数的测量方法。
（3）进一步掌握直流电流表、电压表、直流稳压电源的使用方法。

2）实验原理
（1）戴维南定理

戴维南定理指出：任何一个线性有源单口电阻网络，对外电路来说，可以用一条有源支路来等效替代，该有源支路的电压源电压等于有源单口网络的开路电压 U_{oc}，其电阻等于有源单口网络化成无源单口网络后的入端电阻 R_i，如图 6.45 所示。

所谓等效，是指它们的外部特性，就是说在有源单口网络的两个端口 a 和 b，如果接相同的负载，则流过负载的电流相同。

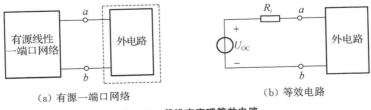

（a）有源一端口网络　　　　（b）等效电路

图 6.45　戴维南定理等效电路

（2）开路电压的测量方法

可以用实验方法测定该有源单口网络的开路电压 U_{oc} 和入端电阻 R_i。正确测量 U_{oc} 和 R_i 的数值是获得等效电路的关键，但电压表和电流表都有一定的内阻，在测量时，由于改变了被测电路的工作状态，因而会给测量结果带来一定的误差。

现介绍一种测量开路电压 U_{oc} 的方法——补偿法。它在测量电压时，可以排除仪表内阻对测量结果的影响。补偿电路实际上是一个分压器电路，如图 6.46 所示。

在测量电压 U_{ab} 时，先将 a'、b' 与 a、b 对应相接，调节分压器电压，使检流计 G（或微安表）的指示为 0。这时，补偿电路的接入不影响被测电路的工作状态。在电路中，a 点和 a' 点的电位相等，所以，电压表的读数等于被测电压。

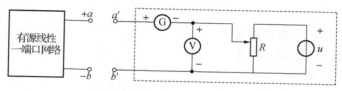

图 6.46　补偿法测量电路

（3）入端电阻的测量方法

测量有源单口网络入端电阻 R_i 的方法有多种。如果采用测量有源单口网络的开路电压 U_{oc} 和短路电流 I_{sc}，则根据戴维南定理可知 $R_i = U_{oc}/I_{sc}$。这种方法最简便，但是对于不允许将外部电路直接短路的网络（例如有可能因短路电流过大而损坏网络内部的器件时），不能采用此方法。

下面介绍几种测量的方法。

① 二次电压测量法

测量电路如图 6.47 所示，在第 1 次测量出有源一端口网络的开路电压 U_{oc} 后，在 a、b 端口处接一已知负载电阻 R_L，然后第 2 次测出负载电阻的端电压 U_{R_L}。因为：

$$U_{R_L} = \frac{U_{oc}}{R_i + R_L} R_L \qquad (6.16)$$

所以入端电阻 R_i 为：

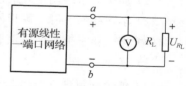

图 6.47　第 2 次测量 R_L 上电压 U_{R_L} 的电路

$$R_i = \left(\frac{U_{oc}}{U_{R_L}} - 1 \right) \qquad (6.17)$$

② 外加电压测量法

测量电路如图 6.48 所示。把有源一端口网络中的所有独立电源置零，然后在端口 a、b 处外加一个给定电压 u，测得流入端口的电流 i，则：

$$R_i = u/i \qquad (6.18)$$

③ 半电压测量法

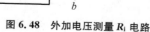

图 6.48　外加电压测量 R_i 电路

测量电路如图 6.49 所示。调节负载电阻 R_L，当电压表的读数为开路电压 U_{oc} 的一半时，此时负载电阻 R_L 即为所求的入端电阻 R_i。

④ 半电流测量法

测量电路如图 6.50 所示。调节负载电阻 R_L，若电流表读数为当 $R_L=0$ 时读数的一半时，此时负载电阻 R_L 即为所求的入端电阻 R_i。

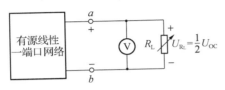
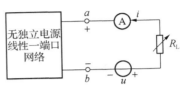

图 6.49　半电压测量 R_i 电路　　　　图 6.50　半电流测量 R_i 电路

3）实验内容

方案一

被测有源二端网络如图 6.51，即挂箱中"戴维南定理/诺顿定理"线路。

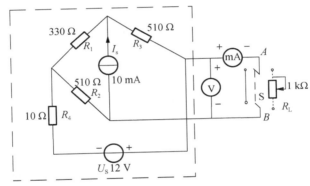

图 6.51　测量有源二端网络电路

（1）用开路电压、短路电流法测定戴维南等效电路的 U_{oc} 和 R_s。

在图 6.51 中，接入稳压电源 $U_s=12.00$ V 和恒流源 $I_s=10.00$ mA，不接入 R_L。开关 S 打向右侧，测定 U_{oc}；开关 S 打向左侧，测定 I_{sc}，并计算出 R_s（测 U_{oc} 时，不接入 mA 表），数据填入表 6.21 中。

表 6.21　开路电压及短路电流

U_{OC}(V)	I_{sc}(mA)	$R_s=U_{OC}/I_{sc}$(Ω)

（2）负载实验

将开关 K 打向右侧，同时把滑动电阻器 R_L（1 kΩ）的接入图 6.51 中。改变 R_L 阻值，测量不同电流值下对应的端电压，记于表 6.22 中，并画出有源二端网络的对外特性曲线。

表 6.22　测量端电压（一）

$U(V)$													
$I(mA)$	min	12.0	14.0	16.0	18.0	20.0	22.0	24.0	26.0	28.0	30.0	32.0	max

（3）验证戴维南定理：用十进制可变电阻器调节出表 6.21 中等效电阻 R_s 的值，直流电压源的输出也校准为表 6.21 中的 U_{oc} 值，然后按照图 6.52 连接电路，改变 R_L 阻值，测量不同电流值下对应的端电压，记于表 6.23 中，并画出对外特性曲线。

表 6.23　测量端电压（二）

$U(v)$													
$I(mA)$	min	12.0	14.0	16.0	18.0	20.0	22.0	24.0	26.0	28.0	30.0	32.0	max

通过比较表 6.22 和表 6.23 的数据及对外特性曲线，对戴维南定理进行验证。

（4）验证诺顿定理：用十进制可变电阻器调节出表 6.21 中等效电阻 R_s 的值，直流电流源的输出也校准为表 6.21 中的 I_{sc} 值，然后按照图 6.53 连接电路，改变 R_L 阻值，测量不同电流值下对应的端电压，记于表 6.24 中，并画出对外特性曲线。

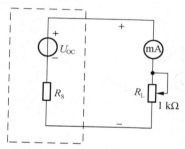 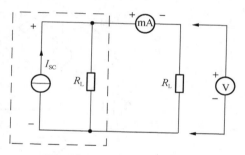

图 6.52　验证戴维南定理等效电路　　　　图 6.53　验证诺顿定理等效电路

表 6.24　测量端电压（三）

$U(V)$													
$I(mA)$	min	12.0	14.0	16.0	18.0	20.0	22.0	24.0	26.0	28.0	30.0	32.0	max

通过比较表 6.22、表 6.24 的数据及对外特性曲线，对诺顿定理进行验证。

方案二

（1）戴维南定理

① 按照图 6.54 接好导线（电路元器件在直流实验箱的多功能实验网络区能够找到，也可以用自由元件）。

② 调节电压源输出 10 V，电流源输出 15 mA。（注意电压源输出应开路调节，电流源输出应短路调节）

③ 改变负载电阻 R，对每一个 R 值，测出 U_{AB} 和 I_R 值，记录在表 6.25 中。

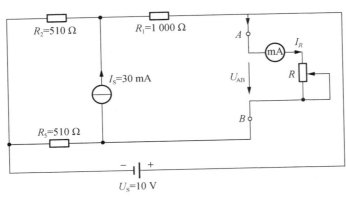

图6.54 验证戴维南定理的电路图

表6.25 验证戴维南定理的测量数据

$R(\Omega)$	0	100	200	300	400	500	600	1 k	2 k	∞
$U_{AB}(V)$										
$I_R(mA)$										

④ 将电流源开路,电压源短路,用万用表测出负载两端的电阻(去掉负载)R_s。(没有万用表也可以测出 A、B 之间的短路电流 I_s,利用公式 $R_s = U_{oc}/I_s$ 计算出等效电源的内电阻 R_s。)

⑤ 按照图6.55接好导线,利用 U_{oc}、R_s 等效出一个电源,然后再接上和③一样的一个负载电阻 R,重新测量 U_{AB} 和 I_R 值,记入表6.26中。

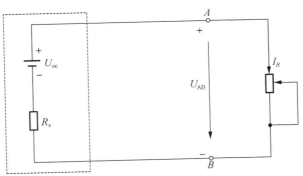

图6.55 戴维南定理的等效电路图

表6.26 等效电路的测量数据

$R(\Omega)$	0	100	200	300	400	500	600	1 k	2 k	∞
$U_{AB}(V)$										
$I_R(mA)$										

4）注意事项

（1）直流稳压电源的输出端禁止短路。

（2）使用万用表时,电流挡、欧姆挡不能用来测电压。

（3）直流稳压电源的输出电压值,必须用电压表或万用表校对。

（4）万用表使用完毕,需将转换开关旋至交流 500 V 位置。

（5）测量电流/电压时,要用同一只电流/电压表的同一量程。

5）预习及思考题

（1）在求有源线性一端口网络等效电路中的 R_i 时,如何理解"原网络中所有独立电源为零值"? 实验中怎样将独立电源置零?

（2）解释用半电压法求 R_i 的原理。

6）实验报告要求

（1）对实验结果进行比较和讨论,验证戴维南定理的正确性。

（2）回答思考题。

7）实验设备和主要器材

方案一

（1）HDKG－1 型电工实验台 可调直流稳压电压源	1 台
（2）HDKG－1 型电工实验台 可调直流恒流源	1 台
（3）HDKG－1 型电工实验台 直流数字毫安表	1 块
（4）HDKG－1 型电工实验台 直流数字电压表	1 块
（5）HDKG－1 型电工实验台 戴维南定理模块	1 台
（6）HDKG－1 型电工实验台 测电流导线	1 根
（7）数字万用表	1 块
（8）十进制可调电位器(0～999 999 Ω)	1 块
（9）测电流导线	1 根
（10）直流导线	若干

方案二

（1）直流可调稳压/固定电源单元	1 块
（2）直流可调稳压/稳流电源单元	1 块
（3）电路原理实验板	1 块
（4）直流电压/电流表单元	1 块
（5）万用表	1 只
（6）直流连接导线	若干
（7）电阻	若干

6.7(实验7)　电压源与电流源的等效变换

1) 实验目的
(1) 掌握电源对外特性的测试方法。
(2) 验证电压源与电流源等效变换的条件。

2) 原理说明

(1) 一个直流稳压电源在一定的电流范围内,具有很小的内阻。故在实际应用中,常将它视为一个理想的电压源,即其输出电压不随负载电流而变。其对外特性曲线,即伏安特性曲线 $U = f(I)$ 是一条平行于电流(I)轴的直线,如图 6.56 中的直线 a。

一个恒流源在实际应用中,在一定的电压范围内,可视为一个理想的电流源,即其输出电流不随负载两端的电压(亦即负载的电阻值)而变,如图 6.57 中的直线 a。

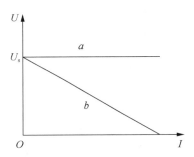

图 6.56　理想的电压源伏安特性曲线

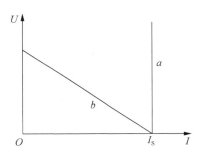

图 6.57　理想的电流源伏安特性曲线

(2) 一个实际的电压源,其端电压不可能不随负载而变,因它具有一定的内阻值,其对外特性曲线如图 6.56 中的 b 所示。故在实验中,用一个小阻值的电阻与稳压源相串联来模拟一个实际的电压源。

一个实际的电流源,其输出电流不可能不随负载而变,因它具有一定的内阻值,其对外特性曲线如图 6.57 中的 b 所示。故在实验中,用一个大电阻恒流源相并联来模拟一个实际的电流源。

(3) 一个实际的电源,若视为实际电压源,则可用一个理想的电压源 U_s 与一个电阻 R_s 相串联的组合来表示;若视为实际电流源,则可用一个理想电流源 I_s 与一电导 G_s 相并联的组合来表示。如果有两个实际电源,它们能向同样大小的电阻供出同样大小的电流和端电压,分别描绘出电压源和电流源的对外特性曲线,两者直线斜率一致,则称这两个电源是等效的,即具有相同的对外特性。

一个实际电压源与一个实际电流源等效变换的条件为:

① 实际电压源变换为实际电流源:

$$I_s = U_s / R_s, \quad G_s = 1/R_s \tag{6.19}$$

② 实际电流源变换为实际电压源:

$$U_s=I_sR_s, R_s=1/G_s \qquad (6.20)$$

如图 6.58 所示。

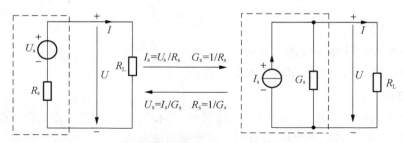

图 6.58 实际电流源与实际电压源相互变换

3）实验内容

（1）测定直流稳压电源（理想电压源）与实际电压源的对外特性

① U_s 为直流稳压电源，校准其电压值为 12.00 V，利用元件箱上的电阻和屏上的电流表电压表，按图 6.59 接线。调节 R_2（R_2 可以选择十进制变阻器上的 $R\times100$ 挡位），令其阻值由大至小变化，记录电压表、电流表的读数于表 6.27 中。

② 按图 6.60 接线，虚线框可模拟为一个实际的电压源。调节 R_2，令其阻值由大至小变化，记录电压表、电流表的读数于表 6.28 中。

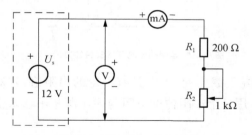

图 6.59 测定理想电压源对外特性电路图

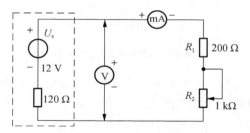

图 6.60 测定实际电压源对外特性电路图

表 6.27 理想电压源对外特性参数

$U(V)$						
$I(mA)$						

表 6.28 实际电压源对外特性参数

$U(V)$						
$I(mA)$						

（2）测定电流源的对外特性

① 测定理想电流源对外特性

I_s 为直流恒流源，输出粗调拨到 0～20 mA 挡位，输出细调旋钮逆时针旋转到底，慢慢调节恒流源输出细调旋钮，校准其输出为 10.00 mA，然后再按图 6.61 接线，调节十进制可变电阻器 $R\times100$ 挡位，令其阻值由大至小变化，同时读出电压表和电流表的读数，记录实验数据于表 6.29 中。

表 6.29　理想电流源对外特性参数

$U(V)$						
$I(mA)$						

② 测定实际电流源对外特性

保持恒流源的输出旋钮不动。对比于图 6.61,只要在图中恒流源两端并联 R_s,其他元件不动,即为图 6.62 所示电路,调节十进制可变电阻器 $R \times 100$ 挡位,令其阻值由大至小变化,读出电压表和电流表的读数,记录实验数据于表 6.30 中。

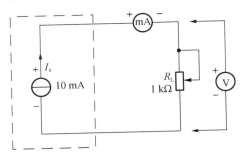

图 6.61　测定理想电流源对外特性电路图　　　　　图 6.62　测定实际电流源对外特性电路图

表 6.30　实际电流源对外特性参数

$U(V)$						
$I(mA)$						

（3）测定电源等效变换的条件

① 负载为 510 Ω 电阻

校准电压源的电压为 12.00 V,按图 6.63(a)线路接线,记录线路中电压表和电流表的读数(U 和 I)于表 6.31 中,这组数据为实际电压源对外特性曲线上的 A 点数据。

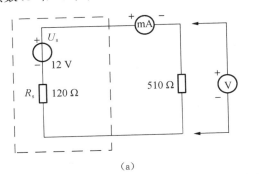　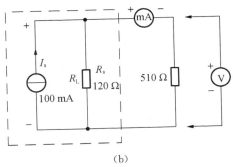

（a）　　　　　　　　　　　　　　　　　　（b）

图 6.63　测定电源等效变换电路图

将恒流源的输出粗调旋钮拨到 0～200 挡位,校准电流源的电流为 100.00 mA,按图 6.63(b)线路接线,记录线路中电压表和电流表的读数(U 和 I)于表 6.31 中,这组数据为实际电压源对外特性曲线上的 A' 点数据。验证等效变换条件的正确性 $I_s = \dfrac{U_s}{R_s}$。

表 6.31　实际电压源参数

参　数	$U(V)$	$I(mA)$	$I_S(mA)$
A			
A'			
B			
B'			

② 负载为 200 Ω 电阻

校准电压源的电压为 12.00 V,按图 6.63(a)线路接线,只需将 510 Ω 电阻换成 200 Ω 电阻,记录线路中电压表和电流表的读数(U 和 I)于表 6.31 中,这组数据为实际电压源对外特性曲线上的 B 点数据。

校准电流源的电流为 100.00 mA,按图 6.63(b)线路接线,只需将 510 Ω 电阻换成 200 Ω 电阻,记录线路中电压表和电流表的读数(U 和 I)于表 6.31 中,这组数据为实际电压源对外特性曲线上的 B' 点数据。验证等效变换条件的正确性 $I_s = \dfrac{U_s}{R_s}$。

在 $U\text{-}I$ 平面内,分别描出 A、B' 两点,连接两点得到一条直线,同样在 $U\text{-}I$ 平面内,分别描出 A'、B' 两点,连接两点得到一条直线,比较这两条直线,发现直线的斜率一致,如图 6.64 所示,这说明该实际电压源与实际电流源对外特性相等,两者之间是等效变换。

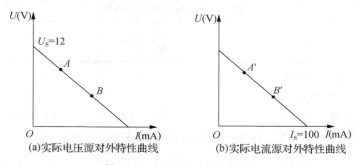

(a)实际电压源对外特性曲线　　　　(b)实际电流源对外特性曲线

图 6.64　实际电源对外特性曲线

4）实验注意事项

(1) 在测电压源对外特性时,不要忘记测空载时的电压值;测电流源对外特性时,不要忘记测短路时的电流值。

(2) 直流仪表的接入应注意正负极性。

5）预习思考题

(1) 直流稳压电源的输出端为什么不允许短路?直流恒流源的输出端为什么不允许开路?

(2) 电压源与电流源的外特性为什么呈下降变化趋势,稳压源和恒流源的输出在任何负载下是否保持恒值?

6）实验报告

(1) 根据实验数据绘出电源的四条外特性曲线,并总结、归纳各类电源的特性。

（2）从实验结果验证电源等效变换的条件。

（3）心得体会及其他。

7）实验设备及器材

（1）HDKG-1 型电工实验台 可调直流稳压电压源	1 台
（2）HDKG-1 型电工实验台 可调直流恒流源	1 台
（3）HDKG-1 型电工实验台 直流数字毫安表	1 块
（4）HDKG-1 型电工实验台 直流数字电压表	1 块
（5）电阻器（120 Ω、200 Ω、510 Ω、十进制可调电位器 0～999 999 Ω）	4 个
（6）直流导线	若干

6.8（实验 8） 电路的等效变换及最大功率传输定理的研究

1）实验目的

（1）掌握无源单口网络的等效阻抗的多种测量方法。

（2）通过实验加深对功率等概念的理解。

（3）验证最大功率传输理论。

2）实验原理与说明

（1）对于无源二端网络 N，若选择端口电压与电流的参考方向如图 6.65 所示，电压向量 $\dot{U}$ 和电流向量 $\dot{I}$ 之间的关系为

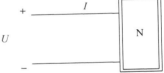

$$\dot{U} = \dot{I} Z \text{ 或 } \dot{I} = Y\dot{U} \qquad (6.21)$$

式中：Z 和 Y 为无源二端网络的阻抗和导纳。

图 6.65 端口电压与电流的参考方向

交流参数的测量除三表法外，还有电压表法、直流交流法、谐振法、电流表法和示波法等。

① 电压表法

电压表法见图 6.66 所示的电路。将无源二端网络与已知电阻值为 R 的电阻器串联，分别用电压表测出 U_1、U_2 和 U。如果无源二端网络为感性，根据其向量图几何关系可计算出 U_R 和 U_L。

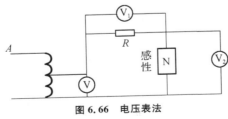

图 6.66 电压表法

② 直流交流法

如图 6.67 所示，是直流交流法测量感性无源二端网络参数的电路。二端网络为感性时的电路参数：

$$r = \frac{U_1}{I_1}, \quad L = \sqrt{\frac{|Z|^2 - r^2}{\omega^2}} = \sqrt{\frac{\left(\frac{U_2}{I_2}\right)^2 - r^2}{\omega^2}} \tag{6.22}$$

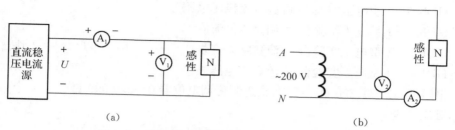

(a)　　　　　　　　　　　　　　　　　(b)

图 6.67　直流交流法测量感性无源二端网络参数的电路

③ 谐振法

当无源二端网络为感性负载时,如图 6.68 所示,图中:R 为标准电阻;C 为标准电容。改变电源频率,若电路发生谐振,有:

$$f_0 = \frac{1}{2\pi\sqrt{LC}}, \quad U = U_R + U_r = I(R + r) \tag{6.23}$$

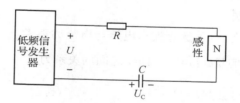

图 6.68　谐振法测量电路

无源二端网络为感性时的电路参数为:

$$r = \frac{U}{I} - R = \frac{U}{U_C} \frac{1}{2\pi f_0 C} - R \tag{6.24}$$

$$L = \frac{1}{(2\pi f_0)^2 C} \tag{6.25}$$

（2）功率的基本概念

仅含有电阻、电感、电容元件一端口电路吸收的瞬间功率 p 为其端口电压 u 与流入电流 i 的乘积,即

$$p = ui \tag{6.26}$$

瞬时功率不便于测量,很少使用。通常引用平均功率的概念。平均功率又称有功功率,用 P 表示,其单位为瓦特。在正弦交流电路中的有功功率为:

$$P = UI\cos\varphi \tag{6.27}$$

式中:φ 是电压和电流之间的相位差。相位差的余弦 $\cos\varphi$ 无量纲,称为功率因数。

无功功率 Q 定义为：

$$Q = UI\sin\varphi \tag{6.28}$$

为避免混淆，无功功率的量纲采用 Var(乏)。

定义视在功率 S 为额定电压 U 和额定电流 I 的乘积，即

$$S = UI \tag{6.29}$$

视在功率的量纲为 V·A(伏安)。

定义复功率为：

$$\tilde{S} = \dot{U} * \dot{I} = \dot{U} \cdot \dot{I} \cdot \cos\varphi + jU \cdot I \cdot \sin\varphi = P + jQ \tag{6.30}$$

（3）最大传输功率

有源一端口电路 N_s 向负载 Z 传输功率。将 N_s 等效为电压源与阻抗的串联电路。如图 6.69 所示。

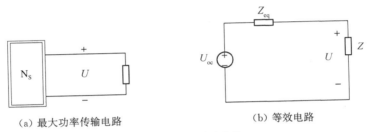

（a）最大功率传输电路　　　　　　　　（b）等效电路

图 6.69　最大功率传输

设

$$\dot{z} = R_{eq} + jX_{eq}, \quad \dot{z}_{eq} = R_{eq} + jX_{eq} \tag{6.31}$$

则根据定义，负载吸收的有功功率为：

$$P = \frac{U_{oc}^2 R}{(R + R_{eq})^2 + (X + X_{eq})^2} \tag{6.32}$$

负载获得的最大功率为：

$$P_{max} = \frac{U_{oc}^2}{4R_{eq}} \tag{6.33}$$

其中获得的最大功率的条件为：

$$X = X_{eq}, \quad R = R_{eq} \tag{6.34}$$

3）实验内容及步骤

（1）测定无源二端网络的电路参数

图 6.70 是一个简单的 T 型或 Π 网络直流无源线性二端口网络，通过开路、短路实验求出该网络的四个参数，填入表 6.32 中。

T 参数：

$$\dot U_1 = A_{11}g\dot U_2 + A_{12}g(-\dot I_2)$$

$$\dot I_1 = A_{21}g\dot U_2 + A_{11}g(-\dot I_2)$$

（6.35）

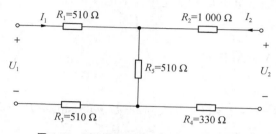

图 6.70　测定无源二端网络参数的简单电路

① 当 $\dot I_2 = 0$（即端口 2 开路）时，可以求出参数：

$$A_{11} = \frac{\dot U_1}{\dot U_2}$$

$$A_{12} = \frac{\dot I_1}{\dot U_2}$$

（6.36）

② 当 $\dot U_2 = 0$（即端口 2 短路）时，可以求出参数：

$$A_{21} = \frac{\dot U_1}{(-\dot I_2)}$$

$$A_{22} = \frac{\dot I_1}{(-\dot I_2)}$$

（6.37）

对于 T 型网络，可以直接写出 Z 参数。得出 Z 参数后可以利用 Z 参数和 A 参数之间的转换关系，进行验证用实验方法求出的 A 参数。

表 6.32　无源二端网络的电路参数

输出端开路 $\dot I_2 = 0$	$\dot U_1(\mathrm{V})$	$\dot U_2(\mathrm{V})$	$\dot I_1(\mathrm{mA})$	$A_{11}(\mathrm{V})$	$A_{21}(\mathrm{V})$
输出端短路 $\dot U_2 = 0$	$\dot U_1(\mathrm{V})$	$\dot I_2(\mathrm{mA})$	$\dot I_2(\mathrm{mA})$	$A_{12}(\mathrm{V})$	$A_{22}(\mathrm{V})$

（2）由 A 参数求出该网络的 T 型或 Ⅱ 等效电路的元件参数，与自拟的二端口网络比较，是否相符？

（3）按步骤（1）的方法测出另外一个二端口的传输参数 A'，然后把两个二端口进行级联，测出级联后整个二端口的传输参数 A，然后验证级联的传输参数满足：

$$A = A' \cdot A''$$

（6.38）

（4）用无源二端口网络与一器件构成移相电路，使输出电压与输入电压的相位差为45°。自拟实验电路，并用示波器观察输出、输入波形。

（5）正弦交流电路中相关参数的测量

两个 60 W/220 V 灯泡串联构成的电阻 R、日光灯镇流器作为电感 L 与 2 μF/400 V 电容 C 组成 RLC 串联实验电路，用 220 V/50 Hz 单相交流电供电，如图 6.71 所示。

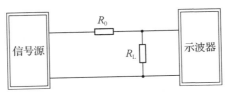

图 6.71 测量功率的电路

设计一表格，计算各元件以及 RLC 串联电路的有功功率、无功功率和功率因素，并将计算结果填入表中。

用交流电流表、电压表及功率表测量图 6.72 中各元件的参数，填入表中。将表中的数据进行比较，分析两次测量产生误差的原因。

（6）验证最大功率传输公式

将函数信号发生器的输出设置为频率 1 kHz，峰-峰值 5 V 的正弦电压信号，接入如图 6.72 所示的电路中，设计一表格，按表中给定的阻值调整电阻箱 R_L，验证最大功率传输公式。

4）预习要求

（1）在实验的时候请注意电容的电压等级和电阻的额定承载功率，切勿超过额定耐压和功率值。

（2）示波器探头正负极要分清，屏蔽线要接好。

（3）电流表串联在电路中，电压表并联在被测量的物体的两个端点上。

（4）以测量仪表上显示的数据为准，电源上自带的仪表指示数据作为参考。

（5）在交流电路中，线路未接好以及未认真检查前不得通电。

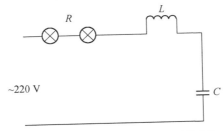

图 6.72 最大功率传输公式验证实验的电路

5）思考题

（1）从测得的实验数据中如何判定给定的二端口是否是互易网络？简述互易网络和对称的联系和区别。

（2）对于双 T 型网络，可以直接写出 Z 参数。得出 Z 参数后可以直接利用 Z 参数和 A 参数之间的转换关系，试对图 6.70 直接写出 Z 参数，再转换成 A 参数，并与实验测得的 A

参数进行比较。

　　6）实验注意事项

　　（1）直流电流表和电压表须分清正负极。

　　（2）电流表串联在电路中，电压表并联在被测量的物体的两个端点上。

　　（3）以测量仪表上显示的数据为准，电源上自带的仪表指示数据作为参考。

　　（4）直流电压源输出开路调节，直流电流源输出短路调节。

　　（5）在交流电路中，线路未接好以及未认真检查前不得通电。

　　7）实验报告要求

　　（1）完成实验数据的测量。

　　（2）用实验数据说明电路的等效变换参数之间的转换关系。

　　（3）对实验结果进行比较和讨论，验证最大功率传输定理的正确性。

　　8）实验设备

　　（1）电工实验系统电源　　　　　　　　　　　　　　1台

　　（2）电工实验系统交流电路实验部分　　　　　　　　1台

　　（3）函数发生器　　　　　　　　　　　　　　　　　1台

　　（4）交流毫伏表　　　　　　　　　　　　　　　　　1台

　　（5）万用表　　　　　　　　　　　　　　　　　　　1只

　　（6）示波器　　　　　　　　　　　　　　　　　　　1台

　　（7）导线　　　　　　　　　　　　　　　　　　　　若干

6.9（实验 9）　电阻、电感、电容元件的阻抗特性

　　1）实验目的

　　（1）掌握交流电路中 R、L、C 参数的基本测试方法。

　　（2）熟悉正确使用调压器、交流电压表、交流电流表的接线方法与误差分析。

　　2）实验原理与说明

　　（1）交流电路中的基本参数是电阻、电感及电容。一般说来这三者是"形影不离，不可分割"的。但在一定的条件下往往可以近似处理。

　　① 在频率不高的情况下往往忽略元件分布电容和分布电感的影响，而在频率较高的时候又往往忽略元件电阻的作用。

　　② 在某种情况下可以把分布参数的作用等效为一集中参数来加以考虑。本实验中将在 50 Hz 工频交流的电源下测试一些电路元件的等效参数。

　　（2）交流电路参数的测试方法很多，基本上可分两大类：

　　① 元件参数仪器测试法，如用万用表测电阻，阻抗电桥测电感、电容以及使用各种专用参数仪器进行测量。

　　② 元件参数"实际"测试法，即元件加上实际工作时的电压或电流通过计算得到等效参数，这种方法具有实际意义，对线性元件和非线性元件都适用，例如测试变压器的等效参数

必须在额定电压或额定电流情况下进行,测试铁芯线圈参数也应该在实际工作电压或电流下进行,因为这些参数都与电压或电流大小有关。

③ 本实验中采用电压表/电流表法和仅用电压表法来实际测量含有电感、电阻及电容组成电路的等值参数。

实验线路如图 6.73 所示。Z 为某一待测的两端网络,R 为一外加电阻,其阻值大小及精度与测量结果误差无关。用电压表分别测量出 U_1、U_R 及 U_2,用电流表读出 I 即可按比例画出电路相量图。

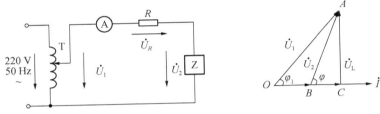

图 6.73　实验线路图

取电流为参考相量,U_1、U_R 及 U_2 组成一个闭合 $\triangle OAB$,而且有

$$\dot{U}_1 = \dot{U}_R + \dot{U}_2 \tag{6.39}$$

由余弦定律可求出:

$$\cos\varphi_1 = (U_1^2 + U_R^2 - U_2^2)/(2U_1U_R) \tag{6.40}$$

$$\dot{U}_2 = \dot{U}_{RL} + \dot{U}_L \tag{6.41}$$

且构成一个直角 $\triangle BAC$,U_{R_L} 为电感线圈内部电阻上的电压降分量。可知 U_{R_L} 及 U_L 为:

$$U_{R_L} = U_1\cos\varphi_1 - U_R \qquad U_L = U_1\sin\varphi_1 \tag{6.42}$$

于是可得:

$$R_L = U_{R_L}/I \qquad L = U_L/(\omega I) = U_L/(2\pi f I) \tag{6.43}$$

同理,如果被测元件为一个电容或 R、L、C 组合的一端口网络,也一样可求出它们的等值参数。

负载元件的功率因数为:

$$\cos\varphi = U_{R_L}/U_2 \tag{6.44}$$

由相量关系中可求得 $\cos\varphi$,也可直接由 U_1、U_2、U_R 计算得到:

$$\cos(180° - \varphi) = \frac{U_2^2 + U_R^2 - U_1^2}{2U_2U_R}$$

$$\cos\varphi = \frac{U_1^2 - U_2^2 - U_R^2}{2U_2U_R} \tag{6.45}$$

在图 6.73 中如果外加串联电阻 R 的阻值预先已知,则图中电流表可省略,线路电流可

直接由欧姆定律 $I=U_R/R$ 求出,其余计算方法与二表法相同。

如果在图 6.73 中去掉电流表,并用电压表测得 U_1、U_R 及 U_2 三个电压后即可利用下列各式直接求出负载元件的所有参数。

负载有功功率:

$$P=U_2 I\cos\varphi=\frac{U_1^2-U_2^2-U_R^2}{2R} \tag{6.46}$$

负载阻抗:

$$|Z|=U_2/I=\frac{U_2}{U_R/R}=RU_2/U_R \tag{6.47}$$

负载电阻分量:

$$r=\frac{P}{I^2}=\frac{U_1^2-U_2^2-U_R^2}{2R}\Big/(U_R/R)^2 \tag{6.48}$$

负载感抗分量:

$$X_L=\sqrt{(RU_2/U_R)^2-[R(U_1^2-U_2^2-U_R^2)/2U_R]^2} \tag{6.49}$$

负载电感量:

$$L=\frac{R}{2\pi f U_R}\sqrt{U_2^2-((U_1^2-U_2^2-U_R^2)/2U_R)^2} \tag{6.50}$$

负载无功功率:

$$\begin{aligned}Q&=U_2 I\sin\varphi=U_2 I\sqrt{1-\cos^2\varphi}\\&=(U_2 U_R/R)\sqrt{1-[(U_1^2-U_2^2-U_R^2)/2U_2 U_R]^2}\end{aligned} \tag{6.51}$$

3）实验内容及步骤

（1）用电压表和电流表法测量图 6.74 中一端口网络的等值参数。

图中 L 为 60 mH 电感元件,直接固定在面板上。R_L 为其等效线圈,$R_1=47$ Ω 和 20 Ω 串联而成。已经预先安装,也可以自己连接。$C=20$ μF 用两个 10 μF 电容并联组成（已经连接,也可以自由组合连接）。（在实验的时候请注意电容的电压等级和电阻的额定承载功率,切勿超过额定耐压和功率值）,也可以选择可变电容 1 μF 和 2 μF 组合成 10 μF 左右电容。

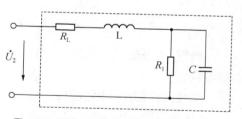

图 6.74　用电压表和电流表法测量网络参数

① 将图 6.74 的一端口网络作为图 6.73 中待测参数的 Z,就组成实验电路。可调单相交流电源 $U_{UN}=U_1$,由电源控制屏输出,外加串联电阻 R 用（电路实验单元）上固定电阻。

② 测量前应根据元件参数和仪表量限来适当选择网络输入电压 U_1（一般建议输入电压控制在 20 V 以内,以保证实验线路的安全）。

用电压表分别测量出 U_1、U_R 和 U_2,用电流表测量出 I,记入表 6.33。

③ 按比例画出电路相量图,并计算出外接串联电阻 R,一端口网络阻抗 $|z|$,负载的功率因数 $\cos\varphi$ 和 φ,负载电阻分量 r 及电感线圈的 L 均记入表 6.33 中。

(2)用电压表法测量同一网络等值参数。

用电压表测量出 U_1、U_2、U_R,计算电流 I、$|z|$、$\cos\varphi$、φ、r、L 记入表 6.34。

表 6.33　电压表及电流表法实验数据(一)

U_1(V)	U_R(V)	U_2(V)	I(A)	$R=U_R/I(\Omega)$	
$Z(\Omega)$	$\cos\varphi$	φ	$r(\Omega)$	L(mH)或 C (μF)	

表 6.34　电压表及电流表法实验数据(二)

U_1(V)	U_R(V)	U_2(V)	I(A)	I(A)$=U_R/$ R	
$Z(\Omega)$	$\cos\varphi$	φ	$r(\Omega)$	L(mH)或 C (μF)	

4) 预习要求

(1)复习非线性元件在交流电路中阻抗的基本概念。

(2)复习交流电流表、电压表使用方法和注意事项。

(3)预习使用交流电流表、电压表测量阻抗的方法和注意事项。

5) 思考题

(1)通过按比例画出相量图,思考交流电路的基尔霍夫定律是如何得以证明的。

(2)对于某元件 $G+jB$ 来说,当 $B<0$ 时,该元件是感性的;当 $B>0$ 时,该元件是容性的。试说明原因。

(3)本实验中交流参数的计算公式是在忽略仪表内阻的情况下得出的,若考虑到仪表的内阻,则测量结果中显然存在方法误差。若设电流表线圈和功率表电流线圈的总电阻值和总电抗值分别为 R 和 X,如何进行误差校正?试给出此时被测元件的参数计算公式。

6) 实验注意事项

(1)在实验的时候请注意电容的电压等级和电阻的额定承载功率,切勿超过额定耐压和功率值。

(2)输入电压控制在 220 V 以内。

(3)电流表串联在电路中,电压表并联在被测量的物体的两个端点上。

(4)以测量仪表上显示的数据为准,电源上自带的仪表指示数据作为参考。

(5)在交流电路中,线路未接好以及未认真检查前不得通电。

7) 实验报告要求

（1）根据测量数据计算各元件的参数，填于相应的表中。

（2）根据测得的数据及计算结果，按比例作出相应的相量图。

（3）回答思考题。

8) 实验设备

（1）电工实验系统电源	1 台
（2）电路实验系统交流电路实验部分	1 台
（3）单相调压器	1 台
（4）低功率因数功率表	1 只
（5）交流电压表	1 只
（6）交流电流表	1 只
（7）电流插笔	1 只
（8）表笔	2 根
（9）导线	若干
（10）荧光灯	1 只
（11）可变电容	1 套

交流电路实验

7.1(实验1)　一阶电路的响应

1）实验目的

(1) 学习用示波器观察和分析电路的响应,验证时间常数对过渡过程的影响。

(2) 研究 RC 电路在零输入、零状态、阶跃激励和方波激励情况下,响应的基本规律和特点。

(3) 研究 RC 微分电路和积分电路。

2）实验原理

(1) 一阶电路

含有电感、电容等储能元件(动态元件)的电路,其响应可以由微分方程来求解。凡是可用一阶微分方程描述的电路,称为一阶电路。

(2) 一阶电路的零状态响应

所有储能元件初始值为零的电路对激励的响应称为零状态响应。对于图 7.1 所示的一阶电路,开关 S 处在位置 2 时间已久,当 $t=0$ 时开关 S 由位置 2 转到位置 1,直流电源经电阻 R 向电容 C 充电。考虑到初始值:

$$u_C(0_+)=u_C(0_-)=0 \qquad (7.1)$$

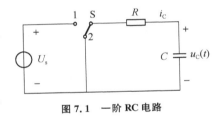

图 7.1　一阶 RC 电路

可以得出电容上的电压和电流随时间变化的规律为:

$$u_C(t)=U_s(1-e^{-t/\tau})(t\geqslant 0), \quad i_C(t)=\frac{U_s}{R}e^{-t/\tau}(t\geqslant 0) \qquad (7.2)$$

上式表明,零状态响应是输入的线性函数。其中,$\tau=RC$,具有时间的量纲,称为时间常数,它是反映电路过渡过程快慢的物理量。τ 越大,过渡过程的时间越长;τ 越小,过渡过程的时间越短。

(3) 一阶电路的零输入响应

电路在无激励情况下,由储能元件的初始状态引起的响应称为零输入响应。在如图 7.1 所示电路中,当开关 S 置于位置 1 较长时间后,再将开关 S 转到位置 2,电容 C 的储存的能量经电阻 R 放电。考虑到初始值 $u_C(0_+)=u_C(0_-)=U_0$,可以得出电容器上的电压和电流随时间变化的规律为:

$$u_C(t) = u_C(0_-)e^{-t/\tau} \qquad (t \geqslant 0), i_C(t) = -\frac{u_C(0_-)}{R}e^{-t/\tau} \qquad (t \geqslant 0) \tag{7.3}$$

上式表明,零输入响应是初始状态的线性函数。

(4) 一阶电路的全响应

电路在输入激励和初始状态共同作用下引起的响应称为全响应。对如图 7.2 所示的电路,当 $t=0$ 时合上开关 S,考虑到初始值为:

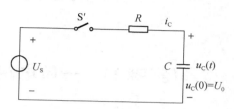

图 7.2　一阶 RC 电路的全响应

$$u_C(0_+) = u_C(0_-) = U_0 \tag{7.4}$$

可以得出全响应为:

$$u_C(t) = U_s(1-e^{-t/\tau}) + U_C(0_-)e^{-t/\tau} = [U_C(0_-) - U_s]e^{-t/\tau} + U_s \tag{7.5}$$

$$i_C(t) = \frac{U_s}{R}e^{-t/\tau} + \frac{U_C(0_-)}{R}e^{-t/\tau} = \frac{U_s - u_\tau(0_-)}{R}e^{-t/\tau} \quad (t \geqslant 0) \tag{7.6}$$

上式表明:

① 全响应是零状态分量和零输入分量之和,它体现了线性电路的可加性。

② 全响应也可以看成是自由分量和强制分量之和,自由分量的起始值与初始状态和输入有关,而随时间变化的规律仅仅决定于电路的 R、C 参数。强制分量则仅与激励有关。当 $t \to \infty$ 时,自由分量趋于零,过渡过程结束,电路进入稳态。

(5) 一阶电路的零状态响应、零输入响应和全响应

对于上述零状态响应、零输入响应和全响应的一次过程,$u_C(t)$ 和 $i(t)$ 的波形可以用长余辉示波器直接显示出来。示波器工作在慢扫描状态,输入信号接在示波器的直流输入端。

(6) 一阶电路的方波响应

对于 RC 电路的方波响应,在电路的时间常数远小于方波周期时,可视为零状态响应和零输入响应的多次过程。方波的前沿相当于给电路一个阶跃输入,其响应就是零状态响应,方波的后沿相当于在电容具有初始值 $u_C(0_-)$ 时把电源用短路置换,电路响应转换成零输入响应。为了清楚地观察到响应的全过程,可使方波的半周期和时间常数 $\tau = RC$ 保持 5:1 左右的关系。由于方波是周期信号,可以用普通示波器显示出稳定的图形,如图 7.3 所示,以便于定量分析。

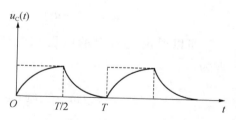

图 7.3　RC 一阶电路的方波响应

(7) 时间常数 τ 的估算

RC 电路充放电的时间常数 τ 可以从响应波形中估算出来。对于充电曲线来说,幅值上升到终值的 63.2% 所对应的时间即为一个 τ,如图 7.4(a)所示。对于放电曲线,幅值下降到初值的 36.8% 所对应的时间即为一个 τ,如图 7.4(b)所示。

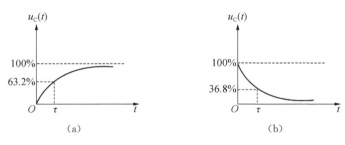

图 7.4　$U_C(t)$ 的充电放电波形

（8）RC 微分电路

对于图 7.5 所示电路，若输入电压为方波时，适当选择电路参数 R、C，使 RC 电路的时间常数 τ 远小于方波周期 T，即 $\tau \ll T$，则电阻器上的电压 u_R 和输入电压 u_s 的关系近似为微分关系。这种电路称为微分电路，其输出电压 u_R 的表达式为：

$$u_R = Ri = RC\frac{\mathrm{d}u_C}{\mathrm{d}t} \approx RC\frac{\mathrm{d}u_s}{\mathrm{d}t} \tag{7.7}$$

微分电路的输出电压波形为正负相同的尖脉冲，其输入、输出电压波形对应关系如图 7.6 所示。

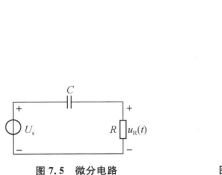

图 7.5　微分电路　　　　　图 7.6　微分电路输入、输出电压的波形

（9）RC 积分电路

对于图 7.7 所示电路，若输入电压为方波时，适当选择电路参数 R、C，使 RC 电路的时间常数 τ 远大于方波周期 T，即 $\tau \gg T$，则电容器上的电压 u_C 和输入电压 u_s 的关系近似为积分关系。这种电路称为积分电路，其输出电压 u_C 的表达式为：

$$u_C = \frac{1}{C}\int i\,\mathrm{d}t \approx \frac{1}{RC}\int u_s\,\mathrm{d}t \tag{7.8}$$

积分电路的输出电压波形为锯齿波。当电路处于稳态时，其输入、输出电压波形对应关系如图 7.8 所示。

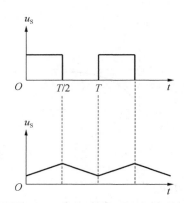

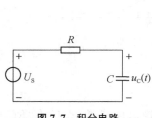

图 7.7 积分电路

图 7.8 积分电路的输入、输出电压的波形

3）实验任务

（1）研究 RC 电路的零输入响应与零状态响应。实验电路如图 7.9 所示。U_s 为直流电压源，r_0 为电流取样电阻。开关首先置于位置 2，当电容电压为零以后，开关由位置 2 转到位置 1，即可用示波器观察到零状态响应；电路达到稳态以后，开关再由位置 1 转到位置 2，即可观察到零输入响应的波形。分别改变电阻 R、电容 C 和电压 U_s 的数值，观察并描绘出零输入响应和零状态响应时 $u_C(t)$ 和 $i_C(t)$ 的波形。

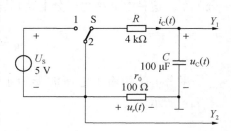

图 7.9 R_c 零状态和零输入响应电路的波形

（2）研究 RC 电路的全响应。在图 7.9 中，电源电压调到 $U_{s1}=5$ V，开关 S 合上位置 1，电容 C 具有初始值 $u_C(0_-)$ 后，开关断开位置 1，快速改变电源电压，使 $U_{s2}=8$ V（$U_{s1}\neq U_{s2}$），开关再合到位置 1，即可观察 $u_C(t)$ 和 $i(t)$ 的全响应波形。

（3）研究 RC 电路的方波响应。实验电路原理图如图 7.10 所示，$U_s(t)$ 为方波信号发生器产生的周期为 T 的信号电压。适当选取方波电源的周期和 R、C 的数值，观察并描绘出 $u_C(t)$ 和 $i_C(t)$ 的波形。改变 R 或 C 的数值，分别使 $RC=T/10$，$RC\ll T/2$，$RC=T/2$，$RC\gg T/2$，观察 $u_C(t)$ 和 $i_C(t)$ 如何变化，并作记录。（参考 R、C、f 的数值，在 $T\gg RC$ 时，可取 $f=5$ kHz，$R=1$ kΩ，$C=1$ μF；在 $T\ll RC$ 时，可取 $f=40$ kHz，$R=100$ kΩ，$C=1$ μF。）

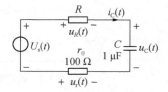

图 7.10 RC 方波响应电路

（4）观察微分电路输出电压波形及时间常数对波形的影响。按图 7.11 所示电路接线，调节信号发生器，使其输出频率为 15 kHz 的方波并使输出电压幅值为最大，适当调节示波器，使屏幕上出现 3～5 个稳定波形，将电阻箱分别调至 $R=1$ kΩ、2 kΩ、6 kΩ、16 kΩ、26 kΩ、100 kΩ，分别观察和描绘波形，记入表 7.1。

（5）观察积分电路输出电压波形及时间常数对波形的影响。按图 7.12 接线，调节步骤同任务（4），将电阻箱分别调至 1 kΩ、2 kΩ、6 kΩ、16 kΩ、26 kΩ、100 kΩ，观察并描绘波形，记入表 7.2。

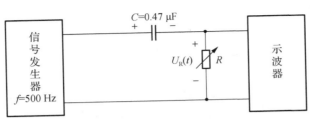

图 7.11　微分电路实验用图

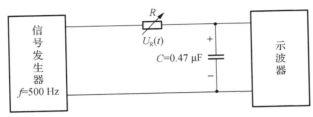

图 7.12　积分电路实验用图

表 7.1　微分电路实验记录

$R(\mathrm{k\Omega})$	1	2	6	16	26	100
$\tau(\mathrm{s})$						
微分电路的输出波形 u_R						

表 7.2　微分电路和积分电路实验记录

$R(\mathrm{k\Omega})$	1	2	6	16	26	100
$\tau(\mathrm{s})$						
积分电路的输出波形 u_C						

（6）本实验任务中的（1）、（2）、（3）项为必做部分,（4）、（5）为选做部分。

4）注意事项

（1）用示波器观察响应的一次过程时,扫描时间要选取适当,当扫描亮点开始在荧光屏左端出现时,立即合上开关 S。

（2）观察 $u_C(t)$ 和 $i_C(t)$ 的波形时,由于其幅度相关较大,因此要注意调节 Y 轴的灵敏度。

（3）由于示波器和方波函数发生器的公共地线必须接在一起,因此在实验中,方波响应、零输入响应和零状态响应的电流取样电阻 r_0 的接地端不同,在观察和描绘电流响应波形时,注意分析波形的实际方向。

5）预习及思考题

（1）预习时,要阅读示波器和函数发生器有关内容。

（2）当电容具有初始值时,RC 电路在阶跃激励下是否会出现没有暂态的现象? 为什么?

（3）如何用实验方法证明全响应是零状态响应分量和零输入响应分量之和？

（4）总结实验任务（4）、（5）中随着电阻 R 的变化,输出电压波形的变化规律,构成微分和积分电路的条件是什么？

（5）改变激励电压的幅值,是否会改变过渡过程的快慢？为什么？

6）实验报告要求

（1）把观察描绘出的各响应的波形分别画在坐标纸上,并作出必要的说明。

（2）从方波响应 $u_C(t)$ 的波形中估算出时间常数 τ,并与计算值相比较。

7）实验设备和主要器材

（1）直流可调稳压/固定电源单元	1 块
（2）直流可调稳压/稳流电源单元	1 块
（3）电路原理实验板	1 块
（4）直流电压/电流表单元	1 块
（5）双踪示波器	1 台
（6）信号源/频率计单元	1 块
（7）万用表	1 只
（8）连接导线	若干

7.2（实验 2） 电阻、电容及线圈参数的测量（三表法）

1）实验目的

（1）学习使用交流电压表、交流电流表和功率表测量元件的等效参数。

（2）熟悉交流电路实验中的基本操作方法,加深对阻抗、阻抗角和相位角等概念的理解。

（3）掌握调压器和功率表的正确使用方法。

2）实验原理

交流电路元件的等值参数 R、L、C,可以用交流电桥直接测量,也可以用交流电流表、交流电压表及功率表同时测量出 U、I、P 的值,再通过计算获得,这种方法简称"三表法"。另外,仅利用交流电流表及交流电压表或更简单地仅用交流电压表也可测量 U、I,或测量 U 通过计算获得结果,这些方法相应地称"二表法"或"一表法"。本实验通过功率表、电压表、电流表同时测量元件参数或元件组合电路等值参数。

（1）用交流电压表、交流电流表和功率表测量元件的等效参数

在交流电路中,元件的阻抗值（或无源一端口网络的等效阻抗值）,可以用交流电压表、交流电流表和功率表分别测出元件（或网络）两端的电压有效值 U、流过元件（或网络端口）的电流有效值 I 和它所消耗的有功功率 P 之后,再通过计算得出。如图 7.13 所示的电路中,待测阻抗 Z 为:

$$Z = \frac{\dot{U}}{\dot{I}} = \frac{U}{I} \angle{\varphi} = R + jX \tag{7.9}$$

有功功率 P 为：

$$P = UI\cos\varphi = I^2 R \qquad (7.10)$$

阻抗的模 $|Z|$ 为：

$$|Z| = \frac{U}{I} \qquad (7.11)$$

功率因数 $\cos\varphi$ 为：

$$\cos\varphi = \frac{P}{UI} \qquad (7.12)$$

等效电阻 R 为：

$$R = \frac{P}{I^2} = |Z|\cos\varphi \qquad (7.13)$$

等效电抗 X 为：

$$X = |Z|\sin\varphi \qquad (7.14)$$

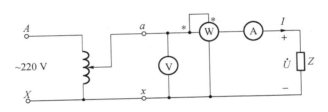

图 7.13　交流电路的测量

这种测量方法简称为三表法，它是测定交流阻抗的基本方法。

（2）用实验方法测量元件的等效参数

交流电路中的参数一般指电路中的电阻、电感和电容，实际电路元件的等效参数可以用测量的方法得到。

在正弦交流情况下，若被测元件是一个电阻器件，则加在电阻器两端的电压有效值 U、流过电阻器的电流有效值 I 以及电阻器吸收的有功功率 P 之间符合下列关系：

$$U = RI \qquad (7.15)$$

$$P = UI = I^2 R \qquad (7.16)$$

故

$$R = \frac{U}{I} = \frac{P}{I^2} \qquad (7.17)$$

上式表明，通过实验可以算出 R。

在正弦交流情况下，若被测元件是一个电感线圈，由于在低频时，电感线圈的匝间分布

电容可以忽略,故它的等效参数由导线电阻 R_L 和电感 L 组成,即

$$Z_L = R_L + jX_L = R_L + j\omega L = |Z_L| \underline{/\varphi} \tag{7.18}$$

通过用三表法测量电路如图 7.13 所示,测出电感线圈两端的电压 U、流过电感线圈的电流 I 及功率 P 后,可按下式计算其等效参数:

$$|Z_L| = \frac{U}{I} \tag{7.19}$$

$$\cos\varphi = \frac{P}{UI} \tag{7.20}$$

$$R_L = \frac{P}{I^2} = |Z_L| \cos\varphi \tag{7.21}$$

$$X_L = \sqrt{|Z_L|^2 - R_L^2} = |Z_L| \sin\varphi \tag{7.22}$$

注意:在电感线圈上,其电压超前电流的相位为 φ,且 $\varphi > 0$。

在正弦交流情况下,若被测元件是一个电容器,由于在低频时电容器的引入电感及介质损耗均可忽略,故可以看成纯电容。因此,

$$I = j\omega CU = \omega CU \underline{/90°} \tag{7.23}$$

通过用三表法测量电路测出电容器两端的电压 U 和流过电容器的电流 I 后,按下式计算其等效参数:

$$C = \frac{I}{\omega U} \tag{7.24}$$

注意:电容器上的电压相量滞后电流相量 90°,电容器吸收的有功功率为零。

将上述电阻器、电容器、电感线圈相互串联后,可得到一个复阻抗。利用如图 7.13 所示的电路测得 U、I 及 P 后,再根据它们之间的关系(见实验原理(1))求得总阻抗、功率因数及相位角的绝对值。

本实验中通过测量,一方面熟悉几种常用仪表的使用方法,另一方面把元件参数测量出来,同时,结合实验数据作出相量图以巩固理论知识。

(3)判断被测元件阻抗性质的方法

根据三表法测得的 U、I 及 P 的数值还不能判别被测元件是属于感性还是属于容性,所以需要另外的实验来判断。一般可以用下列方法加以确定:

① 在被测元件两端并接一只适当容量的小试验电容器,若电流表的读数增大,则被测元件属于容性;若电流表的读数减小,则被测元件属于感性。这是因为:对如图 7.14 所示的电路,设已经测得并联小试验电容器(电容为 C')以前的各表读数,并计算出被测元件的等效电导 G 和等效电纳 $|B|$(此时 B 的正负未知),并联小试验电容器的导纳为 jB'($B' = \omega C' > 0$),则并联小试验电容器以前电流表的读数为:

$$U|G + jB| = U\sqrt{G^2 + B^2} \tag{7.25}$$

并联小试验电容器以后,电流表的读数为:

$$U|G+jB+jB'|=U\sqrt{G^2+(B+B')^2} \tag{7.26}$$

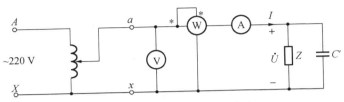

图 7.14　判断阻抗性质的实验电路

若被测元件属于容性,则 $B>0$,并联后电流表读数必然增大。

若被测元件属于感性,则 $B<0$,只要取 $B'<|2B|$,则 $|B+B'|<|B|$ 总成立,故并联小试验电容器后电流表的读数必然减小,这就是选取小试验电容器来并联的原因。因此,可以通过观察并联小试验电容器前后电流表的读数变化来判断被测元件是属于容性还是属于感性。

② 利用示波器测量被测元件的端电流及端电压之间的相位关系,若电流超前电压则被测元件属于容性,反之,电流滞后电压则为感性。

本实验采用并联小试验电容器的办法判别被测元件的性质。

(4) 有功功率的测量方法

阻抗元件所消耗的有功功率可以使用功率表测量出来。关于功率表的工作原理及使用方法参见前面常用电工仪表中的功率表部分。

(5) 单相调压器的使用方法

本实验中测交流参数所用的电源是单相调压器。关于单相调压器的工作原理及使用方法参见前面常用电工仪表的调压器部分。

3）实验任务

(1) 测量电感线圈的参数 R_L 和 L

将被测元件换成电感元件(可用日光灯的镇流器),记录测量数据于表 7.3 中,通过所测得的 U、I 及 P 计算电感线圈的功率因数等参数,并作出相应的相量图。

(2) 测量未知阻抗元件

把上述灯泡(电阻为 R)、电容器(电容为 C)和镇流器(电阻为 R_L,电感为 L)相串联作为被测元件,根据以下要求自拟测量电路:要求测量各元件两端的电压 U_R、U_C、U_L(镇流器两端的电压有效值);测量电路的总电压 U、电路中的电流 I 及电路所吸收的功率 P。记录测量数据于表 7.3,计算电路的阻抗及功率因数,并按比例作电路的相量图。通过并联一个小试验电容器(电容为 C')的方法判别被测串联电路属于感性还是属于容性。

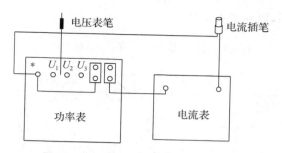

图 7.15 功率表、电流表、电流插笔接线图

表 7.3 测量记录

被测元件名称	测量值		计算值							
	$U(V)$	$I(A)$	$P(W)$	$Z(\Omega)$	$R(\Omega)$	$X(\Omega)$	$C(\mu F)$	$L(mH)$	$\cos\varphi$	φ
电阻器										
电容器										
电感器			$R_L(\Omega)$							

4）预习要求

（1）复习非线性元件在交流电路中阻抗的基本概念。

（2）复习的交流电流表、电压表、功率表使用方法和注意事项。

（3）复习三表法测量阻抗的方法和注意事项。

5）思考题

（1）用三表法测参数时，试用相量图来说明通过在被测元件两端并接一个电容为 C' 的小试验电容器的方法可以判断被测元件的性质。如果改为用一个电容为 C'' 的小试验电容器与被测元件串联，还能判断出被测元件的性质吗？若不能，试说明理由；若能，试计算出此时该电容 C'' 所应满足的条件。设被测元件的参数 R、$|X|$ 已经测得（X 未知正负）。

（2）通过按比例画出相量图，思考交流电路的基尔霍夫定律是如何得以证明的。

（3）对于某元件 $G+jB$ 来说，当 $B<0$ 时，该元件是感性的；当 $B>0$ 时，该元件是容性的。试说明原因。

（4）在测量电容参数的实验中，功率表的读数为何为零？

6）实验注意事项

（1）在实验的时候请注意电容的电压等级和电阻的额定承载功率，切勿超过额定耐压和功率值。

（2）输入电压控制在 220 V 以内。

（3）电流表串联在电路中，电压表并联在被测量的物体的两个端点上。

（4）以测量仪表上显示的数据为准，电源上自带的仪表指示数据作为参考。

（5）在交流电路中，线路未接好及未认真检查前不得通电。

7）实验报告及结论

（1）根据测量数据计算各元件的参数,填于相应的表中。

（2）根据测得的数据及计算结果,按比例作出相应的相量图。

（3）回答思考题一。

8）实验设备

（1）电工实验系统电源	1台
（2）电路实验系统交流电路实验部分	1台
（3）单相调压器	1台
（4）低功率因数功率表	1只
（5）交流电压表	1只
（6）交流电流表	1只
（7）电流插笔	1只
（8）表笔	2根
（9）导线	若干

7.3（实验3） 日光灯电路及功率因数的提高

1）实验目的

（1）观察并研究电容与感性支路并联时电路中的谐振现象。

（2）学习提高感性负载电路功率因数的方法。理解提高功率因数的意义。

（3）学习交流电表的使用

（4）验证交流电路中电流、电压和功率的关系。

2）实验原理

（1）在工业及生活用电中,大部分都是感性负载。例如:工矿企业中驱动机械设备的电动机,家庭生活使用的日光灯、电风扇、洗衣机、电冰箱都是感性负载,要提高感性负载的功率因数,可以用并联电容器的方法,使流过电容器中无功电流与感性负载中的无功电流互相补偿,减小电压与电流之间的相位差,从而提高功率因数。

（2）并联交流电路的谐振

如图 7.16(a)所示为由电感线圈和电容组成的并联交流电路。作电路的相量图,如图 7.16(b)所示。显然,在电源电压 U 及频率不变的情况下,改变电容 C 的值,可以改变 I_C 和并联电路的复导纳 Y（注意 I_1 不会发生改变）,从而使电路的总电流 I 发生变化。由相量图可以看出,随着 C 的逐渐加大,I_C 不断变大,电路中的总电流 I 将不断变小,I 达到一个最小值后可随着 C 的变大再逐渐变大。这个最小值出现在 $\varphi=0$ 即 $\cos\varphi=1$ 时,此时 $\dot{U}$ 与 $\dot{I}$ 同相,电路发生了并联谐振。

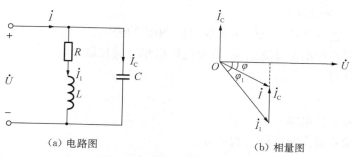

(a) 电路图　　　　　　　　　　　　　(b) 相量图

图 7.16　日光灯功率补偿向量图

如果感性支路的阻抗角 $\varphi_1 > 45°$，则由相量图可知谐振时两个并联支路的电流都比总电流大，此现象可在实验中观察到。

（3）提高功率因数的意义

供电系统的功率因数取决于负载的性质，例如白炽灯、电烙铁、电熨斗、电阻炉等用电设备，都可以看作是纯电阻负载，它们的功率因数为 1，但在工农业生产和日常生活中广泛应用的异步电动机、感应炉和日光灯等用电设备都属于感性负载，它们的功率因数小于 1。因此，在一般情况下，供电系统的功率因数总是小于 1。如果功率因数太低，就会引起下面两个问题：

① 发电设备的容量不能充分利用。发电机、变压器等设备是根据预定的额定电压和额定电流设计的。额定电压和额定电流的乘积，称为额定视在功率，即 $S_N = U_N I_N$。当负载的功率因数 $\cos\varphi = 1$ 时，发电机（或变压器）所能输出的最大有功功率 P 为：

$$P = U_N I_N \cos\varphi = U_N I_N = S_N \tag{7.27}$$

这时发电机（或变压器）的容量才能得到充分利用。当负载的功率因数 $\cos\varphi < 1$ 时，因发电机（或变压器）的电流和电压不允许大于其额定值，则它们所能输出的最大有功功率 P 为：

$$P = U_N I_N \cos\varphi < S_N \tag{7.28}$$

因此降低了发电机（或变压器）的利用率。功率因数越低，发电设备的利用率也越低。

② 增加线路和发电机绕组的功率损失。图 7.17 所示为工频下当传输距离不长、电压不高时供电线路示意电路。其中，$Z_1 = R_1 + jX_1$，为线路的等效阻抗；$Z_2 = R_2 + jX_2$，为感性负载阻抗。当负载电压 U_2 保持不变时，为了保证负载吸收一定的功率 P_2，则负载电流须满足：

$$I = \frac{P_2}{U_2 \cos\varphi_2} \tag{7.29}$$

显然，若负载的功率因数 $\cos\varphi_2$ 较低，那么线路电流 I 就要增大，而等效阻抗为 Z_1 的绕组上的功率损耗 $P_1 = I^2 R_1$ 就会大大增加，同时要求发电机能够提供较大的电流 I。若 $I > I_N$，就必须换用较大容量的发电机，这将使得电能传输效率大大降低。

因此，必须设法提高负载端的功率因数，从而提高供电系统的功率因数。这样，一方面可以充分发挥电源设备的利用率，另一方面又可以减少输电线路及发电机绕组上的功率损耗,提高电能的传输效率。

（4）提高功率因数的方法

由于供电系统功率因数低的原因是由感性负载造成的,其电流在相位上滞后于电压。因此,通常在感性负载的两端并联一个适当容量的电容（或采用同步补偿器）,这样以流过电容的超前电压 90° 的容性电流来补偿原感性负载中滞后电压 φ_1 的感性电流,从而使总的线路电流减小。其电路原理图和相量图如图 7.16（b）所示。

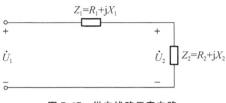

图 7.17　供电线路示意电路

由图 7.16（b）可知,并联电容以前,线路上的电流 $\dot{I}$ 为：

$$\dot{I} = \dot{I}_1 = I_1 \underline{/-\varphi_1} \qquad (设 \dot{U} = U \underline{/0^\circ}) \tag{7.30}$$

电路负载端的功率因数为 $\cos\varphi_1$（$\varphi_1 > 0$,感性负载）。

并联电容以后,由于 $\dot{U}$ 不变,因此 $\dot{I}_1$ 不变,此时线路上的电流 $\dot{I}$ 变为：

$$\dot{I} = \dot{I}_1 + \dot{I}_C = I \underline{/-\varphi} \tag{7.31}$$

与此相对应的电路负载端的功率因数为 $\cos\varphi$（$\varphi > 0$,感性负载,其过度补偿情况参见思考题（4））。

显然 $\varphi < \varphi_1$,则 $\cos\varphi > \cos\varphi_1$,即负载端的功率因数提高了。

3）实验任务

（1）按线路图 7.18 正确接线

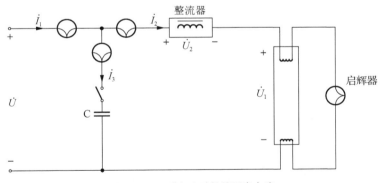

图 7.18　日光灯实验接线示意电路

接线经检查无误后,合上主电路电源,调节主控制屏输出电源,使输出电压为 220 V。接通电源后,灯管发光。

（2）在未接入电容的情况下,测出电路的功率 P、电流 I_1、电源电压 U、灯管电压 U_1、镇流器两端电压 U_2,填入表 7.4 中,并计算表 7.4 中需计算的各项内容。

表 7.4　日光灯测量记录表

测量值					计算值				
P(W)	I_1(A)	U(V)	U_1(V)	U_2(V)	U_1+U_2(V)	$\sqrt{U_1^2+U_2^2}$(V)	UI_1(W)	U_1I_1(W)	$\cos\varphi$

（3）接入电容，将电容逐渐增加，观察总电流 I_1、电容支路电流 I_3、灯管电流 I_2 的变化情况，记录的数据 P、U、I_1、I_2、I_3、$\cos\varphi$，填入表 7.5。

根据测出的数据，找出谐振点。比较谐振时（或谐振点附近）的总电流和各支路中电流的大小，作出曲线 $\cos\varphi$-C 及 I_1-C。

表 7.5　功率补偿记录表

$C(\mu F)$	测量结果					计算结果
	P(W)	U(V)	I_1(A)	I_2(A)	I_3(A)	$\cos\varphi$
2.0						
3.0						
4.0						
4.47						
5.0						
5.47						
6.0						
6.47						
7.0						
7.47						

4）实验注意事项

（1）交流 220 V 由电源控制屏的三相调压器给出，要注意：

① 调准三相调压器的输出电压；

② 禁止引出两根火线接入电路。

（2）日光灯发光后，测量时要避免频繁通断。

（3）避免交流 220 V 的电压直接加在灯管两端。

（4）实验时需将双掷开关扳向"实验"状态。

5）预习及思考题

（1）当日光灯电路并联电容进行补偿前后，功率表的读数及日光灯支路的电流是否发生了改变？为什么？

（2）如何利用表 7.4 中测得的数据计算 R_1、R_2 及 L？试推导它们的计算公式。

（3）总结并分析当并联电容值不断增大时总电流 I 的变化规律。

（4）在采用并联电容提高功率因数时，如果并联的电容过大，将会出现过度补偿的情况。本实验未提及此情况，请自行分析补偿所需的电容值，并指出这两种补偿的区别。

6）实验报告要求

（1）根据未接入电容时测得的数据，计算整个日光灯电路的等效参数 $R_L = R_1 + R_2$ 和 L，从而计算出谐振时的 C 值，并与实验所得的谐振时的 C 值相比较。

（2）测出谐振时的总电流及各支路电流，比较其大小及比值关系。

（3）根据测量数据作出曲线 $\cos\varphi$—C 及 I_1—C，并加以讨论。

（4）回答思考题(1)、(2)。

7）实验设备及主要器材

（1）交流电源单元	1 块
（2）交流电压/电流表单元	1 块
（3）交流电路实验部分	1 台
（4）多功能交流仪表单元	1 块
（5）万用表	1 只
（6）连接导线	若干

7.4（实验 4）　RLC 串联谐振电路

1）实验目的

（1）加深对串联谐振电路特性的理解。

（2）学习测绘 RLC 串联谐振电路通用谐振曲线的方法，了解电路 Q 值对通用谐振曲线的影响。

（3）通过对电路的 $U_L(\omega)$ 与 $U_C(\omega)$ 的测量，了解电路 Q 值的意义。

（4）学习正确使用低频信号发生器和晶体管毫伏表等有关仪器。

2）实验原理

（1）RLC 串联电路的特性

如图 7.19 所示的电路为 RLC 串联电路，其阻抗 Z 是电源角频率 ω 的函数。

当 $\omega = \omega_0$ 时，电路处于串联谐振状态。

显然，谐振频率仅与电感 L、电容 C 的数值有关，而与电阻 R 和激励电源的角频率 ω 无关。当 $\omega < \omega_0$ 时，电路呈容性，阻抗角 $\varphi < 0$；当 $\omega > \omega_0$ 时，电路呈感性，阻抗角 $\varphi > 0$。

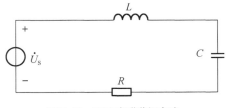

图 7.19　RLC 串联谐振电路

（2）电路处于谐振状态时的特性

由于回路总电抗 $X_0 = \omega_0 L - 1/(\omega_0 C) = 0$，因此，回路阻抗模 $|Z_0|$ 为最小值，整个回路相当于一个纯电阻电路，激励电源的电压与回路的响应电流同相位。

由于感抗 $\omega_0 L$ 与容抗 $1/(\omega_0 C)$ 相等，所以电感上的电压 $\dot{U}_L$ 与电容上的电压 $\dot{U}_C$ 相等，相位相差 $180°$。电感上的电压（或电容上的电压）与激励电压之比称为品质因数 Q，即：

$$Q=\frac{U_L}{U_s}=\frac{U_C}{U_s}=\frac{\omega_0 L}{R}=\frac{1/\omega_0 L}{R}=\frac{\sqrt{L/C}}{R} \tag{7.32}$$

在 L 和 C 为定值的条件下，Q 值仅仅决定于回路电阻 R 的大小。

在激励电压（有效值）不变的情况下，回路中的电流 $I=U_s/R$ 为最大值。

（3）串联谐振电路的频率特性

回路的响应电流与激励电源的角频率的关系称为电流的幅频特性（表明其关系的图形为串联谐振曲线），表达式为：

$$I(\omega)=\frac{U_s}{\sqrt{R^2+\left(\omega L-\frac{1}{\omega L}\right)^2}}=\frac{U_s}{R\sqrt{1+Q^2\left(\dfrac{\omega}{\omega_0}-\dfrac{\omega_0}{\omega}\right)^2}} \tag{7.33}$$

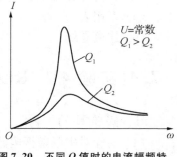

图 7.20　不同 Q 值时的电流幅频特性

当电路的 L 和 C 保持不变时，改变 R 的大小，可以得出不同 Q 值时电流的幅频特性曲线，如图 7.20 所示。显然，Q 值越高，曲线越尖锐，即电路的选择性越高，由此也可以看出 Q 值的重要性。

为了反映一般情况，通常研究电流比 I/I_0 与角频率比 ω/ω_0 之间的函数关系，即所谓通用幅频特性。其表达式为：

$$\frac{I}{I_0}=\frac{1}{\sqrt{1+Q^2\left(\dfrac{\omega}{\omega_0}-\dfrac{\omega_0}{\omega}\right)^2}} \tag{7.34}$$

式中：I_0 为谐振时的回路响应电流。

图 7.21 画出了不同 Q 值下的通用幅频特性曲线。显然，Q 值越高，在一定的频率偏移下，电流比下降得越厉害。

幅频特性曲线可以由计算得出，或用实验方法测定。

为了衡量谐振电路对不同频率的选择能力，定义通用幅频特性中幅值下降至峰值的 0.707 倍时的频率范围（如图 7.21 所示）为相对通频带 B，即

$$B=\frac{\omega_2}{\omega_0}-\frac{\omega_1}{\omega_0} \tag{7.35}$$

显然，Q 值越高，相对通频带 B 越窄，电路的选择性越好。

如果测出 ω_2、ω_1、ω_0，可得到电路的品质因数 Q：

$$Q=\frac{1}{\dfrac{\omega_2}{\omega_0}-\dfrac{\omega_1}{\omega_0}} \tag{7.36}$$

激励电压和回路响应电流的相角差 φ 与激励源角频率 ω 的关系称为相频特性，它可由式（7.37）计算得出或由实验测定。相角 φ 与 ω/ω_0 的关系称为通用相频特性，如图 7.22 所示。

$$\varphi(\omega) = \arctan \frac{\omega L - (1/\omega C)}{R} \tag{7.37}$$

谐振电路的幅频特性和相频特性是衡量电路特性的重要标志。

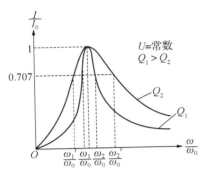

图 7.21 通用幅频特性曲线

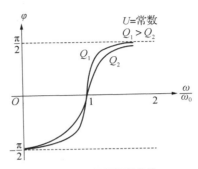

图 7.22 通用相频特性

(4) 串联谐振电路中的电感电压和电容电压

电感上的电压 U_L 为:

$$U_L = \omega L I = \frac{\omega L U_s}{\sqrt{R^2 + \left(\omega L - \dfrac{1}{\omega C}\right)^2}} \tag{7.38}$$

电容两端的电压 U_C 为:

$$U_C = \frac{1}{\omega C} = \frac{U_s}{\omega C \sqrt{R^2 + \left(\omega L - \dfrac{1}{\omega C}\right)^2}} \tag{7.39}$$

显然,U_L 和 U_C 都是激励源角频率 ω 的函数,$U_L(\omega)$ 和 $U_C(\omega)$ 曲线如图 7.23 所示。当 $Q > 0.707$ 时,U_L 和 U_C 才能出现峰值,并且 U_C 的峰值出现在 $\omega = \omega_C < \omega_0$ 处,U_L 的峰值出现在 $\omega = \omega_L > \omega_0$ 处。Q 值越高,出现峰值处离 ω_0 越近。

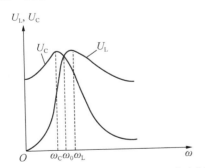

图 7.23 RLC 串联电路的 $U_L(\omega)$ 和 $U_C(\omega)$ 曲线

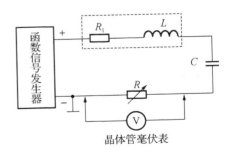

图 7.24 串联谐振实验用图

3) 实验任务

(1) 测绘 RLC 串联电路响应电流的幅频特性和 $U_L(\omega)$、$U_C(\omega)$ 曲线。

实验电路如图 7.24 所示。在直流电路实验箱上选用 $L = 4.7$ mH 的电感线圈,$C =$

0.01 μF 的电容,$R=51$ Ω。在确定元件的 R、L、C 的数值之后,保持函数发生器输出电压 U_s(有效值)不变,测量不同频率时的 U_R、U_L 和 U_C。

在测量之前首先接通函数信号发生器及晶体管毫伏表电源,注意毫伏表量程先放在最大位置上。待 1~2 min 稳定后,调节函数信号发生器输出电压,使其有效值 $U_s=4$ V,再适当改变晶体管毫伏表量程,校准函数发生器的实际输出电压。

为了取点合理,可先将频率由低到高初测一次,注意找出谐振频率 f_0 以及出现 U_C 最大值时的频率 f_C 和出现 U_L 最大值时的频率 f_L。初测曲线草图画在图 7.25 中。然后,根据曲线形状选取频率,进行正式测量。

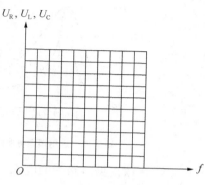

图 7.25 画元件电压用图

在测试过程中应维持函数信号发生器输出电压有效值 $U_s=4$ V 不变,所以每次调节频率后均需对输出信号进行校准。同时要注意,电容两端的电压 U_C 以及电感线圈上的电压 U_L 的值可能会出现比函数信号发生器输出电压 U_s 高出很多倍的值(为什么?)。所以在用晶体管毫伏表测量时,应先将毫伏表的量程调至最大一挡后逐渐改变到适当的量程进行测量。

初测得到串联电路的谐振频率 f_0 后,在 f_0 附近频域内,测量点的频率间隔取得小些为好,而在离 f_0 较远处,测量点的频率间隔取得大些为好。测量出若干点频率下的 U_R、U、U_C、I、X_L、X_C 的值,填入表 7.6 中。

(2)保持函数信号发生器输出电压的有效值 $U_s=4$ V,并让 L、C 数值不变,改变 R 的数值(即改变回路 Q 值),使 $R=151$ Ω(将实验箱上的 51 Ω 电阻与 100 Ω 电阻串联),重复上述实验,记录测量结果。自行设计表格。

表 7.6 实验任务(1)测量数据

	频率(Hz)				f_0					
测量值	U_R(V)									
	U_L(V)									
	U_C(V)									
计算值	I(A)									
	X_L(Ω)									
	X_C(Ω)									
电路性质										
品质因数 Q										

(3)通过测量结果作出 X_C-ω、X_L-ω 及 X-ω 特性曲线及该电路的通用幅频特性。

(4)改变图 7.24 实验线路中的电容 C 的大小,并测出电路在谐振时的电容数值。

(5)测量 RLC 串联电路的相频特性。保持 U_s 不变,用示波器测量不同频率时 $\dot{U}_S$ 与 $\dot{U}_R$

的相位差(测量方法参见前面常用电子仪器的示波器部分)。自拟记录表格。

4) 注意事项

(1) 每次改变信号电源的频率后,注意调节输出电压(有效值),使其保持为定值。

(2) 实验前应根据所选元件数值,从理论上计算出谐振频率 f_0 和不同 Q 值时的 ω_0、ω_C、ω_L 等数值,以便与测量值加以比较。

(3) 在测量 U_L 和 U_C 时,注意信号电源和测量仪器(晶体管毫伏表或示波器等)公共地线的接法。

5) 预习与思考题

(1) 实验中,当 RLC 串联电路发生谐振时,是否有 $U_R = U_s$ 和 $U_L = U_C$? 若关系式不成立,试分析其原因。

(2) 可以用哪些实验方法判别电路处于谐振状态?

(3) 谐振时,电容两端的电压 U_C 是否会超过电源电压,为什么?

6) 实验报告要求

(1) 根据实验数据,在坐标纸上绘出不同 Q 值下的通用幅频特性曲线,$U_L(\omega)$、$U_C(\omega)$ 曲线以及 $X_C - \omega$、$X_L - \omega$、$X_L - \omega$ 曲线,分别与理论计算值相比较,并作简略分析,由此得出 RLC 电路中,R、L、C 三参数对谐振频率、谐振曲线、品质因数等方面的影响。

(2) 通过实验总结 RLC 串联谐振电路的主要特点。

(3) 将实验任务(4)所得到的电容数值与理论计算值相比较,并作简略分析。

(4) 回答思考题。

7) 实验设备和主要器材

(1) 信号源/频率计单元　　　　　　　　　　　　　　　　　　1 块
(2) 电路原理实验板　　　　　　　　　　　　　　　　　　　1 块
(4) 精密可调电阻单元　　　　　　　　　　　　　　　　　　1 块
(5) 毫伏表　　　　　　　　　　　　　　　　　　　　　　　1 台
(6) 万用表　　　　　　　　　　　　　　　　　　　　　　　1 只
(7) 连接导线　　　　　　　　　　　　　　　　　　　　　　若干
(8) 电阻、电容、电感　　　　　　　　　　　　　　　　　　若干

7.5(实验 5)　三相负载星形连接的参数测量

1) 实验目的

(1) 学习三相负载的星形连接。

(2) 测量三相负载的星形连接各参数并验证它们之间的相互关系。

(3) 分析三相电路中的中线作用。

(4) 学习三相功率的测量方法。

2) 实验原理

(1) 三相负载的连接

三相负载的星形连接,按其有无中线,又可分为三相三线制和三相四线制。当负载不对称时,三相三线制电路不能正常工作,而三相四线制电路仍能正常工作,中线有稳定负载相电压的作用,而且中线电流总等于三个电流之和,即

$$\dot{I}_N = \dot{I}_A + \dot{I}_B + \dot{I}_C \tag{7.40}$$

(2)三相电路中的功率测量

在对称三相四线制电路中,因各相负载所吸收的功率相等,故可用一只功率表测出任一相负载的功率,再乘以 3,即得三相负载吸收的总功率。

在不对称三相四线制电路中,各相负载吸收的功率不再相等。这时可用 3 只功率表直接测出每相负载吸收的功率 P_A、P_B 及 P_C,或用一只功率表分别测出各相负载吸收的功率 P_A、P_B 及 P_C,然后再相加,即 $P = P_A + P_B + P_C$,可得到三相负载的总功率。这种测量方法称为三表法,其接线如图 7.26 所示。

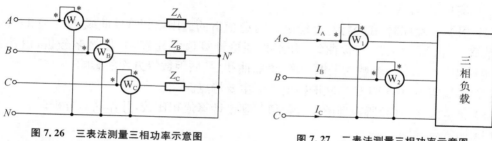

图 7.26 三表法测量三相功率示意图   图 7.27 二表法测量三相功率示意图

在三相三线制电路中,不论其对称或不对称,常采用二表法来测量三相功率。如图 7.27 所示,2 个功率表读数的代数和即为三相负载的总功率。其原理可参见有关文献。

在三相四线制电路中,一般不采用二表法。

(3)中线的作用

对于星形连接的三相负载,当其不对称时,若没有中线,则负载的 3 个相电压将不再对称。如果负载是灯泡,则灯泡的亮度将不同。如果负载极不对称,则负载较小的一相的相电压将可能大大超过负载的额定电压值,以致会损坏该相负载;而负载较大的一相的相电压则会远低于负载的额定电压,使该负载不能正常工作。因此,对于不对称的星形负载,应该连接中线,即采用三相四线制。

接中线后,负载中性点与电源中性点被强制为等电位,各相负载的相电压与相应的电源电压相等(不考虑供电线路上的阻抗)。因为电源电压是对称的,所以负载的相电压也是对称的,从而可以保证各相负载能够正常工作。

在实际应用中,中线上是不允许装开关和保险丝的。另外,中线的阻抗也不能过大,否则也会导致负载的相电压不对称。

3)实验任务

(1)按图 7.28 所示电路正确接线。

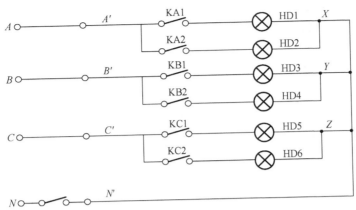

图 7.28　三相电路(Y 形连接)实验电路图

（2）根据表 7.7 的测量要求测量各参量并观察它们之间的相互关系。

（3）观察并分析在负载不对称有中线、无中线情况下，测量数据和灯泡发光状态有什么差别，加深理解中线的作用。

表 7.7　星形负载测量数据

负载情况	灯泡只数			线电压(V)			相电压(V)			线电流(mA)			中性线电流(mA)	中性线电压(V)	功率(W)(三表法/二表法)			
	A	B	C	$U_{A'B'}$	$U_{B'C'}$	$U_{C'A'}$	$U_{A'N'}$	$U_{B'N'}$	$U_{C'N'}$	I_{LA}	I_{LB}	I_{LC}	I_{NN}	U_{NN}	P_1	P_2	P_3	P
对称 Y,有中性线	1	1	1											0				
对称 Y,无中性线	1	1	1															
不对称 Y,有中性线	1	1	2											0				
不对称 Y,无中性线	1	1	2															

4）实验注意事项

（1）接线前，调准三相调压器的输出电压。

（2）灯泡正常发光后，避免实验用线搭在灯泡上。

（3）各参数测量要在负载侧进行。

（4）测量功率时，有中线的情况用三瓦计法，无中线的情况用二瓦计法。

（5）使用灯泡的参数为"230 V　25 W"，负载不对称无中线时，负载较轻的一相相电压会超过灯泡额定值，注意时间不要过长。

5）预习及思考题

（1）试说明在三相四线制电路中（对称三相电源）负载对称与否对中线电流的影响。为什么中线阻抗不宜过大？

（2）总结对称三相电路的特点.

（3）总结不对称三相电路的特点。

（4）总结三表法与二表法应注意的问题及各自的适用范围。

6）实验报告要求

（1）根据测量结果，计算相应的三相总功率 P，并比较各种情况下相、线各量的有何不同。

（2）回答思考题。

7）实验设备及主要器材

（1）交流电源单元   1块

（2）交流电压/电流表单元   1块

（3）交流电路实验部分   1块

（4）多功能交流仪表单元   1块

（5）万用表   1只

（6）连接导线   若干

7.6（实验 6） 三相负载三角形连接的参数测量

1）实验目的

（1）学习三相负载的三角形连接方法。

（2）测量三相电路三角形连接的各参数并验证它们之间的相互关系。

（3）进一步学习三相功率的测量方法。

2）实验原理

负载作三角形连接的三相电路中，不论负载对称与否，都存在 $U_L = U_P$ 的关系式。只有在对称的电路中，才有 $I_L = \sqrt{3} I_P$。不对称时，不存在此关系式。

3）实验任务

（1）按图 7.29 所示电路正确接线。

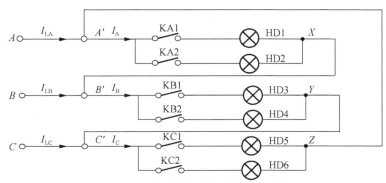

图 7.29   三相电路(△形连接)实验电路图

（2）根据表 7.8 所示数据的测量要求测量各参量并观察它们之间的相互关系。

表 7.8   三角形负载测量记录表

负载情况	灯泡只数			线电流(mA)			相电流(mA)			线电压(V)			相电压(V)			功率(W)(二表法)		
	A	B	C	I_{LA}	I_{LH}	I_{LC}	I_A	I_B	I_C	$U_{A'B'}$	$U_{B'C'}$	$U_{C'A'}$	$U_{A'N'}$	$U_{B'N'}$	$U_{C'N'}$	P_1	P_2	P
对称△	1	1	1															
不对称△	2	1	1															
	0	1	1															

4）实验注意事项

在三角形接线时由于相电压等于线电压，所以不能使用 380 V 线电压，可通过电源控制屏上三相调压器将线电压调至 220 V。

5）预习及思考题

（1）为什么星形连接的负载一相变动时，会影响其他两相？而三角形连接的负载一相变动对其他两相没影响。

（2）根据表第二次测得的电流数据，按比例画出它们的相量图，这时，三个线电流在相位上是否还彼此相差 120°，它们是否还对称？

（3）当负载是三角形连接时，若三条线路中，有一条线路断开，三相负载电压会出现什么变化？为什么？试用测量结果进行分析。

6）实验报告要求

（1）根据测量结果，计算相应的三相总功率 P，并比较各种情况下相、线各量间的关系。

（2）回答思考题。

7）实验设备及主要器材

（1）交流电源单元   1 块

（2）交流电压/电流表单元   1 块

（3）交流电路实验部分   1 块

（4）多功能交流仪表单元   1 块

（5）万用表   1 只

（6）连接导线   若干

7.7(实验7)　三相交流电路相序的测量

1) 实验目的

掌握三相交流电路相序的测量方法。

2) 原理说明

图 7.30 为相序指示器电路,用以测定三相电源的相序 A、B、C(或 U、V、W)。它是由一个电容器和两个电灯连接成的星形不对称三相负载电路。如果电容器所接的是 A 相,则灯光较亮的是 B 相,较暗的是 C 相。相序是相对的,任何一相均可作为 A 相。但 A 相确定后,B 相和 C 相也就确定了。

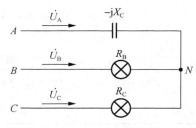

图 7.30　相序指示器电路

为了分析问题简单起见,设

$$X_C = R_B = R_C = R, \dot{U}_A = U_P \underline{/0°} \tag{7.41}$$

则

$$\dot{U}_{N'N'} = \frac{U_P\left(\dfrac{1}{-jR}\right) + U_P\left(-\dfrac{1}{2} - j\dfrac{\sqrt{3}}{2}\right)\left(\dfrac{1}{R}\right) + U_P\left(-\dfrac{1}{2} + j\dfrac{\sqrt{3}}{2}\right)\left(\dfrac{1}{R}\right)}{-\dfrac{1}{jR} + \dfrac{1}{R} + \dfrac{1}{R}} \tag{7.42}$$

$$U'_B = U_B - U_{N'N'} = U_P\left(-\dfrac{1}{2} - j\dfrac{\sqrt{3}}{2}\right) - U_P(-0.2 + j0.6) \tag{7.43}$$

$$= U_P(-0.3 - j1.466) = 1.49 U_P \underline{/-101.6°}$$

$$\dot{U}'_C = \dot{U}_C - \dot{U}_{N'N'} = U_P\left(-\dfrac{1}{2} + j\dfrac{\sqrt{3}}{2}\right) - U_P(-0.2 + j0.6) \tag{7.44}$$

$$= U_P(-0.3 + j0.266) = 0.4 U_P \underline{/-138.4°}$$

由于 $\dot{U}'_B > \dot{U}'_C$,故 B 相灯光较亮。

3) 实验任务

相序的测定

(1) 调节三相电源线电压为 220 V,按下"停止"按钮。

(2) 用 220 V/15 W 白炽灯和 1 μF/500 V 电容器,按图 7.30 接线,经指导教师检查合格后,再按下实验台"起动"按钮,观察两只灯泡的亮、暗,判断三相交流电源的相序。

(3) 将电源线任意调换两相后再接入电路,观察两灯的明亮状态,判断三相交流电源的相序。

4) 实验注意事项

每次改接线路都必须先断开电源,注意安全。

5) 预习思考题

根据电路理论,分析图 7.30 检测相序的原理。

6) 实验报告及要求

(1) 简述实验线路的相序检测原理。

(2) 总结心得体会及其他。

7) 实验设备

(1) HDKG - 1 型电工实验台 可调交流电压源	1 台
(2) HDKG - 1 型电工实验台 交流数字电压表	1 台
(3) HDKG - 1 型电工实验台 交流数字毫安表	1 块
(4) 白炽灯组负载	1 组
(5) 电感线圈(30 W 镇流器)	1 个
(6) 电感线圈(1 μF/500 V)	1 个
(7) 交流导线	若干

7.8(实验 8)　二阶电路的动态响应

1) 实验目的

(1) 研究二阶电路的零输入响应和零状态响应的基本规律。

(2) 学习采用 Pspice 软件来正确绘制电路和模拟仿真电路的运算结果。

(3) 观察电路参数对二阶电路响应的影响,通过图形进一步理解非振荡、振荡、等幅振荡的含义。

2) 实验原理

(1) RLC 串联二阶电路

凡是可用二阶微分方程描述的电路称为二阶电路,如图 7.31 所示的电路是一个典型的二阶电路(图中 U_s 为直流电压源),它可以用二阶常系数微分方程来描述:

$$LC\frac{\mathrm{d}^2 u_C}{\mathrm{d}t^2}+RC\frac{\mathrm{d}u_C}{\mathrm{d}t}+u_C=U_s \tag{7.45}$$

初始值为:

$$u_C(0_+)=u_C(0_-)=U_0 \tag{7.46}$$

$$\frac{\mathrm{d}u_C(t)}{\mathrm{d}t}\Big|_{t=0_-}=\frac{i_L(0_-)}{C}=\frac{I_0}{C} \tag{7.47}$$

求解微分方程,可以得出电容器上的电压 $u_C(t)$。

再根据:

$$i_C(t)=C\frac{\mathrm{d}t_C(t)}{\mathrm{d}t} \tag{7.48}$$

求得 $i_C(t)$。

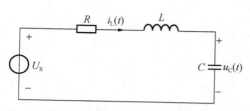

图 7.31　RLC 串联二阶电路图

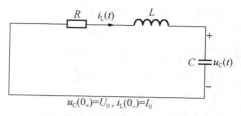

图 7.32　RLC 串联零输入响应电路

（2）二阶电路的零输入响应

RLC 串联电路零输入响应如图 7.32 所示。设电容上的初始电压为 $u_C(0_+)=u_C(0_-)=U_0$，流过电感的初始电流为 $i_L(0_-)=I_0$；定义衰减系数（阻尼系数）$\alpha=R/(2L)$，谐振角频率 $\omega_0=1/\sqrt{LC}$，则：

① 当 $\alpha>\omega_0$，即 $R>2/\sqrt{L/C}$ 时，响应是非振荡性的，称为过阻尼情况。其响应为：

$$u_C(t)=\frac{U_0}{s_1-s_2}(s_1\mathrm{e}^{s_2 t}-s_2\mathrm{e}^{s_1 t})+\frac{I_0}{(s_1-s_2)C}(\mathrm{e}^{s_1 t}-\mathrm{e}^{s_2 t})\qquad t\geqslant0 \tag{7.49}$$

$$i_L(t)=U_0\frac{s_1 s_2 C}{s_1-s_2}(\mathrm{e}^{s_2 t}-\mathrm{e}^{s_1 t})+\frac{I_0}{(s_1-s_2)C}(s_1\mathrm{e}^{s_1 t}-s_2\mathrm{e}^{s_2 t})\qquad t\geqslant0 \tag{7.50}$$

式中：s_1、s_2 是微分方程的特征根，分别为：

$$s_1=-\alpha+\sqrt{\alpha^2-\omega_0^2}\,,s_2=-\alpha-\sqrt{\alpha^2-\omega_0^2} \tag{7.51}$$

② 当 $\alpha=\omega_0$，即 $R=2/\sqrt{L/C}$ 时，响应临近振荡，称为临界阻尼情况。其响应为：

$$u_C(t)=U_0(1+\alpha t)\mathrm{e}^{-\alpha t}+\frac{I_0}{C}t\mathrm{e}^{-\alpha t}\qquad t\geqslant0 \tag{7.52}$$

$$i_L(t)=-U_0\alpha^2 Ct\mathrm{e}^{-\alpha t}+I_0(1-\alpha t)\mathrm{e}^{-\alpha t}\qquad t\geqslant0 \tag{7.53}$$

③ 当 $\alpha<\omega_0$，即 $R<2/\sqrt{L/C}$，响应是振荡性的，称为欠阻尼情况。其衰减振荡角频率为：

$$\omega_d=\sqrt{\omega_0^2-\alpha^2}=\sqrt{\frac{1}{LC}-\frac{R^2}{4L^2}} \tag{7.54}$$

其响应为：

$$u_C(t)=U_0\frac{\omega_0}{\omega_d}\mathrm{e}^{-\alpha t}\cos(\omega_d t-\theta)+\frac{I_0}{\omega_d C}\mathrm{e}^{-\alpha t}\sin\omega_d t\qquad t\geqslant0 \tag{7.55}$$

$$i_L(t)=-U_0\frac{\omega_0^2 C}{\omega_d}\mathrm{e}^{-\alpha t}\sin\omega_d t+I_0\frac{\omega_0}{\omega_d}\mathrm{e}^{-\alpha t}\cos(\omega_d-\theta)\qquad t\geqslant0 \tag{7.56}$$

式中：$\theta=\arcsin(\alpha/\omega_0)$

④ 当 $R=0$ 时，响应是等幅振荡性的，称为无阻尼情况。等幅振荡角频率即为谐振角频

率 ω_0，响应为：

$$u_C(t) = U_0\cos\omega_0 t + \frac{I_0}{\omega_0 C}\sin\omega_0 t \qquad t\geqslant 0 \tag{7.57}$$

$$i_L(t) = -U_0\omega_0 C\sin\omega_0 t + I_0\cos\omega_0 t \qquad t\geqslant 0 \tag{7.58}$$

⑤ 当 $R<0$ 时，响应是发散振荡性的，称为负阻尼情况。

（3）二阶电路的衰减系数

对于欠阻尼情况，衰减振荡角频率 ω_d 和衰减系数 α 可以从响应波形中测量出来，例如在响应 $i(t)$ 的波形中（如图 7.33 所示），可以利用示波器直接测出，测量方法参看仪器使用部分的内容。对于 α，由于有：

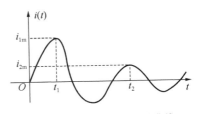

图 7.33　电流 $i(t)$ 衰减振荡曲线

$$i_{1m} = Ae^{-at_1}, \quad i_{2m} = Ae^{-at_2} \tag{7.59}$$

故

$$\frac{i_{1m}}{i_{2m}} = e^{-\alpha(t_1-t_2)} = e^{\alpha(t_2-t_1)} \tag{7.60}$$

显然，(t_2-t_1) 即为周期 $T_d = 2\pi/\omega_d$，所以，

$$\alpha = \frac{1}{T}\ln\frac{i_{1m}}{i_{2m}} \tag{7.61}$$

由此可见，用示波器测出周期 T_d 和幅值 i_{1m}、i_{2m} 后，就可以算出 α 的值。

3）实验任务

（1）观察 RLC 二阶串联电路的零状态响应的 $u_C(t)$、$i_L(t)$ 的波形。实验线路分别如图 7.31 所示，U_s 为直流电压源。取 $L=10$ mH，$C=0.022$ μF，取 $U_s=5$ V，动态元件的初始值为 $u_C(0_+) = u_C(0_-) = 0$ V，$i_L(0_+) = i_L(0_-) = 0$ A。改变电阻 R 的数值，观察并描绘出电路处于过阻尼、欠阻尼和临界阻尼情况下的 $u_C(t)$ 和 $i_L(t)$ 的波形。

（2）观察 RLC 二阶串联电路的零输入响应的 $u_C(t)$、$i_L(t)$ 的波形。实验线路分别如图 7.32 所示。仍取 $L=10$ mH，$C=0.022$ μF，动态元件的初始值为 $u_C(0_+) = u_C(0_-) = 5$ V，$i_L(0_+) = i_L(0_-) = 0$ A，改变电阻 R 的数值，观察并描绘出上述两种电路处于过阻尼、欠阻尼和临界阻尼情况下的 $u_C(t)$ 和 $i_L(t)$ 的波形。

（3）观察 RLC 二阶串联电路的方波响应。实验线路如图 7.31 所示，U_s 为方波。仍取电感 $L=10$ mH，电容 $C=0.022$ μF，方波信号的参数设置为 $U_1=0$，$U_2=5$ V，$T_D=0$，$T_F=0$，$T_R=0$，$PW=500$ μs，$PER=1\ 000$ μs（对于方波参数的相关设置说明可见参考文献[6]）。自行调整电阻 R 的阻值，分别观察并描绘出当电路处于过阻尼、欠阻尼和临界阻尼情况下的 $u_C(t)$ 和 $i_L(t)$ 的波形。

4）注意事项

（1）用 Pspice 对电路进行模拟分析时，电路中一定要有一个零电位点。这个零电位点可通过执行 Place/Ground 命令从 Source 库中选用名称为零的符号。

　　（2）用 Pspice 对电路进行模拟分析时,仿真基本分析类型设置应正确,仿真时间的长短应合理,否则难以得到正确的仿真波形。

　　5）预习及思考题

　　（1）预习 Pspice 的安装及基本应用。

　　（2）二阶动态电路的响应能否采用三要素法求解?

　　（3）如果电阻元件为负电阻元件,对于 RLC 二阶串联动态电路,无论是零输入响应还是零状态响应下,此时电容元件两端的电压的波形将如何变化? 为什么?

　　6）实验报告要求

　　（1）根据实验任务中相关内容,把观察描绘出的各响应的波形分别画在坐标纸上（或用打印机打印）,并标明所选用的电阻 R 的阻值以及做出必要的电路性质说明。

　　（2）根据实验参数,计算方波响应在欠阻尼情况下中 ω_d 的数值,并与实测数据相比较。

　　7）实验设备及主要器材

计算机　　　　　　　　　　　　　　　　　　　1 台
Pspice 应用软件　　　　　　　　　　　　　　　1 套

7.9（实验 9）　无源线性二端口网络参数的测量

　　1）实验目的

　　（1）学习测定无源线性二端口网络参数的方法。

　　（2）验证无源线性二端口网络等效电路的等效性。

　　（3）培养自拟实验方案、合理设计实验电路、正确选用实验设备和元件以及分析研究实验结果的能力。

　　2）实验原理

　　（1）无源线性二端口网络

　　对于无源线性二端口网络如图 7.34 所示,可以用网络参数来表征,这些参数由二端网络内部的元件和结构所决定,而与输入激励无关。网络参数一旦确定后,两个端口处的电压、电流关系（即网络的特征方程）就为一个确定的了。

图 7.34　二端口网络

　　（2）二端口网络的方程和参数

　　按正弦稳态情况进行分析,无源线性二端口网络特征方程共有 6 种。常用的有下列 4 种,写成矩阵形式为:

　　① Y 参数（短路导纳参数）:

$$\begin{bmatrix} \dot{I}_1 \\ \dot{I}_2 \end{bmatrix} = \boldsymbol{Y} \begin{bmatrix} \dot{U}_1 \\ \dot{U}_2 \end{bmatrix}, \boldsymbol{Y} = \begin{bmatrix} Y_{11} & Y_{12} \\ Y_{21} & Y_{22} \end{bmatrix} \tag{7.62}$$

对互易网络有：$Y_{12} = Y_{21}$。

② Z 参数（开路阻抗参数）：

$$\begin{bmatrix} \dot{U}_1 \\ \dot{U}_2 \end{bmatrix} = \boldsymbol{Z} \begin{bmatrix} \dot{I}_1 \\ \dot{I}_2 \end{bmatrix}, \boldsymbol{Z} = \begin{bmatrix} Z_{11} & Z_{12} \\ Z_{21} & Z_{22} \end{bmatrix} \tag{7.63}$$

对互易网络有：$Z_{12} = Z_{21}$。

③ H 参数：

$$\begin{bmatrix} \dot{U}_1 \\ \dot{I}_2 \end{bmatrix} = \boldsymbol{H} \begin{bmatrix} \dot{I}_1 \\ \dot{U}_2 \end{bmatrix}, \boldsymbol{H} = \begin{bmatrix} H_{11} & H_{12} \\ H_{21} & H_{22} \end{bmatrix} \tag{7.64}$$

对互易网络有：$H_{12} = H_{21}$。

④ A 参数（T 参数，一般参数，传输参数）：

$$\begin{bmatrix} \dot{U}_1 \\ \dot{I}_1 \end{bmatrix} = \boldsymbol{A} \begin{bmatrix} \dot{U}_2 \\ \dot{I}_2 \end{bmatrix}, \boldsymbol{A} = \begin{bmatrix} A_{11} & A_{12} \\ A_{21} & A_{22} \end{bmatrix} \tag{7.65}$$

对互易网络有：$A_{11}A_{22} - A_{12}A_{21} = 1$。

这 4 种参数反映的同一网络，它们之间必定有内在联系，因而可由一套参数求出另一套参数。

由线性电阻、电容、电感（包括互感）构成的无源线性二端口网络称为互易网络。

（3）无源线性二端口网络方程和参数的测量方法

上述各方程的参数都通过实验方法测定。考虑到测量要尽可能简单易行，在工程上采用先测量无源线性二端口网络的 A 参数再求取其他参数的方法。测定 A 参数时先令端口 2－2′开路（或短路），在端口 1－1′上施加一定的交流电压（如果二端口内为纯电阻网络，则可以用直流电压），则可以测出端口 1－1′的电压 U、电流 I 及功率 P，并计算二端口网络在端口 2－2′开路和短路时的复阻抗 Z_{1oc} 和 Z_{1sc}；同理，令端口 1－1′开路或短路，在端口 2－2′上施加一定的交流电压则可分别测出端口 2－2′的电压 U、电流 I 及功率 P，并计算出二端口网络在端口 1－1′开路和短路时的出端复阻抗 Z_{2oc} 和 Z_{2sc}，则得出 A 参数的定义：

$$\begin{bmatrix} \dot{U}_1 \\ \dot{I}_1 \end{bmatrix} = \begin{bmatrix} A_{11} & A_{12} \\ A_{21} & A_{22} \end{bmatrix} \cdot \begin{bmatrix} \dot{U}_2 \\ -\dot{I}_2 \end{bmatrix} \tag{7.66}$$

可知，在开路实验中，

$$Z_{1oc} = \frac{\dot{U}_1}{\dot{I}_1}\bigg|_{\dot{I}_2=0} = \frac{A_{11}\dot{U}_2 - A_{12}\dot{I}_2}{A_{21}\dot{U}_{12} - A_{22}\dot{I}_2}\bigg|_{\dot{I}_2=0} = \frac{A_{11}}{A_{21}}, \ Z_{2OC} = \frac{\dot{U}_1}{\dot{I}_2}\bigg|_{\dot{I}_2=0} = \frac{A_{22}}{A_{21}} \tag{7.67}$$

在短路实验中，

$$Z_{1sc}=\frac{\dot{U}_1}{\dot{I}_2}\bigg|_{\dot{U}_2=0}=\frac{A_{11}\dot{U}_2-A_{12}\dot{I}_2}{A_{21}\dot{U}_{12}-A_{22}\dot{I}_2}\bigg|_{\dot{U}_2=0}=\frac{A_{12}}{A_{22}},\ Z_{2sc}=\frac{\dot{U}_2}{\dot{I}_2}\bigg|_{\dot{U}_1=0}=\frac{A_{12}}{A_{21}} \tag{7.68}$$

因此，利用互易网络的特点，有：

$$Z_{1oc}-Z_{1sc}=\frac{A_{11}}{A_{21}}-\frac{A_{12}}{A_{22}}=\frac{A_{11}A_{22}-A_{12}A_{21}}{A_{21}A_{22}} \tag{7.69}$$

于是，

$$\frac{Z_{2oc}}{Z_{1oc}-Z_{1sc}}=A_{22}^2 \tag{7.70}$$

所以

$$A_{11}=A_{21}Z_{oc},A_{12}=A_{22}Z_{1sc},A_{21}=\frac{A_{22}}{Z_{2oc}},A_{22}=\sqrt{\frac{Z_{2oc}}{(Z_{1oc}-Z_{1sc})}} \tag{7.71}$$

对于该实验中各参数的测定，可采用三表法测出相应的 U、I 及 P 后，再利用公式 $Z=\dot{U}/\dot{I}$ 和 $\cos\varphi=P/(UI)$，即可得出 $Z=|Z|\underline{/\varphi}$（电感时 $\varphi>0$，容性时 $\varphi<0$，可通过并联小试验电容来判断）。

（4）二端口网络的 T 型等效电路

无源线性二端口网络的外部特征可以用三个参数来确定，所以无源线性二端口网络可以用三个阻抗或导纳元件组成的 T 型或 Π 型电路来等效。设已知一个无源线性二端口网络 A 参数，其 T 型等效电路如图 7.35 所示，则可以求出该电路网络中各阻抗分别为：

$$Z_1=\frac{A_{11}-1}{A_{12}},Z_2=\frac{1}{A_{21}},Z_3=\frac{A_{22}-1}{A_{21}} \tag{7.72}$$

因此，求出无源线性二端口网络的 A 参数后，就可以根据上式确定该二端口网络的 T 型等效电路，并可以用实验来验证其等效性。

（5）二端口网络的输入阻抗

在二端口网络输出端接一个负载阻抗 Z_L，如图 7.36 所示，则该二端口的输入阻抗 Z_i 为：

$$Z_i=\frac{\dot{U}_1}{\dot{I}_1} \tag{7.73}$$

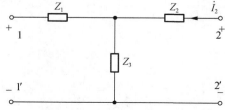

图 7.35　二端口网络的 T 型等效电路

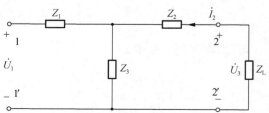

图 7.36　接负载阻抗时的二端口电路

根据 A 参数方程：

$$\begin{bmatrix} \dot{U}_1 \\ \dot{I}_1 \end{bmatrix} = \boldsymbol{A} \begin{bmatrix} \dot{U}_2 \\ \dot{I}_2 \end{bmatrix}, \boldsymbol{A} = \begin{bmatrix} A_{11} & A_{12} \\ A_{21} & A_{22} \end{bmatrix} \tag{7.74}$$

因为

$$\dot{U}_2 = -Z_{\text{L}} \dot{I}_2 \tag{7.75}$$

所以

$$Z_{\text{i}} = \frac{A_{11} Z_{\text{L}} + A_{12}}{A_{21} Z_{\text{L}} + A_{22}} \tag{7.76}$$

在实验中可以用三表法测得相应的 U、I 及 P 后求得 Z_{i}，并与理论计算值进行比较。

3）实验任务

(1) 图 7.37 是一个简单的 T 型或 Π 网络直流无源线性二端口网络,通过开路、短路实验测出输入、输出端的电流和电压填在表 7.9 中,并计算求出该网络的四个参数。

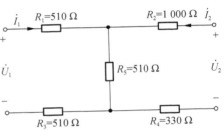

图 7.37　实验用的二端口电路

T 参数：

$$\begin{cases} \dot{U}_1 = A_{11} \cdot \dot{U}_2 + A_{12} \cdot (-\dot{I}_2) \\ \dot{I}_1 = A_{21} \cdot \dot{U}_2 + A_{22} \cdot (-\dot{I}_2) \end{cases} \tag{7.77}$$

① 当 $\dot{I}_2 = 0$（即端口 2 开路）时,可以求出参数：

$$A_{11} = \frac{\dot{U}_1}{\dot{U}_2}, A_{12} = \frac{\dot{I}_1}{\dot{U}_2} \tag{7.78}$$

② 当 $\dot{U}_2 = 0$（即端口 2 短路）时,可以求出参数：

$$A_{21} = \frac{\dot{U}_1}{(-\dot{I}_2)}, A_{22} = \frac{\dot{I}_1}{(-\dot{I}_2)} \tag{7.79}$$

(2) 由 A 参数求出该网络的 T 型或 Π 等效电路的元件参数,与等效的二端口网络比较,是否相符。

表 7.9　二端口网络的参数

输出端开路 $\dot{I}_2=0$	$\dot{U}_1(\mathrm{V})$	$\dot{U}_2(\mathrm{V})$	$\dot{I}_1(\mathrm{mA})$	A_{11}	A_{21}
输出端短路 $\dot{U}_2=0$	$\dot{U}_1(\mathrm{V})$	$\dot{I}_1(\mathrm{mA})$	$\dot{I}_2(\mathrm{mA})$	A_{12}	A_{22}

4）注意事项

（1）直流稳压电源的输出端禁止短路。

（2）使用万用表时，电流挡、欧姆挡不能用来测电压。

（3）直流稳压电源的输出电压值，必须用电压表或万用表校对。

（4）万用表使用完毕，需将转换开关旋至交流 500 V 位置。

（5）测量电流/电压时，要用同一只电流/电压表的同一量程。

（6）本实验测量数据多，计算量大，可先利用公式验算测得的入端阻抗。

5）预习及思考题

（1）从测得实验数据中如何判断给定的二端口网络是否是互易网络？简述互易网络和对称网络的联系与区别。

（2）在测量四个参数的过程，如果利用各参数的原始定义去测量，例如对 A 参数中的 A_{11} 可利用 $A_{11}=U_1/U_2|_{i_2=0}$ 去测量，这样做好不好？为什么？与本次实验中的方法相比哪种方法易于实现？

（3）对于双 T 型网络，可以直接写出 Z 参数。得出 Z 参数后可以利用 Z 参数和 A 参数之间的转换关系，对图 7.37 直接写出 Z 参数，再转换成 A 参数，并与实验测得 A 参数进行比较。

6）实验报告要求

（1）在预习阶段完成实验电路、实验步骤、试验记录表格等内容的设计，并了解实验目的、实验注意事项等内容，实验设备可在实验室备有的设备清单中选用。

（2）实验步骤完成各项实验，记录相关的实验数据，并计算相应的实验结果。

（3）实验后附上原始数据及整理后的数据和计算公式，写心得体会。

7）实验设备和主要器材

（1）直流可调稳压/固定电源单元	1 块
（2）直流可调稳压/稳流电源单元	1 块
（3）电路原理实验板	1 块
（4）直流电压/电流表单元	1 块
（5）万用表	1 只
（6）连接导线	若干
（7）电阻	若干

7.10(实验 10) 非正弦周期交流电路的研究

1）实验目的

（1）复习用示波器观察波形的方法，并对波形进行分析比较。

（2）加深对非正弦电流电路中，电感及电容对电流波形的影响。

2）实验任务

（1）按照图 7.38 接线，这时频率三倍器输出电压 u_3 与基波电压 u_1 串联相加，总电压 u_{13}，将是一个含有基波和三次谐波的非正弦周期电压。这非正弦的电压就是本实验所要研究的对象。

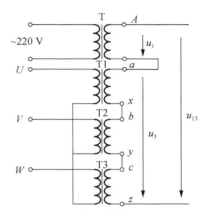

图 7.38　非正弦周期交流电路

① 单相变压器电源，用示波器观察的 u_1 波形，并将波形仔细地描绘在坐标纸上，保持示波器各旋钮的位置不动，断开电源。

② 频率三倍器初级接至三相电源。用示波器观察 u_3 的波形，并描绘之。

③ 接通单相变压器及频率三倍器的电源，用示波器观察 u_{13} 的波形，并描绘之。用交流电压表测量总电压 u_{13}、基波电压 u_1 和三次谐波电压 u_3 的数值，并验证：

$$U_{13}=\sqrt{U_1^2+U_3^2} \tag{7.80}$$

（2）将图 7.38 中的 a、z 两端子对调（即 N 与 z 相接），重复实验任务（1）中的步骤①～③。

（3）在非正弦的电源部分的两端分别接电阻、电感元件及电阻、电容元件，参考电路如图 7.39 所示。用示波器观察并记录 A、z 两端的电压波形和电阻元件两端的电压波形（即回路中的电流波形），研究并分析电感、电容对非正弦电流波形的影响。

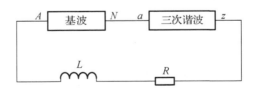

图 7.39　电阻、电感元件或电阻、电容元件与非正弦的电源电压连接图

3）实验设备和主要器材

（1）电路实验系统电源	1台
（2）电路实验系统交流电路实验部分	1台
（3）示波器	1台
（4）交流电流表	1只

（5）交流电压表　　　　　　　　　　　　　　　　1 只
（6）电感线圈　　　　　　　　　　　　　　　　　1 个
（7）示波器探头　　　　　　　　　　　　　　　　2 根
（8）导线　　　　　　　　　　　　　　　　　　　若干

4）思考题

（1）测量非正弦周期电压时,选用何种类型仪表为佳(例如磁电式仪表、整流式仪表、电磁式仪表、电动式仪表)？各种仪表的读数所表示的含义有何区别？

（2）在本实验中,测量 u_{13}、u_3 的有效值 U_{13}、U_3 时,可以用万用表交流电压挡测量吗？为什么？

5）实验报告及结论

（1）画出实验任务中规定的所需观察的波形。

（2）完成实验任务中规定的测量并讨论关系式 $U_{13}^2 = U_1^2 + U_3^2$ 是否成立？为什么？

（3）分析电感、电容对非正弦电流波形的影响。

7.11(实验 11)　回转器

1）实验目的

（1）了解回转器的特性,学习回转器的测试方法。

（2）掌握回转器的某些应用。

（3）运用运算放大器构成回转器。

（4）理解并联谐振电路。

2）实验任务

（1）电路如图 7.40 所示,图中 r_0 为取样电阻；R_L 为给定的负载电阻($R_L = 200\ \Omega$)接在回转器的输出端 2—2′。

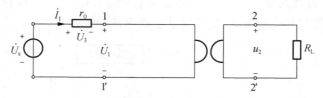

图 7.40　测量回转器电导的电路

回转器输出端由信号源提供频率为 100 Hz、电压有效值 U_s 为 2 V 的正弦电源。自己设计测量方法,求出上述回转器的回转电导 g 值($g = ?$)。

改变输入信号源的频率,在另外 2 个频率下进行测量,并求出回转电导 g。

改变负载电阻 R_L 的值,重复上述测量,观察有何变化,并求出回转电导 g。

将上述实际测量到的回转电导 g 值与通过网络元件参数计算(理论计算)得到的回转电导 g 值进行比较。

（2）模拟电感的测量

在图 7.40 所示的电路中,将负载 R_L 换成 C,用示波器观察不同电源频率和不同电容 C 时 U_1 和 I 的相位关系。

通过测量 U_1、U_3 求取模拟电感的 L 值,并与理论计算结果进行比较。

（3）用模拟电感做 RLC 并联电路谐振实验

设计实验电路 ,保持函数信号发生器输出正弦电压的有效值不变,从低到高改变电源频率(在谐振频率附近,频率变化量小),用交流毫伏表测量 U_o 值。改变 R 值,再测量一次。

（4）测量由回转器实现的滤波器特性

设计实验电路。先求出其网络函数,然后与实测结果加以比较。

3）实验设备及主要器材

（1）电路实验系统直流电路实验部分	1台
（2）双踪示波器	1台
（3）函数信号发生器	1台
（4）交流毫伏表	1台
（5）万用表	1台
（6）导线	若干

4）思考题

（1）为什么当实际回转器的回转电导 g_1、g_2 不相等时,该回转器称为有源回转器? 理想回转器由有源器件构成时也称为有源回转器吗?

（2）图 7.41 使用回转器模拟实际电感(具有等效直流电阻)做并联谐振的电路,试分析其谐振情况与图 7.40 中的电路有何不同? 写出入端复导纳和谐振频率的表达式,并说明如何用实验方法测得其幅频特性。

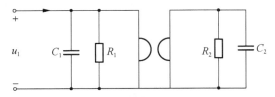

图 7.41　用回转器模拟实际电感的并联谐振电路

5）实验报告及结论

（1）整理实验数据和图表,用实测各种情况下的阻抗值与理论值比较。

（2）对负阻抗变换器的实验图形和曲线进行分析。

（3）根据指定的实验内容回答相应的思考题。

7.12（实验 12）　负阻抗变换器

1）实验目的

（1）获得负阻抗器件的感性认识。

（2）学习和了解负阻抗变换器（NIC）的一些特征，扩展电路研究的领域。

（3）研究如何用运算放大器构成负阻抗变换器。

本次实验内容比较新颖，但实验方式及测量手段与前面相同。

2）实验任务

（1）用电压表、电流表测量负阻抗的阻值。实验参考电路如图 7.42 所示，电源使用 1.5 V 的电池。断开开关 S，测出相应的 U、I 值，计算负阻抗。取 $R_2 = 200\ \Omega$，合上开关 S，改变 R_1 值，测出相应的 U、I 值，数据记录于表格中（自行设计）。注意电流表端钮的极性。

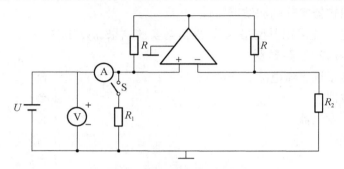

图 7.42　测量负电阻的实验电路

（2）用示波器观察正弦情况下的负阻抗元件的 U、I 波形，测量负电阻值和伏安曲线，正弦电压有效值取 1 V，电路参数同上。

（3）用示波器观察阻抗逆变器在正弦输入下的 u、i 关系，验证用电阻，电容元件模拟有损耗电感和用电阻、电感元件模拟有损耗电容的特性，正弦电压有效值取 1 V，改变电源频率和 C、L 的数值，重复观察，实验步骤自拟。

（4）用伏安法测定具有负内阻电压源的伏安特性，实验电路如图 7.43 所示。电源使用 1.5 V 电池，R_s 取 300 Ω，负载 R_L 从 600 Ω 开始增加。为使测量准确，电压表要高内阻型。实验步骤和表格自拟。

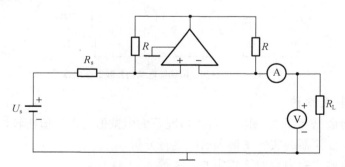

图 7.43　负内阻电压源的伏安特性测量电路

（5）用示波器进一步研究 RLC 串联电路的方波响应和状态轨迹。实验电路如图 7.44 所示。虚线框代表等效电阻 $-R_s$。增加 R_s，即相当于减小了 RLC 电路中的总电阻数值，R_s 在几百欧范围内调节。实验时，先取 $R > R_s$，然后逐渐减小 R'（或增加 R_s）使响应分别出现过阻尼、临界阻尼、无阻尼和负阻尼等四种情况，测出各种情况下的 a、ω_0、ω_d 值。激励电源峰值不要超过 5 V。

实验中应该注意,RLC 串联电路的总电阻除了有为正值的 R' 及 r_L 外,还包括为负值的 $-R_s$ 及方波电源的内阻值。方波电源的内阻在高电位和低电位时,数值不完全相同,改变频率和输出幅值后,也略有变化。从大到小,改变电路的总电阻,在接近无阻尼和负阻尼情况时,要仔细调节 R' 或 R_s,以便观察响应波形。

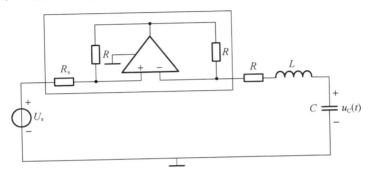

图 7.44 具有负内阻的电压源与电阻、电感、电容元件串联

3) 实验设备和主要器材
(1) 电路实验系统交流电路实验部分　　　　　1 台
(2) 双踪示波器　　　　　　　　　　　　　　1 台
(3) 函数信号发生器　　　　　　　　　　　　1 台
(4) 直流电流表　　　　　　　　　　　　　　1 台
(5) 万用表　　　　　　　　　　　　　　　　1 台
(6) 导线　　　　　　　　　　　　　　　　　若干

4) 思考题
(1) 图 7.42 中的电源是发出功率还是吸收功率? 负阻元件是发出功率还是吸收功率? 如何用能量守恒定理进行解释?

(2) 在用电压表、电流表进行测量负阻值和具有负内阻电源的伏安特性时,有哪些因素会引起测量误差? 试举例说明。

(4) 在研究 RLC 串联电路的响应时,在过阻尼和临界阻尼的情况下,如何确认激励电源仍然具有内阻值?

(5) 除了本实验介绍的应用例子外,能否举出负阻抗变压器在电路其他方面的应用例子?

(6) 用无源元件能实现线性定常的负阻吗?

5) 实验报告及结论
(1) 整理实验数据和图表,用实测各种情况下的阻抗值与理论值比较。

(2) 对负阻抗变换器的实验图形和曲线进行分析。

(3) 根据指定的实验任务回答相应的思考题。

8 磁路及电动机控制实验

8.1(实验 1) 耦合电感特性的研究

1) 实验目的

(1) 观察交流电路的互感现象。

(2) 学习用实验的方法测定同名端。

(3) 学习测量互感系数的方法。

(4) 通过两个具有互感耦合的线圈顺向串联和反向串联实验,加深理解互感对电路中有效参数(电压、电流有效值)的影响。

2) 实验原理

(1) 线圈间的互感系数与线圈的几何尺寸和线圈磁导率有关。如图 8.1 就是观察互感现象的电路。显然,当线圈的几何轴线成正交关系时,互感最小,成平行关系时,互感最大。当线圈中有铁芯时,互感较大。观察互感现象以及铁芯插入线圈对互感器的影响。

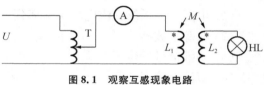

图 8.1 观察互感现象电路

注意:首先将调压器的输出调到最小位置 0 V,然后再按电路图接线,慢慢地转动调压器的手柄(观察电流表、线圈 1 和线圈 2 中电流小于 0.5 A),使小灯泡微微发光,否则会烧坏电感应线圈和小灯泡。

(2) 判断互感线圈的同名端

① 直流法(需要指针式电流表)

按图 8.2 接线,用一只 1.5 V 干电池和直流电流表毫安挡,观察毫安表的指针偏转,若毫安表指针正向偏转,则互感器线圈同名端如图 8.2 所示。

② 交流法

a. 用一只调压变压器和一只交流电压表。

按图 8.3 接线,若 $U_2 > U_1$,则互感线圈同名端如图 8.3 所示。

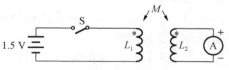

图 8.2 直流法确定同名端

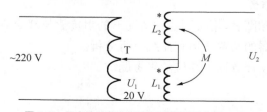

图 8.3 用交流法确定两个互感线圈同名端(一)

b. 用一只调压器和一只交流电流表。

按图 8.4 接线，若 U_1 相等，而 $A_1 > A_2$，则互感线圈同名端如图 8.4 所示。

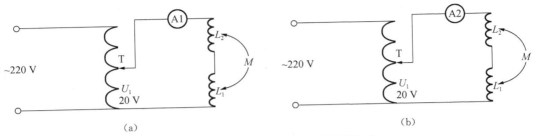

图 8.4 交流法确定两个互感线圈同名端（二）

（3）线圈自感系数（L）、互感系数（M）和耦合系数（K）的测量

① 测量线圈的互感系数，如图 8.5 所示。

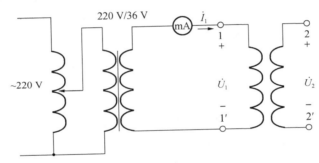

图 8.5 自感系数测量电路

具有互感的两个线圈，在线圈 1 中通入固定频率的正弦电流 I，测量线圈 2 的开路电压 U_2，则因 $U_2 = \omega M_{21} I_1$。

$$M_{21} = U_2 / \omega I_1 \tag{8.1}$$

反之，线圈 2 通以电流 I_2，测量线圈 1 的开路电压 U_1，则 $U_1 = \omega M_{12} I_2$。

$$M_{12} = U_1 / \omega I_2 \tag{8.2}$$

如果这两次测量时，两线圈的相对位置未变，则

$$M_{21} = M_{12} = M \tag{8.3}$$

将互感线圈 $1-1'$ 通过 220 V/36 V 单相变压器接至单相可调电压输出端，调节电源端控制输出电压，使通过的线圈的电流不要超出 0.4 A，线圈 $2-2'$ 开路，用交流电压表测出 U_1、U_2，用交流电流表测出 I_1。用万用表测出线圈 1 的电阻。

由公式：

$$U_2 = \omega M I_1, \quad |Z_1| = \frac{U_1}{I_1}, \quad |X_1| = \sqrt{|Z_1|^2 - R_1^2} \tag{8.4}$$

计算出互感 M 和自感系数 L_1。

同样地,将互感线圈 $1-1'$ 和 $2-2'$ 对调,在线圈 $2-2'$ 上加电压,让 $1-1'$ 开路,用交流电压表测出 U_1、U_2,用交流电流表测出 I_2。重复步骤(1)可以计算出互感 M 和自感系数 L_2。

② 用两个互感线圈顺向串联和反向串联,测出线圈间互感、等效电阻、等效阻抗和等效电抗。

按图 8.6 接线,将线圈顺串和反串分别测出电压、电流和功率。(测量功率的目的是计算线圈的直流电阻。由于电路中的电流也很小,再加上线圈的内阻也很小,所以功率表的读数非常小,造成功率表读数误差较大。测量线圈直流电阻最好用万用表。)

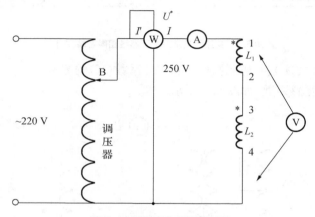

图 8.6 测量互感系数电路图

互感为 M 的两只线圈串联,它的等效电感 $L'=L_1+L_2+2M$(正向串联)或 $L''=L_1+L_2-2M$(反向串联),(L_1、L_2 分别为线圈 1 和线圈 2 的自感系数),由此可得:

$$M=|(L'-L'')/4| \tag{8.5}$$

用实验方法可测量并计算出 L' 和 L'',从而可求出互感系数 M。

3)实验任务

耦合线圈参数:线圈额定电流为 0.4 A。

(1)设计电路观察耦合线圈互感现象。

按图 8.1 的电路接线,观察互感现象以及铁芯插入线圈对互感器的影响。

注意:首先将调压变压器的输出调到最小位置 0 V,然后再按电路图接线,慢慢转动调压变压器的手柄,使小灯泡微微发光,否则会损坏电感线圈和小灯泡。

(2)交流法判断互感线圈同名端。

用交流法测试时,需经调压变压器降压输出,其变压器的副边输出 $U_1=20$ V,用万用表交流电压挡 100 V 量程来测量互感线圈的电压值。

(3)设计电路测量两个耦合线圈的互感系数。

设计一个电路(可以按图 8.6 接线)测量两个线圈间互感系数。为了安全,调节调压变压器输出,使回路电流不超过 0.4 A,测量数据并计算,填入表 8.1 中。

表 8.1 互感系数的测量

线圈接法	测量			计算		
	$I(A)$	$U(V)$	$P(W)$	L	R_0	M
顺 接						
反 接						

4）注意事项

（1）调压变压器在开始输出前一定要调到零,然后慢慢增加,注意耦合线圈两边的电流变化,不要超过线圈的额定电压。

（2）由于本次实验电压不能过高,所以最好使用交流实验箱上的 220 V/36 V 单相变压器。

5）预习及思考题

（1）试列出举例三种判断线圈同名端的方法。

（2）在图 8.7 中,在 L_1 加一交流电压 U_0 用交流电压表分别测量 U_1、U_2、U_3 的值,如何根据这三个值之间的关系,来判断 L_1 和 L_2 的同名端?

6）实验报告要求

（1）说明并解释实验中所观察的现象。

（2）画出测定互感的电路、系列表格和有关数据。

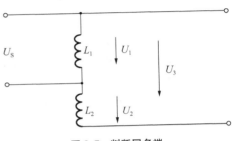

图 8.7 判断同名端

7）实验设备及主要器材

（1）交流电源单元　　　　　　　　1块
（2）交流电压/电流表单元　　　　　1块
（3）交流电路实验箱　　　　　　　1台
（4）多功能交流仪表单元　　　　　1块
（5）万用表　　　　　　　　　　　1只
（6）互感箱　　　　　　　　　　　1只
（7）单相自耦变压器（调压器）　　1只
（8）小灯泡　　　　　　　　　　　1只
（9）铁棒　　　　　　　　　　　　1个
（10）交流连接导线　　　　　　　　若干

8.2(实验 2)　单相变压器参数的测试

1）实验目的

（1）用实验的方法确定变压器绕组的同名端。

（2）测定变压器的变比。

（3）根据实验数据绘制变压器的空载特性曲线和外特性曲线。

2）实验原理与说明

变压器是传输交流电时所使用的一种变换电压和电流的设备。它通过磁路的磁耦合作用将交流电从一次绕组输送到二次绕组,利用同一铁芯上一、二次绕组匝数的不同,把一次绕组上的电压和电流从一种数值变换到另一种数值。虽然变压器的种类很多,但基本结构和工作原理都相同。

（1）变压器绕组同名端的测定

① 直流法

如图 8.8 所示,将待判断的变压器一、二次绕组的端钮分别标上 1、2 和 3、4 等标记,在一次绕组和二次绕组上分别接直流电压表和直流电流表。当开关 S 闭合瞬间,若电流表的指针正向偏转,则 1、3 端为同名端;若电流表的指针反向偏转,则 1、4 端为同名端。

② 交流法

如图 8.9 所示,将变压器绕组的 2、4 端连在一起,在 1、2 两端接上适当的交流电压,用交流电压表分别测量 U_1、U_2 和 1、3 端的电压 U,若 U 为 U_1 与 U_2 之和,则 1、4 端为同名端;若 U 为 U_1 与 U_2 之差,则 1、3 端为同名端。

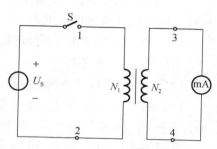

图 8.8 直流法判断同名端

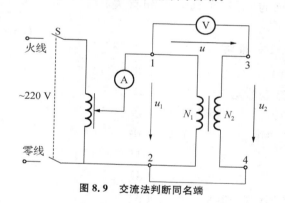

图 8.9 交流法判断同名端

（2）变压器变比（电压比）K 的确定

变压器的变比通常在变压器的铭牌上注明,它表示一、二次绕组的额定电压之比。一次绕组的额定电压是指变压器正常工作时所加的电源电压 U_{1N},二次绕组的额定电压是指在一次绕组加额定电压时二次绕组上的开路电压（即空载）U_{2N}。变压器的变比为 $K = U_{1N}/U_{2N}$,变压器的变比也可以表示为一、二次绕组的匝数比,即

$$K = N_1/N_2 \tag{8.6}$$

（3）变压器的空载特性 $U_1 = f(I_1)$

变压器空载运行时一次绕组的电压 U_1 与电流 I_1 关系 $U_1 = f(I_1)$ 称为变压器的空载特性。空载时变压器相当于一个交流铁芯线圈,其一次绕组的空载电流（励磁电流）与铁芯中

的磁通是非线性关系($I-\Phi$曲线),而磁通与一次绕组的电压有效值成正比,所以一次绕组的电压U_1与电流I_1关系是类似$I-\Phi$曲线的非线性曲线,如图8.10所示。当变压器的一次绕组电压达到额定值时,其一次绕组的空载电流是变压器的质量指标之一,此值越小越好,一般空载电流约为额定电流的10%。

(4)变压器的外特性$U_2=f(I_2)$及电压调整率ΔU

变压器带负载运行时,在一次绕组加额定电压的情况下,二次绕组的电压U_2与电流I_2关系$U_2=f(I_2)$称为变压器的外特性,由于线圈有电阻,磁路有漏磁通等,当二次绕组接电阻性或感性负载时,U_2将随I_2的增加而下降,如图8.11所示。

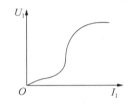
图 8.10　变压器的空载特性

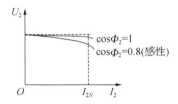
图 8.11　变压器的外特性

当变压器的一次绕组接额定电压,二次绕组上的开路电压就是二次绕组的额定电压U_{2N}。带负载后的二次绕组的电压由U_{2N}变为U_2,与空载时相比变化了$U_{2N}-U_2$,它与U_{2N}的比值称为电压调整率,用ΔU表示为:

$$\Delta U=\frac{U_{2N}-U_2}{U_{2N}}\times100\% \tag{8.7}$$

它也是变压器的质量指标之一,一般在$3\%\sim5\%$。

3)实验任务及步骤(插入一些表格等)

实验前观察单相变压器的结构和铭牌,记下铭牌数据。

(1)测定变压器绕组的同名端

本实验采用交流法测量。按图8.9正确接线,送电前先将自耦变压器的输出电压调到零位(手柄逆时针旋到底),合上电源开关S后,慢慢调节自耦变压器,使其输出电压达到36 V。用交流电压表分别测量U_1、U_2和1、3端的电压U,计入表8.2,根据所测电压数值判断同名端,也计入表8.2。

表 8.2　测定变压器的同名端

$U_1(V)$	$U_3(V)$	$U(V)$	三者的关系式	判断同名端

(2)测定变压器的变比

在图8.9中测得的$U_1=U_{1N}$,$U_2=U_{2N}$,计入表8.3中,根据U_{1N}和U_{2N},计算变压器的变比,计入表8.3。

表 8.3　测定变压器的变比

U_{1N}	U_{2N}	变比 K

（3）测量变压器的空载特性 $U_1 = f(I_1)$

按图 8.12 正确接线。送电前先将自耦变压器的输出电压调到零位，合上电源开关 S 后，慢慢调节自耦变压器，使其输出电压 U_1 从 0 V 逐渐增大达到 U_{1N}，逐次测量一次电压 U_1 及其对应的电流 I_1，计入表 8.4。

表 8.4　压器的空载特性

$U_1(V)$					$U_{1N}(V)$
$I_1(A)$					

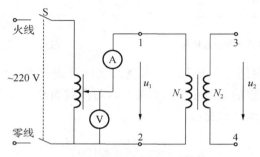

图 8.12　测量变压器的空载特性

（4）测量变压器的外特性

按图 8.13 正确接线。将变压器 36 V 低压绕组作为一次侧接到自耦变压器的输出端，220 V 的高压绕组作为二次侧分别接入三组灯泡（220 V/15 W）。送电前先将自耦变压器的输出电压调到零位，合上电源开关 S 后，慢慢调节自耦变压器，使其输出电压 U_1 达到 36 V，保持该电压不变的情况下，逐次增加灯泡数量，测量变压器在不同负载下的二次侧电流 I_2 及对应的 U_2，计入表 8.5。

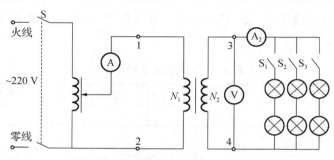

图 8.13　测量变压器的外特性

表 8.5 测定变压器的外特性

负载情况	二次侧电流 I_2(A)	二次侧电压 U_2(V)
负载开路		
并联一组灯泡		
并联二组灯泡		
并联三组灯泡		

4）预习要求

（1）复习变压器的基本结构、工作原理。

（2）理解变压器的同名端的概念。

（3）了解本次实验的内容及注意事项。

（4）写出预习报告。

5）思考题

（1）测外特性时，将低压绕组作为一次侧的优点是什么？

（2）实验过程中为什么将自耦变压器一、二次侧的公共端接电源零线？

6）实验注意事项

（1）本实验采用 220 V 的单相交流电，远大于 36 V 的安全电压，要注意人身安全，严禁带电接、拆实验电路。

（2）使用自耦变压器时要先将变压器输出电压调到零，再合上开关 S，调压时用电压表监测其输出电压，防止输到实验变压器上的电压过高而损坏变压器。

（3）测量变压器的外特性时，改变变压器负载后，要注意保持自耦变压器的输出电压 36 V 不变。

（4）实验过程中遇到异常情况，应立即断开电源，经指导教师检查允许后，方可继续实验。

7）实验报告要求

（1）根据测量数据，判断变压器的同名端。

（2）根据测量数据，计算变压器的变比，并与变压器铭牌上的标称值对照比较。

（3）根据测量数据，绘出变压器的空载特性曲线和外特性曲线；计算满载（二次侧电流达到额定值）变压器的电压调整率。

（4）回答思考题。

8）实验设备

（1）自耦变压器　　　　　　　　　　　　1台

（2）实验变压器（220 V/36 V，50 V·A）　1台

（3）交流电压表　　　　　　　　　　　　1块

（4）交流电流表　　　　　　　　　　　　1块

（5）灯泡　　　　　　　　　　　　　　　6个

8.3(实验3)　电动机点动和正反转控制实验

1)实验目的

(1)进一步熟悉继电接触器控制电路。

(2)掌握电动机点动、正反转控制电路的工作原理。

(3)掌握控制电路的接线和检查方法。

2)实验原理

(1)电动机的点动控制

图8.14所示是最基本的点动控制线路。当按下点动按钮SB时,接触器KM线圈通电,KM主触点闭合,电动机M通电起动运行。当手松开按钮SB时,接触器KM线圈断电,KM主触点断开,电动机M失电停机。

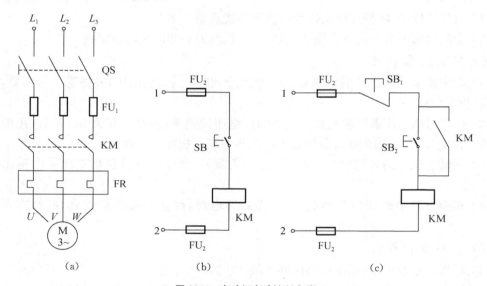

图 8.14　电动机点动控制电路

3)异步电动机的正反转控制线路

生产实践中,许多生产机械要求电动机能正反转,从而实现可逆运行。如机床中主轴的正向和反向运动,电梯的向上、向下运行等。从电机原理中得知,改变电动机定子绕组的电源相序,就可实现电动机转动方向的改变。实际应用中,是通过两个接触器改变电源相序来实现电动机正反转控制。实际上,可逆运行控制线路实质上是两个方向相反的单向运行线路的组合。但为了避免误操作引起电源相间短路,必须在这两个相反方向的单向运行线路中加设联锁机构。按照电动机正反转操作顺序的不同,分"正—停—反"和"正—反—停"两种控制线路。

(1)电动机"正—停—反"控制线路

图8.15所示为三相异步电动机正反转控制电路。图中(b)为电动机"正—停—反"控制

电路,主电路中,KM$_1$、KM$_2$分别为实现正、反转的接触器主触点。为防止两个接触器同时得电而导致电源短路,利用两个接触器的常闭触点KM$_1$、KM$_2$分别串接在对方的工作线圈电路中,构成相互制约关系,以保证电路安全可靠的工作,这种相互制约的关系称为"联锁",也称为"互锁",实现联锁的常闭辅助触点称为联锁(或互锁)触点。

图8.15(b)控制线路作正反转操作控制时,必须先按下停止按钮SB$_1$,工作接触器断电后,再按反向起动按钮实现反转,故它具有"正—停—反"控制特点。

(2)电动机"正—反—停"控制线路

在实际应用中,为提高工作效率,减少辅助工时,要求直接实现正反转的控制。如图8.15(c)所示为电动机"正—反—停"控制线路。

在图8.15(c)中采用复合按钮来控制电动机的正反转,在这个控制线路中,正转起动按钮SB$_2$的常开触点串于正转接触器KM$_1$线圈回路,用于接通KM$_1$线圈;而SB$_2$的常闭触点则串于反转接触器KM$_2$线圈回路中,首先断开KM$_2$的线圈,以保证KM$_1$的可靠得电。反转起动按钮SB$_3$的接法与SB$_2$类似,常开触点串于KM$_2$线圈回路,常闭触点串于KM$_1$线圈回路中,从而保证按下SB$_3$,KM$_2$能可靠得电,实现电动机的反转。

图8.15(b)中由接触器KM$_1$、KM$_2$常闭触点实现的互锁称为"电气互锁";图8.15(c)中由复合按钮SB$_2$、SB$_3$常闭触点实现的互锁称为"机械互锁"。

图8.15(c)中既有"电气互锁",又有"机械互锁",故称为"双重互锁",此种控制线路工作可靠性高,操作方便,为电力拖动系统所常用。

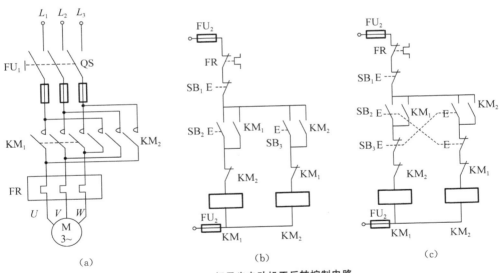

图8.15 三相异步电动机正反转控制电路

4)**实验任务**

(1)电动机的点动控制

按图8.14电路接线,检查无误后接通电源,观察电路的工作状态。

(2)三相异步电动机的正反转控制

① 主电路按图8.15(a)接线。注意主触点KM$_1$和KM$_2$的连接。

② 控制电路按图 8.15(b) 接线。检查电路后通电,分别按正转起动按钮 SB_2,停止按钮 SB_1 及反转起动按钮 SB_3,观察各电器工作状态及电机起动、停止、正反转运行情况。电动机是否满足"正—停—反"的工作状态。

③ 控制电路按图 8.15(c) 接线。检查电路后通电,分别按正转起动按钮 SB_2,反转起动按钮 SB_3 及停止按钮 SB_1,观察电路的工作状态是否满足"正—反—停"的工作状态。

5) 注意事项

认真检查接线,注意安全。

6) 实验报告要求

(1) 按国际规定的图形符号与文字符号画出点动控制实验电路,并简述工作原理。

(2) 按国际规定的图形符号与文字符号画出电动机"正—停—反"、"正—反—停"控制电路,并简述工作原理。

(3) 回答思考题。

7) 思考题

(1) 实验中所用的控制电路采用 380 V 或 220 V 供电是否都可以? 为什么?

(2) 如何选用交流接触器?

(3) 自锁触点在控制电路中的作用是什么? 在正反转控制电路中,互锁触点的作用是什么? 如果不接入互锁触点,会发生什么情况?

8) 实验设备和主要器材

(1) 电工实验系统电源部分　　　　　　1 块
(2) 电气控制实验台　　　　　　　　　1 台
(3) 三相异步电动机　　　　　　　　　1 台
(4) 导线　　　　　　　　　　　　　　若干

第三部分　Multisim 仿真实验

9   Multisim 软件安装与快速入门

导读

Multisim 是一款专门用于电路和电子仿真和设计的软件,是 NI 公司下属的 Electronics Workbench Group 推出的以 Windows 系统为基础的仿真工具,是目前最为流行的 EDA 软件之一。该软件基于 PC 平台,采用图形操作界面虚拟仿真了一个与实际情况非常相似的电子电路实验工作台,几乎可以完成在实验室进行的所有电子电路实验,已被广泛地应用于电路分析、电子设计、仿真等各项工作中。

近年来,受新冠疫情的持续影响,常规的教学活动尤其是实验课程受到的影响较大,全国各高校纷纷利用信息技术手段推进在线实验课程教学。除此以外,国家也在大力推进虚拟仿真平台的搭建,在此背景下,Multisim 由于不需要借助实验室和硬件设备就可以还原实验室场景,随时随地进行电路仿真实验,获得了广泛的应用。

除单机版的 Multisim 外,NI 公司还推出了基于浏览器的 Multisim Live。Multisim Live 就是一个在线版的 Multisim,可以让用户在任何地方、任何时间和任何设备上进行电路仿真工作。它是一个基于 Web 浏览器的、不依赖于操作系统的、完全交互式的在线电路仿真环境,并且基于精确的工业标准 SPICE 仿真模型构建。

Multisim 虽然有单机版和在线版两种不同形式,但是其使用方法(如电路的搭建、元件的选取和分析方法)基本相同,本书主要以 Windows 系统下的单机版本 Multisim14.3 介绍软件的安装与使用方法。

9.1   Multisim14.3 的安装

进入 NI 公司官网后,在技术支持栏目下的热门软件下载中找到 Multisim 软件下载界面(https://www.ni.com/zh-cn/support/downloads/software-products/download.multisim.html♯452133)。选择最新版本 14.3,版本选项为教学版,如图 9.1 所示。

(a)

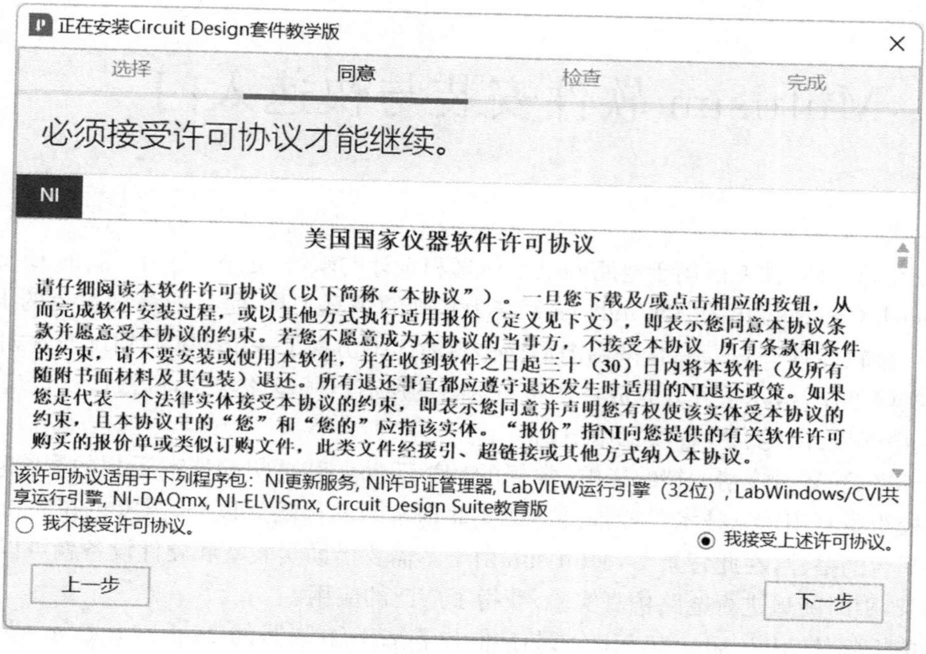

(b)

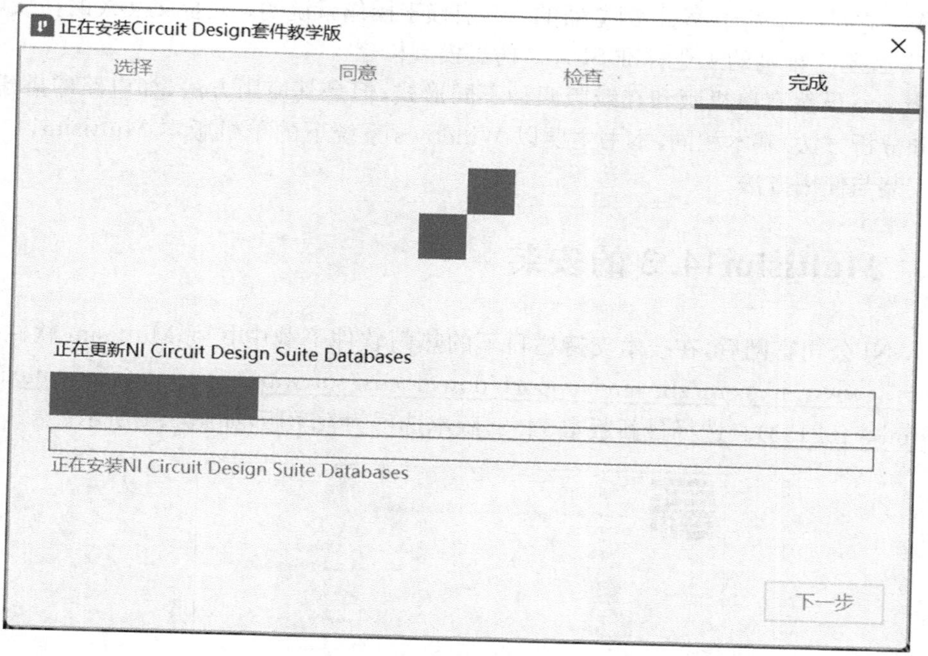

(c)

图 9.1　Multisim 14.3 下载界面

选择图中的“下一步”按钮，进入程序安装界面，直至安装完毕。

9.2　Multisim14.3 快速入门

9.2.1　Multisim 用户界面

完成 Multisim 软件安装后，可以在 Windows 开始菜单下的所有程序中的 national instruments 下有 NI Multisim 14.3 和 NI Ultiboard14.3，单击 NI Multisim 14.3 选项即可起动软件 NI Multisim 14，其界面如图 9.2 所示。

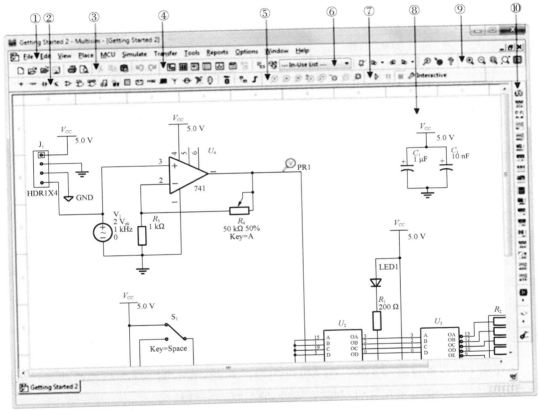

图 9.2　Multisim 14.3 界面

如图 9.2 所示，Mulstisim 软件以图形界面为主，采用菜单、工具栏和热键相结合的方式，具有一般 Windows 应用软件的界面风格，用户可以根据自己的习惯和熟悉程度自如使用。如图 9.2 所示，软件界面由菜单栏、组件工具栏、标准工具栏、主工具栏、放置探测器工具栏、使用中工具栏、仿真工具栏、工作区、查看工具栏、仪器工具栏等多个区域构成。通过对各部分的操作可以实现电路图的输入、编辑，并根据需要对电路进行相应的观测和分析。用户可以通过菜单或工具栏改变主窗口的视图内容。

各部分的详细功能如表 9.1 所示。

表 9.1 Multisim 14.3 用户界面工具栏介绍

序 号	名 称	功 能
1	通用菜单栏	包含所有功能的命令
2	组件工具栏	包含画电路图用到的各种组件数据库的按钮
3	标准工具栏	元件的复制、剪切、粘贴及操作的撤销
4	主工具栏	包含 Multisim 常见功能的按钮
5	探针工具栏	包含各种探测器的按钮
6	使用中工具栏	包含设计中使用的组件的列表
7	仿真工具栏	仿真方式的选取以及仿真的开始、暂停和停止
8	工作区	画电路图的区域
9	查看工作栏	工作区的放大、缩小、局部缩放等功能
10	仪器工具栏	常用仪器如万用表、示波器的选取

其中 NI Multisim 的通用菜单栏主要包括 File、Edit、View、Place、Simulate、Transfer、Tools、Reports、Options、Window 和 Help 共 11 个菜单,各菜单的功能如下:

1) File 菜单

主要用于 NI Multisim 创建电路文件的管理,其命令与其他 Windows 应用软件基本相同。

2) Edit 菜单

主要对电路窗口中的电路或元件进行删除、复制和选择等操作。

3) View 菜单

用于显示或隐藏电路窗口中的某些内容,如工具栏、栅格、工作区边界等,也可对工作区进行整体或局部的放大和缩小。

4) Place 菜单

用于在电路窗口中放置元件、节点、总线、文本或图形等。

5) Simulate 菜单

主要用于仿真的设置与操作。在 Analyses and simulation 菜单下对当前电路进行电路分析选择,Run、Pause、Stop 分别为起动、暂停和停止仿真按钮。

6) Transfer 菜单

用于将 Multisim 中的电路文件或仿真结果输出到其他应用软件。如 Transfer to Ultiboard 转换到 Ultiboard14.3 进行 PCB 的布局设计。

7) Tools 菜单

用于编辑或管理元件库和元件。

8) Reports 菜单

产生当前电路的各种报告。

9) Options 菜单

用于定制电路的界面和某些功能的设置,如设置全局参数,设置电路工作区属性等。

10）Window 菜单

用于控制 NI Multisim 窗口显示的命令，并列出所有被打开的文件。

11）Help 菜单

为了帮助用户更好地使用软件，在 Help 菜单下为用户提供在线技术帮助和使用指导，用户可通过内在的帮助文档和 Getting Started 按钮快速入门软件，同时还可通过 Find examples 快速找到范例学习。

9.2.2　创建仿真电路

电路仿真分析时，首先要创建仿真电路，本节将介绍如何在 NI Multisim 用户界面上放置元器件、电源，并按照实际的拓扑关系进行连线。

1）放置元件

电路仿真分析时，首先要创建仿真电路，在 NI Multisim 用户界面上调用元器件、连线即可创建仿真电路。为了观察分析结果，应设置电路的节点名显示在电路中。如图 9.3 所示，在 Basic 库中首先选中元件类型，然后再选择具体的元件。基本元件库包括基本虚拟元件、额定虚拟元件、三维虚拟元件、排阻、开关、变压器、非线性变压器、Z 负载、继电器、连接器、可编辑的电路图符号、插座、电阻、电容、电感、电解电容、可变电容、可变电感、电位器等多种元件。

图 9.3　创建仿真电路

2）放置电源和地

　　如图 9.4 所示，在 Sources 库中首先选中电源类型，Multisim 为用户提供了丰富的电源，常用的独立电压源、电流源和受控源都可以选择，Multisim 还提供了丰富的电子电路电源。

图 9.4　放置电源和地

3）电路连接

　　完成电源和元件的放置后，就可以进行电路连接了，Multisim 的电路连接可以直接从电源和元件的管脚出发，当出现导线时将其连接到对应的位置即可，也可以使用图 9.5 所示的工具栏中的放置-导线功能。

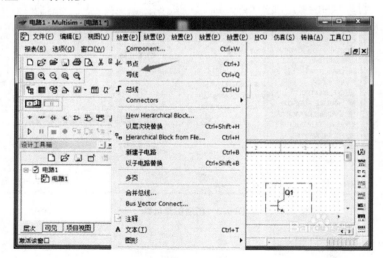

图 9.5　连接导线

9.2.3 电路仿真分析

本节将以一个典型的一阶 RC 电路为例,介绍使用 NI Multisim 进行仿真分析时包括以下四个基本步骤。

1)创建仿真电路

如图 9.6 所示,选择对应的电源、元件和测量设备,搭建测试电路。

2)选择仿真分析方法

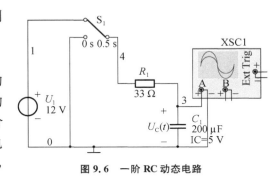

图 9.6 一阶 RC 动态电路

进行仿真电路分析时,应首先明确分析的目的,理清楚需要观测的变量,然后结合电路的拓扑和需求选择分析方法。例如,在研究一阶动态电路的响应时,可使用直流工作点分析电路初始值和稳态值;对于电路的动态响应过程,可选用瞬态分析方法。

3)设置仿真参数

选择电路仿真分析方法后,单击仿真分析菜单执行具体分析命令,会弹出相应的仿真分析参数设置对话框,只有恰当的设置仿真参数,才能正确地完成电路仿真分析工作。例如,要观测一阶电路的动态响应应选用瞬态分析法,在 Simulate 菜单下选择 Analyses and simulation 命令,在如图 9.7 所示的对话框中选择 Transient 瞬态仿真,并设置仿真开始时间、结束时间和最大步长,这些参数的设置一般需要结合具体的电路,仿真时间设置得过长则仿真速度慢,动态过程在仿真时间中的占比低;设置得过短则可能暂态过程还未结束仿真已经结束。

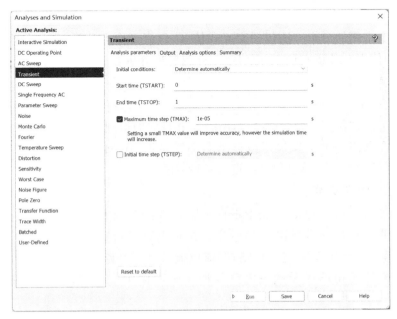

图 9.7 Analyses and simulation 对话框

4）运行仿真观测结果

设置并保存仿真参数后，单击 Run 按钮，电路的仿真分析结果会显示在图形记录仪中（Grapher View），通常以表格或曲线的形式显示，如图 9.8 所示。

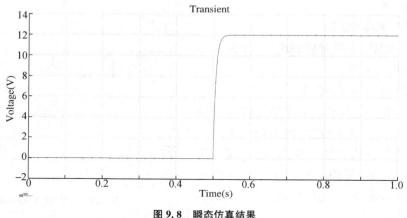

图 9.8　瞬态仿真结果

9.3　Multisim 中的电路分析方法

NI Multisim 为用户提供了交互式仿真、直流工作点分析、交流分析、单频交流分析、瞬态分析、傅里叶分析、噪声分析、噪声系数分析、失真分析、直流扫描分析、灵敏度分析、参数扫描分析、温度扫描分析、零—极点分析、传输函数分析、最坏情况分析、蒙特卡洛分析、线宽分析、批处理分析、用户自定义分析等 20 种分析方法。

9.3.1　常用分析方法

电路仿真中常用的分析方法包括交互式仿真、直流工作点分析、交流分析、单频交流分析、瞬态分析和傅里叶分析六种，下面将逐一介绍各种分析方法。

1）交互式仿真

交互式仿真（Interactive Simulation）是对电路进行时域仿真，也是 Multisim 默认的仿真方法。用户可以在仿真过程中改变电路参数，并且立即得到由此导致的结果，其仿真结果需要通过连接在电路中的虚拟仪器或显示器件等显示，在 Multisim 提供的所有分析方法中，交互式仿真是和实际实验过程最接近的一种方法。

2）直流工作点分析

直流工作点分析（DC Operating Point）就是求解电路（或电网络）仅受电路中直流电源作用时每个节点上的电压及支路上的电流。在对电路进行直流工作点分析时，电路中交流信号源置零，即交流电压源视为短路，交流电流源视为开路，电容作开路处理，电感作短路处理。在分析直流电路以及动态电路的稳态时可使用直流工作点快速确定电路工作状态。

3）交流分析

交流分析是在正弦小信号工作条件下的一种频域分析。它计算电路的幅频特性和相频特性,是一种线性分析方法。Multisim 在进行交流频率分析时,首先分析电路的直流工作点,并在直流工作点处对各个非线性元件作线性化处理,得到线性化的交流小信号等效电路,用交流小信号等效电路计算电路输出交流信号的变化。在进行交流分析时,电路工作区中自行设置的输入信号将被忽略。也就是说,无论给电路的信号源设置的是三角波还是矩形波,进行交流分析时,都将自动设置为正弦波信号,分析电路随正弦信号频率变化的频率响应曲线。在研究电路的谐振特性,以及滤波器的输出特性时,可借助交流分析快速得到所需的结果。

4）单频交流分析

单频交流分析是交流分析的一种特殊形式,顾名思义,即对电路使用某个特定的频率分析结果,结果常以输出信号的实部/虚部或幅度相位的形式给出。

5）瞬态分析

瞬态分析是一种非线性时域分析方法,是在给定输入激励信号时,分析电路输出端的瞬态响应。Multisim 在进行瞬态分析时,首先计算电路的初始状态,然后从初始时刻起,到某个给定的时间范围内,选择合理的时间步长,计算输出端在每个时间点的输出电压,输出电压由一个完整周期中的各个时间点的电压来决定。起动瞬态分析时,只要定义起始时间和终止时间,Multisim 可以自动调节合理的时间步进值,以兼顾分析精度和计算时需要的时间,也可以自行定义时间步长,以满足一些特殊要求。瞬态分析常用于电路的暂态分析,如一阶暂态电路以及二阶暂态电路。

6）傅里叶分析

傅里叶分析是一种分析复杂周期性信号的方法。它将非正弦周期信号分解为一系列正弦波、余弦波和直流分量之和。根据傅里叶级数的数学原理,周期函数 $f(t)$ 可以写为:

$$f(t) = A_0 + A_1\cos\omega t + A_2\cos2\omega t + \cdots + B_1\sin\omega t + B_2\sin2\omega t + \cdots$$

傅里叶分析以图表或图形方式给出信号电压分量的幅值频谱和相位频谱。傅里叶分析同时也计算了信号的总谐波失真（THD）。THD 定义为信号的各次谐波幅度平方和的平方根再除以信号的基波幅度,并以百分数表示:

$$THD = [\{\sum_{i=2}^{\infty} U_i^2\}^{\frac{1}{2}}/U_1] \times 100\%$$

9.3.2 高级分析方法

仿真电路时,除了要对电路的电流、电压等常见的指标进行测试外,还需要对电路的噪声、电路对某个参数的敏感程度（灵敏度）等电路性能进行分析。这些测试如果用传统的实验方法需要对每个参数逐一进行实验,将是一件费时费力的工作。Multisim 提供的噪声分析、噪声系数分析、失真分析、直流扫描分析、灵敏度分析、参数扫描分析、温度扫描分析、零一极点分析、传输函数分析、蒙特卡洛分析和最坏情况分析等方法,能快捷、准确地完成电路的分析需求。

1）直流扫描分析

直流扫描分析是根据电路直流电源数值的变化，计算电路相应的直流工作点。在分析前可以选择直流电源的变化范围和增量。在进行直流扫描分析时，电路中的所有电容视为开路，所有电感视为短路。在分析前，需要确定扫描的电源是一个还是两个，并确定分析的节点。如果只扫描一个电源，得到的是输出节点值与电源值的关系曲线。如果扫描两个电源，则输出曲线的数目等于第二个电源被扫描的点数。第二个电源的每一个扫描值，都对应一条输出节点值与第一个电源值的关系曲线。

2）参数扫描分析

参数扫描分析是在用户指定每个参数变化值的情况下，对电路的特性进行分析。在参数扫描分析中，变化的参数可以从温度参数扩展为独立电压源、独立电流源、温度、模型参数和全局参数等多种参数。显然，温度扫描分析也可以通过参数扫描分析来完成。

3）灵敏度分析

灵敏度分析是研究电路中某个元器件的参数发生变化时，对电路节点电压或支路电流的敏感程度。灵敏度分析可分为直流灵敏度分析和交流灵敏度分析。在直流灵敏度分析中，计算直流工作点元器件参数的灵敏度，仿真结果以数值的形式显示。而在交流灵敏度分析中则分别计算输出变量对每个元器件参数的灵敏度，相应的仿真结果也会以幅频和相频曲线展示出来。

4）蒙特卡洛分析

前述的各种分析都是假定的器件都是理想器件，忽略了生产误差对实际结果的影响。蒙特卡洛分析利用一种统计分析方法，分析电路元器件的参数在一定的数值范围内按照指定的误差分布时对电路特性产生的影响，蒙特卡洛分析给出的结果往往是一个范围，借助这一仿真结果的输出范围，我们可以评估电路的工作特性。

除上述 6 种基本的分析方法和 4 种高级分析分析方法外，Multisim 还提供的噪声分析、噪声系数分析、失真分析、温度扫描分析、零—极点分析、传输函数分析和最坏情况分析等方法，在电子电路的分析中应用更广，本书不做过多赘述。

9.4　Multisim 中的虚拟仪表

Multisim 为用户提供了丰富的虚拟仪表，可以用来测量仿真电路的性能参数，仪表的外观、设置、使用方式和现实中的仪表相似，本节将重点介绍电路仿真中常用的几种虚拟仪表，以及 Multisim 特色的虚拟真实仪表。

9.4.1　虚拟仪表

1）数字万用表

如图 9.9 所示，Multisim 中的数字万用表与实际万用表一致，也是一种可以测量交直流电压、电流、电阻等参数的仪器。在使用时，只需要选择其具体的测量功能，而无需设置量程,Multisim 可根据测量参数的大小自动设置量程。下面将具体介绍其具体的设置与使用方法。

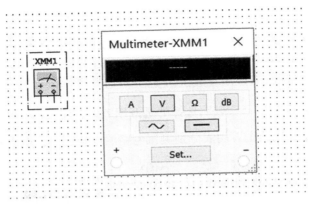

图 9.9　数字万用表的设计

（1）数字万用表的参数设置

理想仪表在测量时对电路没有任何影响,即理想电压表的内阻无穷大,理想电流表的内阻为零。然而,实际电压表的内阻并不是无穷大,实际电流表的内阻也不是零,为了更加接近真实的测量结果,Multisim 中可以通过设置万用表的内阻来真实地模拟实际仪表的测量结果。

点击数字万用表最下方的"Set"按钮,弹出图 9.10 所示的设置对话框。对话框分为电子设置和显示设置两大类,在电子设置中可根据实际情况设置万用表电流表挡、电压表挡、欧姆挡和 dB 挡相关参数。在显示栏可依次设置电流、电压、欧姆挡的最大量程,超出设置量程后,万用表将如图 9.10 所示,提示测量值超出量程。当设置完成单击"Accept"按钮可保存设置,单击 Cancel 按钮则取消本次设置。

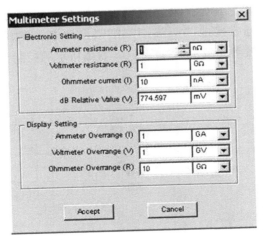

图 9.10　参数设置

（2）数字万用表的使用

如图 9.11 右图所示，数字万用表的控制界面从上到下分别为测量结果显示区、测量功能选择区和仪表参数设置区。

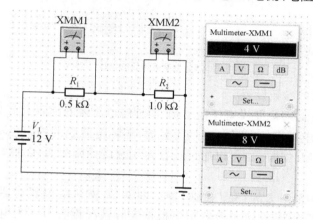 从左到右分别代表选择的测量量是电流、电压、电阻和电路两节点间的电压损耗增益。当被测量选择为电压或电流时，需要进行交直流的选取，选择 〰️ 时表明选用万用表的交流挡，选择 ▭ 表明选择的是万用表的直流挡。

如图 9.11 左图是利用两个万用表分别测试电路的电压、电流、电阻的例子。

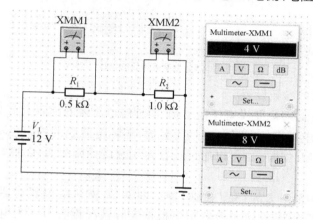

图 9.11　数字万用表的控制界面设置

2）函数信号发生器

函数信号发生器是一个能产生正弦波、三角波和方波的电压信号源，可以方便地为仿真电路提供激励。如图 9.12 左图所示，函数信号发生器有三个接线端，"＋"输出端产生一个正向的输出信号，公共端通常接地，"－"输出端产生一个反向的输出信号。输出信号的频率、幅值、占空比、直流偏置等参数可通过图 9.12 右图所示的控制界面进行设置。

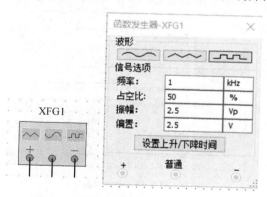

图 9.12　函数信号发生器控制界面设置

如图 9.12 右图所示,函数发生器的控制界面可分为两个区,即波形区间和信号选项区。在波形选项区中,⟨∿⟩ ⟨∿⟩ ⟨⊓⊔⟩ 从左往右分别代表所选信号为正弦波、三角波和方波。在信号选项区,频率可设置信号的输出频率,设置范围为 1 Hz～1 000 THz。当选择信号为三角波或方波时,占空比可设置信号的持续时间占周期的比例,设置范围为 1%～99%。振幅,设置输出信号的幅值,设置的范围为 1 fV～1 000 TV。偏置,设置输出信号中直流成分的大小,设置范围为 -1 000 TV ～1 000 TV。若选择的信号为方波,还可以通过点击设置上升/下降时间设置信号的上升/下降时间。

如图 9.13 所示,设置函数信号发生器产生正弦信号,上方的示波器通道 1 为函数信号发生器"+"端信号,下方的示波器通道 2 为函数信号发生器"-"端信号,游标结果显示,两信号相反,幅值分别为 2.5 V,与函数发生器的设置基本一致。

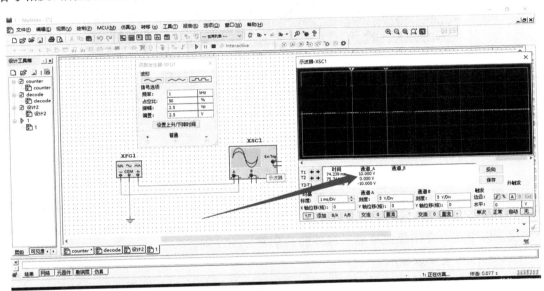

图 9.13 设置函数信号发生器

3) 双踪示波器

在上述测量中引入了双踪示波器。双踪示波器是实验中常用的一种仪表,被比喻为"电气工程师的眼睛",它不仅可以显示被测信号,还可以用来测量信号的幅值、周期等参数。

双踪示波器的图标和界面如图 9.14 所示。双踪示波器共有三组接线端子,每组端子构成差模输入方式,A、B 两组端点分别为两个通道,Ext trigger 是外触发输入端。当电路中有接地符号时,双踪示波器的各组端子中"-"端默认接地,所测量的信号为"+"端接线和地之间的相对信号,如需要测量两点间的信号则需要同时连接"+"、"-"端子。

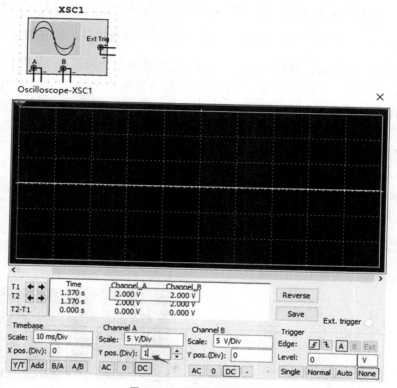

图 9.14　双踪示波器的设置

　　如图 9.15 右图所示，双踪示波器的界面主要由波形显示区、游标测量参数显示区、Timebase 时基区、Channel A 幅值设置区、Channel B 幅值设置区和 Trigger 触发区六个部分组成。以下重点介绍除波形显示器外的其余部分的设置。

　　（1）游标测量参数显示区

　　游标测量参数显示区是用来显示两个游标所在位置的波形的数据，包括波形参数在游标位置的时刻，两游标间的时间差，通道 A、通道 B 在游标处的幅值。游标的移动既可以直接使用鼠标来左右拖动，也可以通过单击游标中的左右箭头进行移动。

　　（2）Timebase 时基区

　　① 每格时间长度

　　Scale：Channel A 幅值设置区、Channel B 幅值设置区和 Trigger 触发区。

　　② 信号初始位置

　　X Position：Channel A 幅值设置区、Channel B 幅值设置区和 Trigger 触发区。

　　③信号显示形式

　　Y/T：显示随时间变化的信号波形。

　　B/A：将 A 通道的输入信号作为 X 轴扫描信号，B 通道的输入信号施加在 Y 轴上。

　　A/B：将 B 通道的输入信号作为 X 轴扫描信号，A 通道的输入信号施加在 Y 轴上。

　　Add：显示随时间变化的信号通道 A 和通道 B 的输入信号之和。

（3）Channel A 幅值设置区

① 每格信号幅值

Scale：Channel A 幅值设置区、Channel B 幅值设置区和 Trigger 触发区。

② 零电平位置

Y Position：Channel A 幅值设置区、Channel B 幅值设置区和 Trigger 触发区。

③ 耦合方式选取

AC：Channel A 幅值设置区、Channel B 幅值设置区和 Trigger 触发区。

0：Channel A 幅值设置区、Channel B 幅值设置区和 Trigger 触发区。

DC：Channel A 幅值设置区、Channel B 幅值设置区和 Trigger 触发区。

（4）Channel B 幅值设置区

设置通道 B 的输入信号在波形显示区的显示，方法与通道 A 的设置相同。

（5）Trigger 触发区

① 触发电平选取

Edge：边沿触发，将输入信号的上升沿或下降沿作为触发信号。

Level：电平触发，用于选择触发电平的高低。

② 触发方式选取

Single：单次触发，示波器仅触发一次并将信号暂停显示在显示屏上。

Normal：正常触发，只要满足触发条件，示波器就被触发。

Auto：自动触发，当输入信号变化幅度小难以手动调节触发方式时可选用此触发方式。

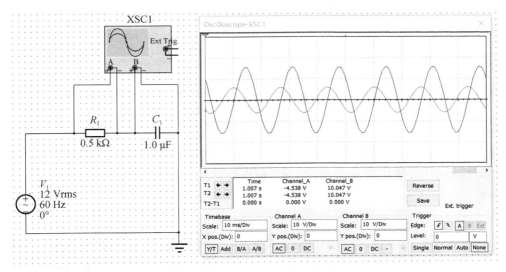

图 9.15　双踪示波器的其他参数设置

③ 触发源选择

A：选择 A 通道的输入信号作为触发源。

B：选择 B 通道的输入信号作为触发源。

Ext：选择示波器的外触发端的输入信号作为触发信号，当选择这一功能时，需要额外给示波器输入一路信号。

如图 9.15 所示,设置函数信号发生器产生正弦信号,上方的示波器通道 1 为函数信号发生器"+"端信号,下方的示波器通道 2 为函数信号发生器"-"端信号,游标结果显示,两信号相反,幅值分别为 2.5 V,与函数信号发生器的设置一致。为了区分出不同的信号,可通过改变对应通道输入线的颜色,通道 A、B 输入线的颜色就是示波器显示波形的颜色。

4) 四通道示波器

四通道示波器可以同时对输入信号进行观测,其图标和界面如图 9.16 所示。四通道示波器与双踪示波器的使用方法和内部参数的设置调制方式基本一致。不同的是参数控制界面比双踪示波器的控制界面多了一个通道控制器旋钮。当旋钮转到对应的通道时,即可对该通道的信号幅值比例、Y 轴位置等参数进行设置。

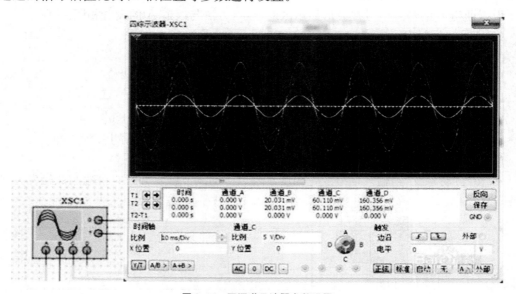

图 9.16　四通道示波器参数设置

四通道示波器的连接方式和双踪示波器也稍有不同,示波器 A、B、C、D 通道的输入只有一个连接线,通道的另一端默认接地,因此观测到的信号只是连接端的电位值,并不一定代表器件两端的电压,例如图 9.17 中 L_1、C_1 相连的 C、D 通道的信号只代表其一端的电压。若要测量元件两端的电压可分别测试其对地电压然后作减法运算。

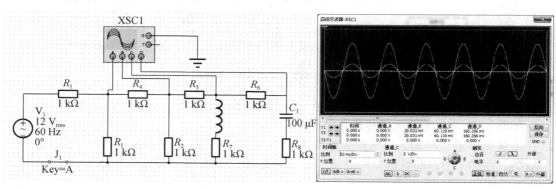

图 9.17　四通道示波器其他参数设置

5）瓦特表

瓦特表是用来测量电路功率的一种仪表,它测得的是电路的有效功率和功率因数。瓦特表的图标和界面如图 9.18 所示,共有电压、电流两组输入端,其中左侧两个输入端为电压输入端,和被测电路并联,右侧两个输入端为电流输入端,和被测电路串联。

如图 9.19 所示是使用瓦特表测量一个 R 电路功率的实例,有功功率 144 W,功率因数为 1,通过这一测量可知,电路呈现阻性,电压与电流同相。

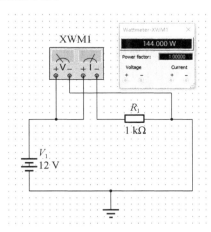

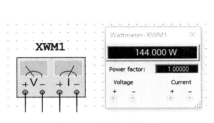

图 9.18　瓦特表的设置　　　　　图 9.19　使用瓦特表测量电路功率的实例

除上述仪器仪表外,Multisim 还提供了如波特图仪、伏安特性图示仪、频率计、网络分析仪等大量的电子仪表,因其在电路原理仿真中的使用频率不高,本书不做重点介绍。

9.4.2　探针

探针是 Multisim 提供的一种极具特色的测量工具,可在电路搭建完毕后根据需求增加测量点获取信息,可简要分为测量探针和电流探针两类,下面分别介绍其特点与使用方法。

1）测量探针

测量探针有两种功能:一种是直接放置在工作区电路连接线或元器件上,快捷、方便地获得电路上对应点处的电压、电流、频率等信息,另一种是在基本电路分析中,如瞬态分析和交流扫描分析中,将对应点处的电压、电流、功率值作为分析变量。

如图 9.20 所示是探针放置工具栏,从左到右依次是电压探针、电流探针、功率探针、差动探针、电压电流探针、参考探针、数字探针和探针设置按键。下面将逐一介绍各种探针的功能。

图 9.20　各种探针

（1）电压探针:测量探针所在点在电路中对地电压的当前值、峰-峰值、有效值、直流分量和频率。

（2）电流探针：测量探针所在点处电流的当前值、峰-峰值、有效值、直流分量和频率。

（3）功率探针：测量探针所测元器件功率的当前值、平均值。

（4）差动探针：差动探针有两个探头，可以接在被测元件、电路的两端，测量元器件或电路电压、电流的当前值、峰-峰值、有效值、直流分量和频率。差动探针的两个探头必须同时接在电路中才能工作。

（5）电压电流探针：可同时实现电压、电流测量功能。

（6）参考探针：顾名思义，参考探针可给测量提供参考。可配合电压探针使用，实现差动探针的功能，但其使用方式较差动探针更加灵活。

（7）数字探针：用于在数字电路中观察所在线路的逻辑状态和频率。

如图 9.21 所示是使用电压、电流、功率探针对直流电路进行参数测量的过程。

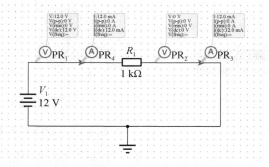

图 9.21　使用电压、电流、功率探针进行参数测量

2）电流探针

在已经介绍的各种测量仪器中，电压信号可以直接接入示波器中显示波形，而电流信号只能使用万用表或探针显示其数值而无法获得波形信息，为了解决这一问题，Multisim 还提供了一种能够将流过导线的电流转换成电压的电流探针，其图标和设置界面如图 9.22 所示。图中设置 1 mA 电流对应输出电压为 1 V。

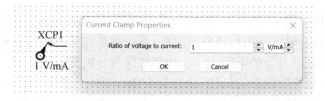

图 9.22　电流转换成电压的设置

如图 9.23 所示是使用电流探针测量的电路图，在电路中放置电流探针，将其输出端与示波器相连。示波器中的峰值读数为 10 V，根据设置的电压电流转换比 1 V/mA，可知流过该支路的电流峰值为 10 mA。

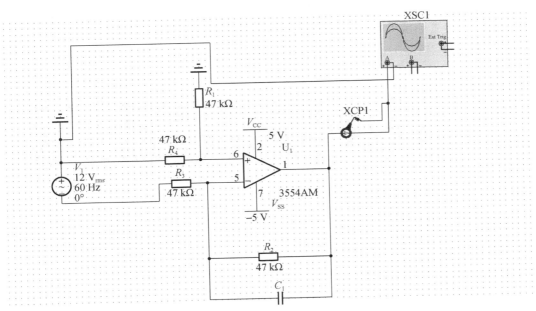

图9.23 电流探针测量的电路图

9.4.3 虚拟真实仪表

在 Multisim 中,除了上述介绍的几种常用的示波器、信号发生器、万用表外,还有安捷伦(Agilent)函数信号发生器、安捷伦示波器与安捷伦万用表以及泰克示波器四种操作界面和真实仪器完全一致的仪表。这四台高性能虚拟测量仪器,不仅功能齐全、用途广泛,而且它们的面板结构、旋扭操作完全和真实仪器一模一样。本节将重点介绍它们的使用方法。

1) 安捷伦34401A 型数字万用表(见图9.24)

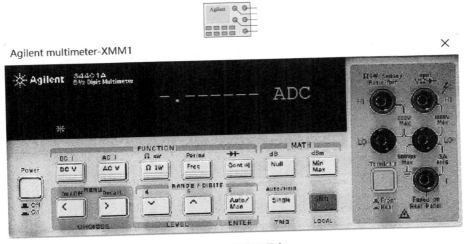

图9.24 数字万用表

安捷伦 34401A 是一款 6 位半的数字万用表,可完成直流电压、电流,交流电压、电流及欧姆、频率、二极管测试。

2）安捷伦 33120A 型函数信号发生器（见图 9.25）

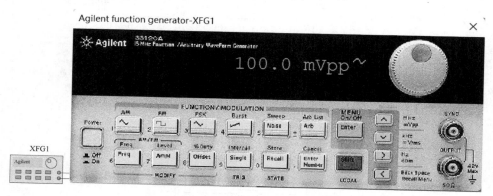

图 9.25　安捷伦 33120A 型函数信号发生器

在虚拟仪器仪表工具栏中,找到 Agilent 信号发生器,放置在工作区。这台函数信号发生器型号为"Agilent 33120A",能输出最高频率 15 MHz 的信号。

上面一排按钮选择波形形状,分别对应正弦波、方波、三角波、锯齿波、噪声源、任意波、回车键。下面的按键对应的功能分别是开关、频率、幅值、占空比、单触发、存储、输入数字、功能切换、单位选择和信号输出端子。在真实的函数信号发生器中,当完成设置以后,利用BNC 线将信号输出到对应的系统中。

3）安捷伦 54622D 型数字示波器（见图 9.26）

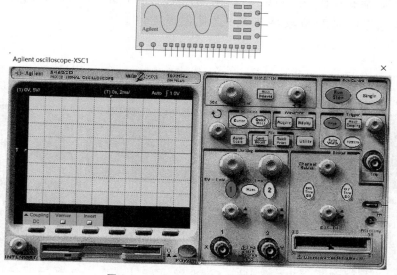

图 9.26　安捷伦 54622D 型数字示波器

Agilent 54622D 是一种带逻辑分析仪功能、带宽 100 MHz,模拟通道两通道＋16 逻辑通道的数字示波器,其发布时间较早,存储介质使用的仍是软盘。

4)泰克 TDS2024 型数字示波器(见图 9.27)

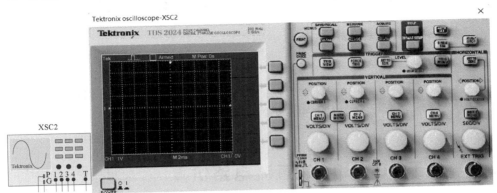

图 9.27 泰克 TDS2024 型示波器

和安捷伦 54622D 相比,TDS2024 特点和优点如下:200 MHz 带宽,高达 2 GSa/s 的实时采样速率,4 通道,彩色 LCD 显示器,通过前面板 USB 端口支持可移动数据存储设备,具有不同波形选择的自动设置功能以及 11 种波形参数自动测量功能。

思考题

1. 在 Multisim 14.3 安装中如何进行路径选择及参数的设置?
2. Multisim 14.3 中界面工具栏有哪些?常用菜单有几个?
3. Multisim 14.3 中常用虚拟仪表如何设置?如何进行测量?

10 Multisim 在电路分析中的使用

导读

本章主要介绍 Multisim 在电路分析中的应用，读者可在本章体验前面介绍的各种分析方法、仪器仪表在电路分析中的具体使用，通过具体的案例掌握 Multisim 软件的使用。

10.1 基于 Multisim 的直流电路仿真

电路的基本规律包括两类：一类是由于元件本身的性质所造成的约束关系，即元件约束，不同的元件要满足自身的伏安关系；另一类是由于电路拓扑结构所造成的约束关系，即结构约束，结构约束取决于电路元件间的连接方式。此外，为了分析电路的简便，对于线性电路还提出了简化的分析方法，如叠加定理和戴维南定理。本节将以直流电路为例，介绍各种规律与定理在 Multisim 中的验证与仿真。

10.1.1 元件伏安特性的测量

1）线性电阻的伏安特性测量

电阻伏安特性的测量原理已在实验部分进行过介绍，本节不再赘述。如图 10.1 所示，电阻的伏安特性可通过在电阻上施加电压，测量电阻中的电流而获得。

电阻两端的电压、电流，可以使用万用表、示波器等仪表测量，也可以通过测量探针获得，但是使用仪器仪表每改变一次电源参数都需要记录一次数据，无法体现仿真的优越性。因此我们选择使用直流扫描获得元件伏安曲线。

在分析与仿真按钮下选择直流扫描，源选择为 V_1，开始值设为 -10 V，结束值设为 $+10$ V，步进值设为 0.5 V。在输出界面，选取流过电阻的电流作为输出变量。

点击运行后，即可获得图 10.2 所示的电阻元件的伏安特性曲线。

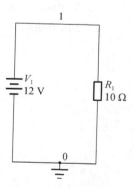

图 10.1 电阻的伏安特性

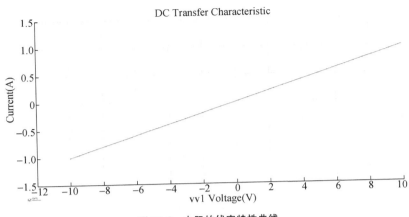

图 10.2　电阻的伏安特性曲线

2) 非线性电阻的伏安特性测量

上述仿真中的元件是一个线性的理想电阻,实际电阻阻值往往受到温度、工作条件的影响,为了测量元件的非线性特性,在元件中选择非理想元件,元件电阻设置为与电阻两端电压有关。修改参数如图 10.3 所示。

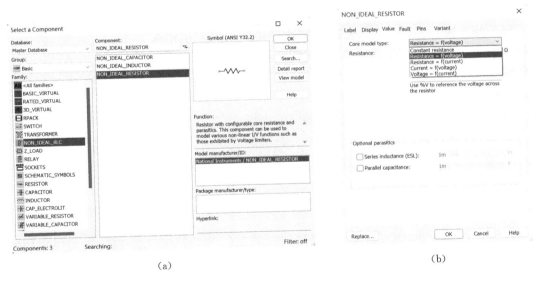

(a)　　　　　　　　　　　　　　　　　　　(b)

图 10.3　对参数进行修改

仿真设置和线性电阻一致,设置完成后运行仿真,可得到如图 10.4 所示的非线性电阻的伏安特性曲线,可以看到其伏安特性已不再是一条直线。

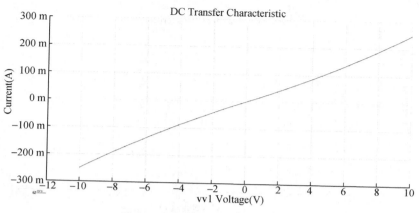

图 10.4　非线性元件的伏安特性曲线

3）二极管的伏安特性测量

二极管是一种典型的单向导通元件，其伏安特性曲线有比较明显的非线性特征。搭建如图 10.5 所示的二极管伏安特性测试仿真电路。对电源参数进行扫描，扫描参数和上述电阻的伏安特性一致。

最终得到如图 10.6 所示的二极管伏安特性曲线。在电压低于二极管的导通电压 V_F 时，二极管截止，电路中的电流为 0，电压超过二极管的导通电压后，电流由电源电压、限流电阻和二极管自身伏安特性共同决定。

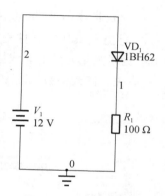

图 10.5　二极管的测量

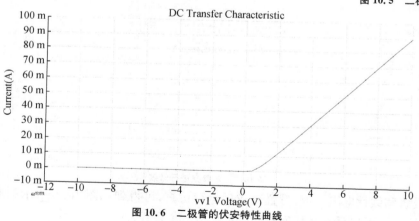

图 10.6　二极管的伏安特性曲线

4）电源的伏安特性测量

电路中的元件按照性质可分为电源和负载两大类，除了要了解负载的伏安特性曲线，还需要对电源的伏安特性曲线进行掌握。在仿真负载的伏安特性曲线时，我们保持负载特性不变而对直流电源进行扫描，在仿真电源的伏安特性时则要进行相反的操作，即保持电源特性不变,对负载参数进行扫描。

　　仍以图 10.7 和图 10.8 所示的电路为例,在分析与仿真按钮下选择参数化扫描,扫描参数选为器件参数,器件类型选择电阻,名称 R1,参数选择阻值,扫描变化类型选择 10 倍频,扫描起始值设为 1 Ω,扫描结束值设为 1 kΩ,每 10 倍频 10 个点,最后在同一张图中显示所有曲线。输出参数选择 2 点的电位和流过电阻的电流。

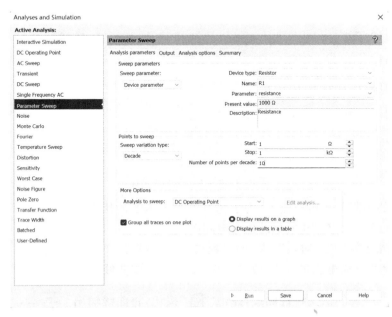

图 10.7　电路参数设置(一)

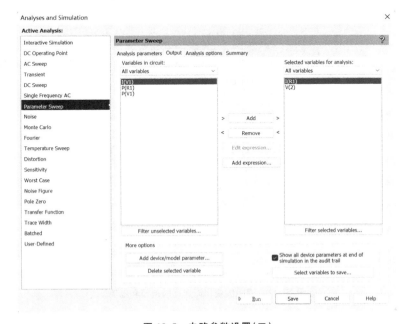

图 10.8　电路参数设置(二)

完成上述设置后,点击保存按钮,并运行仿真,即可获得图 10.9 所示的理想电压源随着负载阻值变化两端的电压、电流曲线,可以看出无论阻值多少,理想电压源的电压始终为 12 V。

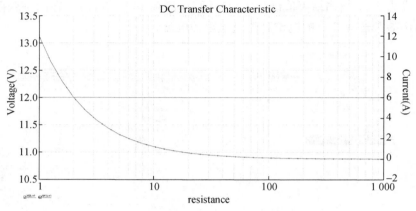

图 10.9　电源的伏安特性曲线

实际电源的内阻是不可忽略的,为了仿真实际电压源的伏安特性曲线,进一步搭建图 10.10 所示的仿真电路图。

仍保持电源参数不变,对负载 R_1 的参数进行扫描,输出 1 端电压和流过 R_1 的电流随电阻的变化,如图 10.11 所示。该曲线无法直接体现实际电压源的伏安特性曲线,点击" "按钮,将曲线输出到 Excel 中,以电流为横轴,电压为纵轴,绘制电源的伏安特性曲线,如图 10.12 所示。

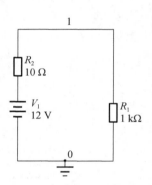

图 10.10　实际电压源电路
特性测量

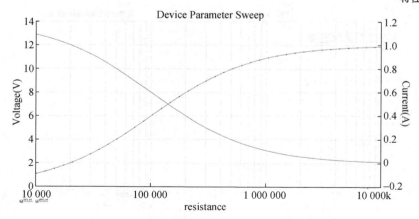

图 10.11　随阻值变化而变化的电压和电流

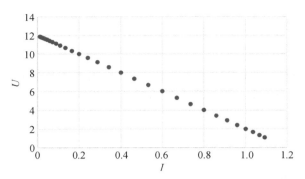

图 10.12　实际电压源伏安特性曲线

10.1.2　电路中电压与电位的测量

在电路分析中,电位是指某点与指定的零电位的电压大小差距,电压则是指电路中的两点的电位的大小差距,就是电压。两者是既相互区别又相互联系的概念。如图 10.13 所示,选取电源的负端为参考点,对电路进行直流工作点分析。

选择分析方式为直流工作点,输出变量选择 V(2) 和 V(3),如图 10.14 所示。

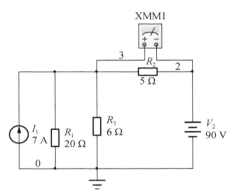

图 10.13　电压和电位的测量

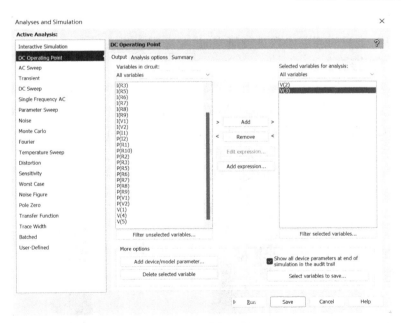

图 10.14　参数设置

设置完成后,运行仿真,得到 2 点的电位为 90 V,3 点的电位为 60 V。

　　设置万用表为电压挡,直流信号,测量 2 点至 3 点之间的电压。由于万用表在直流工作点状态下无法显示测量数据,切换回到交互式仿真中,运行仿真后,可得到如图 10.15 所示的两点之间的电压为－30 V。

　　如图 10.16 所示,不改变电路的连接方式,将电阻 R_2 的左侧设置为参考点,再次进行上述步骤。在直流工作点分析时,R_2 左端电位为参考点电位 0 V,右端电位为 30 V。在交互式仿真条件下,R_2 两端的电压为－30 V。

图 10.15　测量电压

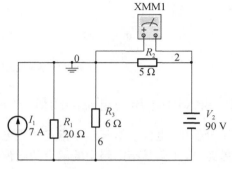

图 10.16　测量电位

10.1.3　基尔霍夫定律

　　基尔霍夫定律是电路约束关系的总结,其中基尔霍夫电流定律反映了支路电流之间的约束关系,它是电荷守恒在电路中的体现。基尔霍夫电压定律则反映了支路电压间的约束关系,是能量守恒定律在电路中的表现形式。如图 10.17 所示的典型仿真电路,当只对当前参数进行研究时,可选用交互式仿真记录电压、电流数据。

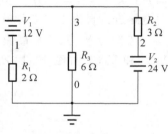

图 10.17　基本电路

　　如图 10.18 所示,选用电压、电流显示器测量电压、电流,对于节点 3 来说,R_1 支路电流为 1 A,流出节点;R_3 支路电流为 2.333 A,流出节点;R_2 支路电流为 3.333 A,流入节点,三个电流之间的关系符合基尔霍夫定律。同时,以右侧回路为研究对象,选取顺时针为回路循进方向,R_2 两端电压为 10 V,和循进方向相反;V_2 两端电压为 24 V,和循进方向相同;R_6 两端电压为 14 V,和循进方向相反,电压代数和为零,验证了基尔霍夫电压定律。

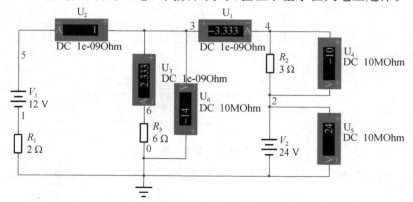

图 10.18　验证基尔霍夫定律

　　对于单个参数的电路仿真,上述使用电压、电流显示器的方式是可以满足需求的,对于定律的验证需要大量数据的支撑,改变电路参数,获取不同条件下的参数显然要耗费大量时间和精力,因此若需要对参数进行改变验证基尔霍夫定律可以使用参数化扫描,如图 10.19 所示。

　　以电阻 R_3 的阻值作为参数化扫描对象,选取分析方式为参数化扫描,扫描变量为电阻阻值,采用线性扫描方式,起始电阻 1 Ω,结束电阻 10 Ω,步进量 1 Ω,共 10 组数据,扫描完成后将输出变量显示在表格中。输出变量分别为 R_1、R_2 和 R_3 支路的电流,R_2 两端电压,V_2 两端电压,R_3 两端电压。

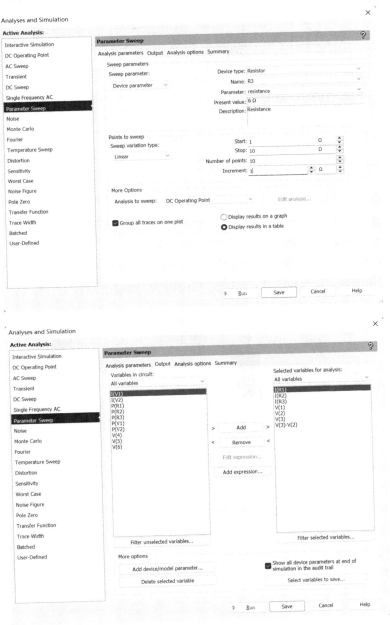

图 10.19　电路中参数的设置

完成设置后,运行仿真,得到表 10.1 所示的结果。对多种情况进行总结,可发现流入流出节点的电流之和始终为零,回路上所有支路的电压和也始终为零,从而验证了基尔霍夫定律在集总电路中的普遍性。

表 10.1

项　　目	$I(R_1)$	$I(R_2)$	$I(R_3)$	$V(V_2)$	$V(R_2)$	$V(R_3)$
$R_2=1$	−2.181 82	5.454 55	7.636 36	24	−16.363 64	7.636 36
$R_2=2$	−0.749 999 26	4.5	5.25	24	−13.5	10.5
$R_2=3$	−6.097 27E−07	4	4	24	−12	12
$R_2=4$	0.461 537 91	3.692 31	3.230 77	24	−11.076 92	12.923 08
$R_2=5$	0.774 193 35	3.483 87	2.709 68	24	−10.451 61	13.548 39
$R_2=6$	1	3.333 33	2.333 33	24	−10	14
$R_2=7$	1.170 73	3.219 51	2.048 78	24	−9.658 54	14.341 46
$R_2=8$	1.304 35	3.130 44	1.826 09	24	−9.391 31	14.608 69
$R_2=9$	1.411 77	3.058 82	1.647 06	24	−9.176 47	14.823 53
$R_2=10$	1.5	3	1.5	24	−9	15

10.1.4　叠加定理

在线性电路中,多个激励共同作用时引起的响应(电路中的电压或电流)等于各个激励源单独作用时引起的响应之和,不作用的激励置为零。

如图 10.20 所示,当电压源和电流源同时作用时,流过 R_2 的电流 I_{R2} 为 4.667 A,流入节点;流过 R_3 的电流 I_{R3} 为 1.667 A,流出节点;电阻 R_2 两端的电压 U_{R2} 为 14 V,下正上负。

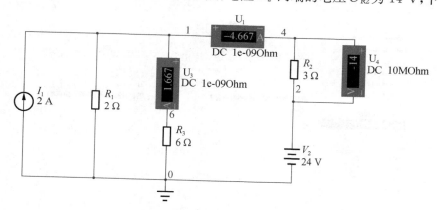

图 10.20　电压源和电流源同时作用

如图 10.21 所示,当电压源独立作用时,电流源置零,作开路处理。流过 R_2 的电流 $I_{R2}^{(1)}$ 为 5.333 A,流入节点;流过 R_3 的电流 $I_{R3}^{(1)}$ 为 1.333 A,流出节点;电阻 R_2 两端的电压 $U_{R2}^{(1)}$ 为 16 V,下正上负。

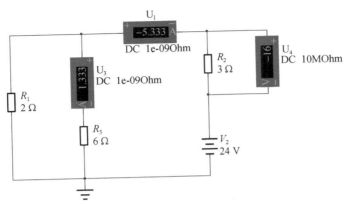

图 10.21 电压源独立作用

如图 10.22 所示，当电流源独立作用时，电压源置零，作短路处理。流过 R_2 的电流 $I_{R2}^{(2)}$ 为 0.667 A，流出节点；流过 R_3 的电流 $I_{R3}^{(2)}$ 为 0.333 A，流出节点；电阻 R_2 两端的电压 $U_{R2}^{(2)}$ 为 2 V，上正下负。

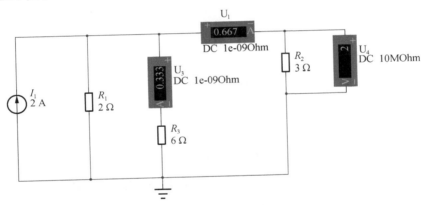

图 10.22 电流源独立作用

从上述分析可以得出：

$$I_{R2} = I_{R2}^{(1)} + I_{R2}^{(2)} \tag{10.1}$$

$$I_{R3} = I_{R3}^{(1)} + I_{R3}^{(2)} \tag{10.2}$$

$$U_{R2} = U_{R2}^{(1)} + U_{R2}^{(2)} \tag{10.3}$$

即验证了线性电路中的叠加定理。

10.1.5 戴维南定理

任意一个有源线性二端网络，对其外部特性而言，都可以用一个电压源串联一个电阻的支路替代，其中电压源的电压等于该有源二端网络输出端的开路电压 U_{OC}，串联的电阻 R_0 等于该有源二端网络内部所有独立源置零时在输出端的等效电阻。

仍以图 10.23 所示的电路为例，流过 R_3 的电流为 1.667 A。

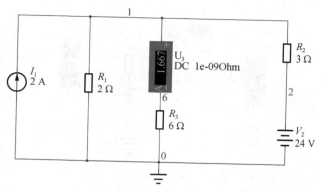

图 10.23 验证戴维南定理

我们将 R_3 看作电路的负载,剩余部分看作一个二端网络。当把负载去除以后,电路的输出端的开路电压如图 10.24 所示,为 12 V。

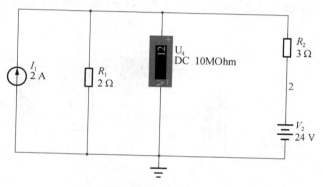

图 10.24 测量开路电压

如图 10.25 所示,将二端网络内部的所有电源置零,测量输出电阻为 1.2 Ω。

上述测量结果表明,二端网络等效于一个 12 V、内阻 1.2 Ω 的电压源。将负载 R_3 接在二端网络输出端和电压源两端是等效的。如图 10.26 所示,负载接在等效电压源两端,流过其的电流仍然为 1.667 A,验证了二端网络与该电源的等效性。

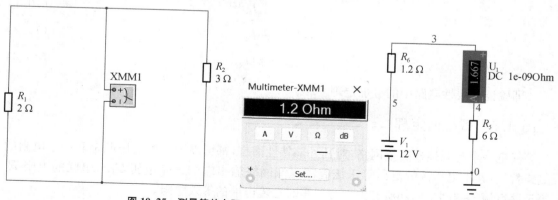

图 10.25 测量等效电阻   **图 10.26 等效电路的测量**

10.2　基于 Multisim 的动态电路仿真

许多电路不仅包含电阻元件和电源元件,还包括电容元件和电感元件。这两种元件的电压和电流的约束关系是导数和积分关系,我们称之为动态元件。含有动态元件的电路称为动态电路,描述动态电路的方程是以电流和电压为变量的微分方程。

在动态电路中,电路的响应不仅与激励源有关,而且与各动态元件的初始储能有关。从产生电路响应的原因上,电路的完全响应(即微分方程的全解)可分为零输入响应和零状态响应。

描述动态电路电压、电流关系的是一组微分方程,通常可以通过 KVI、KCL 和元件的伏安关系(VAR)来建立。如果电路中只有一个动态元件,则所得的是一阶微分方程,相应的电路称为一阶电路(如果电路中含有 n 个动态元件,则称为 n 阶电路,其所得的方程为 n 阶微分方程)。

10.2.1　一阶电路的零状态响应

当所有储能元件初始值为零时的电路对激励的响应称为零状态响应,零状态响应对应储能元件的充电过程。如图 10.27(a) 所示,0～1 s 期间,开关 S_1 的 2—3 之间连通;如图 10.27(b) 所示,1 s 以后,开关 S_1 的 1—2 之间连通。因为电容无初始储能,电路以 1 s 为起点是一个零状态响应。

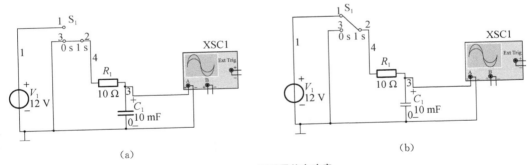

(a)　　　　　　　　　　　　　　　　(b)

图 10.27　测量零状态响应

设置示波器的时间刻度每格 500 ms,幅值刻度每格 5 V,波形图如图 10.28 所示,在 1 s 时电路发生切换,电路进入一阶 RC 电路的零状态响应。

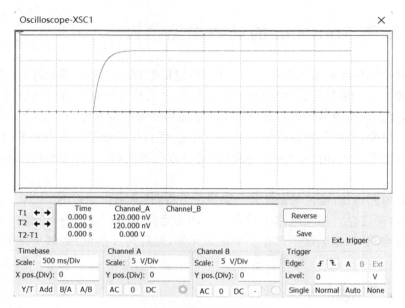

图 10.28　零状态响应的波形

10.2.2　一阶电路的零输入响应

　　当所有储能元件初始值为零时的电路对激励的响应称为零输入响应,零输入响应对应储能元件的放电过程。如图 10.29(a)所示,0～1 s 期间,开关 S_1 的 1－2 之间连通;如图 10.29(b)所示,1 s 以后,开关 S_1 的 2－3 之间连通。因为电容在 1s 时已经处于稳态,电路以 1 s 为起点是一个零输入响应。

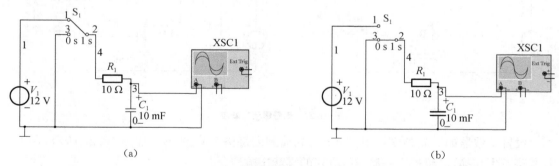

(a)　　　　　　　　　　　　　　　　　　　　　(b)

图 10.29　测量零输入响应

　　设置示波器的时间刻度每格 500 ms,幅值刻度每格 5 V,波形图如图 10.30 所示,在 1 s 时电路发生切换,电路进入一阶 RC 电路的零输入响应。

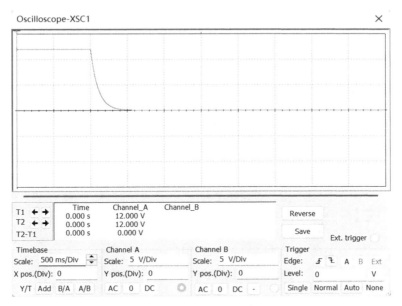

图 10.30　零输入响应的波形

10.2.3　一阶电路的全响应

当一个非零初始状态的电路受到激励时,电路的响应称为全响应,对于线性电路,全响应是零输入响应和零状态响应之和。

如图 10.31(a)所示,0~1 s 期间,开关 S_1 的 2—3 之间连通,在此期间电容开始获得储能;如图 10.31(b)所示,1 s 以后,开关 S_1 1—2 之间连通。因为电容在 1 s 时已经处于稳态,电路以 1 s 为起点是一个非零初始状态的响应过程,即全响应。

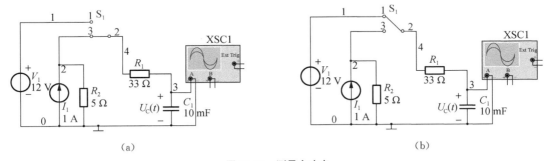

图 10.31　测量全响应

全响应的过程除了可以用图 10.32 所示的示波器观察外,还可以使用 Multisim 提供的瞬态分析方法进行分析。

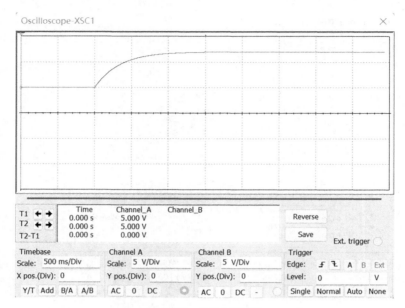

图 10.32 全响应的波形

如图 10.33 所示,在分析与仿真按钮下选择瞬态分析,起始时间选为 0 s,结束时间选为 10 s,最大时间步长 10 ms。如图 10.34 所示,在输出选项卡下,选取节点 3 的电压 V(3)为研究对象。设置完成以后,点击保存并开始仿真,得到图 10.35 所示的结果。

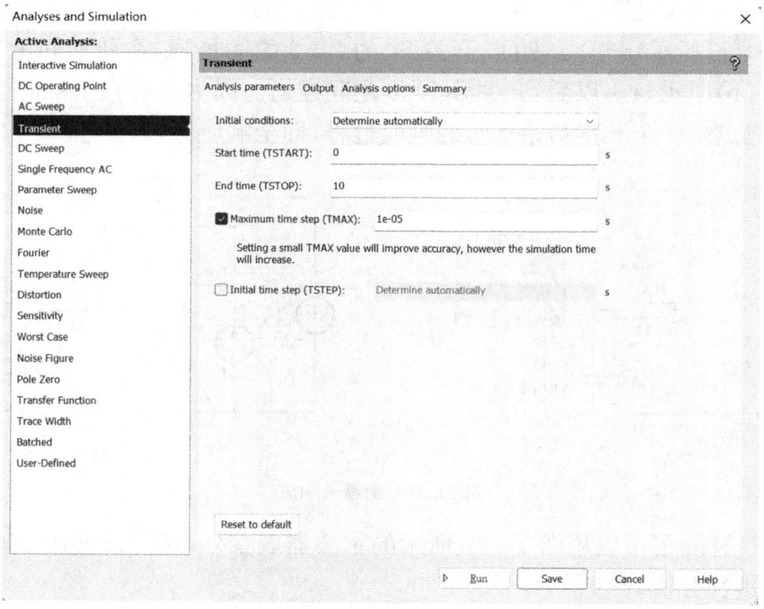

图 10.33 参数设置(一)

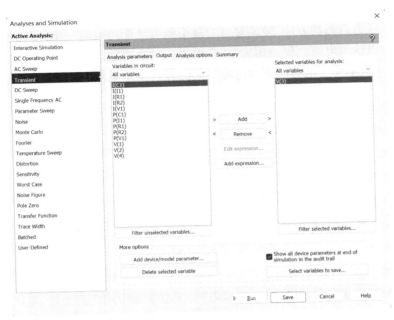

图 10.34　参数设置（二）

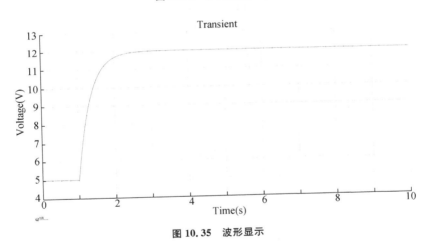

图 10.35　波形显示

10.3　基于 Multisim 的交流电路仿真

　　在线性电路中,当激励是正弦信号时,其响应也是同频率的正弦信号,因而这种电路也称为正弦稳态电路。本节主要研究线性时不变电路在正弦激励下的稳态响应,即正弦稳态分析。

10.3.1　单相交流电路及功率因数提高

　　在工业及生活用电中,大部分都是感性负载。例如:工矿企业中驱动机械设备的电动机,家庭生活使用的日光灯、电风扇、洗衣机、电冰箱都是感性负载,要提高感性负载的功率因数,可以用并联电容器的方法,使流过电容器中的容性无功电流与感性负载中的无功电流互相补偿,减小电压与电流之间的相位差,从而提高功率因数。

如图 10.36 所示为由电感线圈和电容组成的并联交流电路。

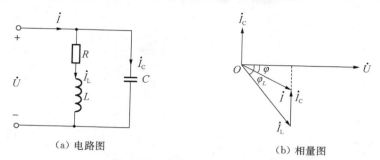

（a）电路图　　　　　　　　　（b）相量图

图 10.36　日光灯功率补偿相量图

在交流供电线路上,功率因数的高低由各个负载本身的参数决定,如电阻性负载的功率因数为 1。而工矿企业中用的电动机、感应电炉,家庭生活中用的荧光灯、电风扇、洗衣机等,都是感性负载,电压和电流之间存在相位差,一般功率因数都较低。当电源电压、负载功率一定时,功率因数低,一方面使发电设备的容量不能充分利用,另外还使输电线路上的电流较大,引起线路损耗的增加。因此,提高电网的功率因数,对于降低电能损耗、提高发电设备的利用率和供电质量具有重要的经济意义。

要提高功率因数,又不能改变负载的工作状态,通常采用的方法就是在感性负载两端并联适当容量的电容,这样以流过电容的超前电压 90° 的容性电流来补偿原感性负载中滞后电压 φ_L 的感性电流,从而使总的线路电流减小。其电路原理图和相量图如图 10.36 所示。

由图 10.36 可知,并联电容以前,线路上的电流 $\dot{I}$ 为:

$$\dot{I}=\dot{I}_L=I_L\underline{/-\varphi_L} \tag{10.4}$$

（设 $U=U\underline{/0°}$ ）

电路负载端的功率因数为 $\cos\varphi_L(\varphi_L>0,$ 感性负载)。

并联电容以后,由于($\dot{U}$)不变,因此 $\dot{I}_L$ 不变,此时线路上的电流 $\dot{I}$ 变为:

$$\dot{I}=\dot{I}_L+\dot{I}_C=I\underline{/-\varphi} \tag{10.5}$$

与此相对应的电路负载端的功率因数为 $\cos\varphi(\varphi>0,$ 感性负载)。

显然 $\varphi<\varphi_L$,则 $\cos\varphi>\cos\varphi_L$,即负载端的功率因数提高了。

1）单相交流电路功率测量

如图 10.37 所示是单相 RL 负载电路的示意图。使用万用表交流电压、电流挡分别测量负载两端的电压、电流有效值,使用功率表测量负载两端的有功功率和功率因数。

测量结果如图 10.38 所示,电压有效值为 219.999 V,电流有效值为 5.056 A,负载的视在功率为 1112.32 V·A,负载消耗的有功功率为 766.9 W,可算得其功率因数为 0.689 46,和功率表测量的结果一致。

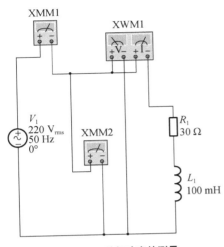

图 10.37　单相功率的测量

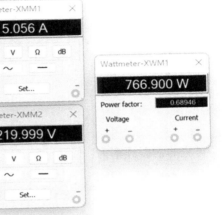

图 10.38　测量的结果

2) 单相交流电路功率因数的提高

为了提高感性负载的功率因数,需要在 RL 感性负载两端并联电容,并联电容大小为:

$$C = \frac{P}{\omega U^2}(\tan\varphi_1 - \tan\varphi) \tag{10.6}$$

在负载两端并联一个 37 mF 的电容,如图 10.39 所示。

并联电容后,如图 10.40 所示,电压有效值为 219.999 V,电流有效值为 3.654 A,和未并联电容相比有了明显的下降,负载的视在功率为 803.88 V·A,负载消耗的有功功率为 766.9 W,可算得其功率因数为 0.953 99,和功率表测量的结果一致。

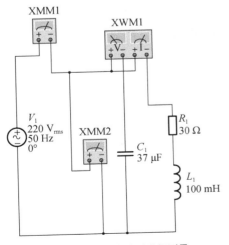

图 10.39　并联电容后进行测量

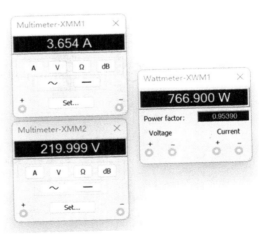

图 10.40　并联电容后测量结果

10.3.2　RLC 串联谐振电路

当 RLC 串联电路电抗等于零,端口电压和电流同相位时,称电路发生了串联谐振,此时的频率称为串联谐振频率,用 f_0 表示。

由于电路电抗为零,

$$\omega_0 L - \frac{1}{\omega_0 C} = 0 \tag{10.7}$$

可得谐振角频率为:

$$\omega_0 = \frac{1}{\sqrt{LC}} \tag{10.8}$$

对应的谐振频率为:

$$f_0 = \frac{1}{2\pi \sqrt{LC}} \tag{10.9}$$

如图 10.41 所示的 RLC 串联谐振电路,电感为 1 mH,电容为 1 μF 时,对应的谐振频率为 5 kHz,设置电源频率为 5 kHz,运行仿真。RLC 串联电路和电阻两端电压均为 120 V,同时使用示波器观察 RLC 串联电路两端电压和电阻电压(电路电流)相位关系,如图 10.42 所示,两者之间的相位差为零,即电路此时发生了串联谐振。

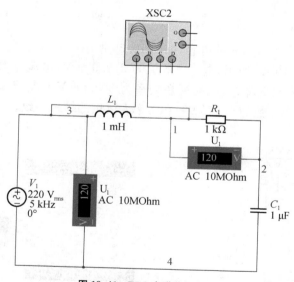

图 10.41　RLC 串联谐振电路

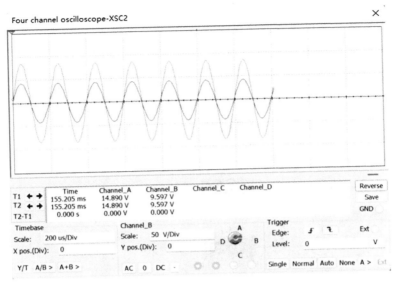

图 10.42 产生串联谐振

10.3.3 三相交流电路

三相电路是由三个同频率、等振幅而相位依次相差 120°的正弦电压源按照一定连接方式组成的电路,根据连接方式不同,三相交流电路分为星形连接和三角形连接两类,其中星形连接又根据有无中性线分为三相三线制和三相四线制两类。

1) 三相对称负载星形连接有中性线

创建如图 10.43 所示的星形连接有中性线的电路,三相负载对称,用电流表分别观测三相电流和中性线电流。由于负载对称,中性线上无电流,负载中性点和电源中性点之间的电压为零,这说明了在负载完全对称时,有无中性线的星形连接电路是完全等效的。

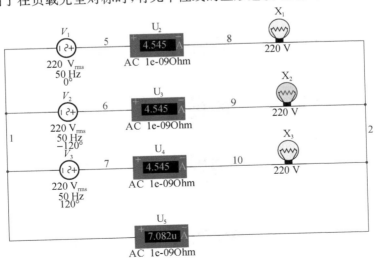

图 10.43 三相负载对称有中性线的星形连接

2）三相不对称负载星形连接有中性线

创建如图 10.44 所示的星形连接有中性线的电路,三相负载不对称,C 相负载是其余两相的 2 倍,用电流表分别观测三相电流和中性线电流。由于负载不对称,中性线上电流是三相电流的相量和,负载中性点和电源中性点之间的电压为零,三相负载仍可以正常工作。

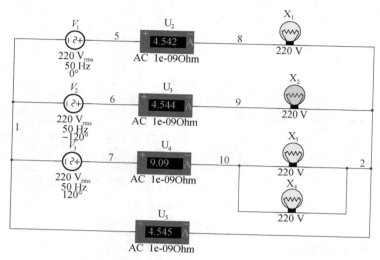

图 10.44　三相负载不对称有中性线的星形连接

3）三相不对称负载星形连接无中性线

创建如图 10.45 所示的星形连接无中性线的电路,三相负载不对称,C 相负载是其余两相的 2 倍,用电流表分别观测三相电流,用电压表观测电源中性点和负载中性点之间的电压。由于负载不对称,负载中性点和电源中性点之间有电压偏差,实际三相负载的工作将不平衡,如此时,A 和 B 相欠压工作,C 相过压工作,这也说明了中性线的存在可以保证负载即使在三相不对称的条件下仍然能够正常工作。

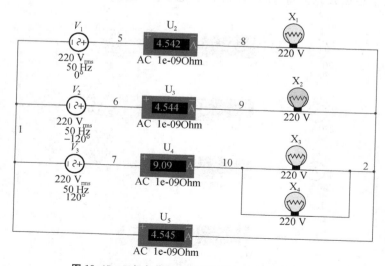

图 10.45　三相负载不对称星形连接无中性线的电路

4）三相负载三角形连接

创建如图 10.46 所示的三角形连接的电路,三相负载直接接在各电源两端,负载承受的电压为电源的线电压。

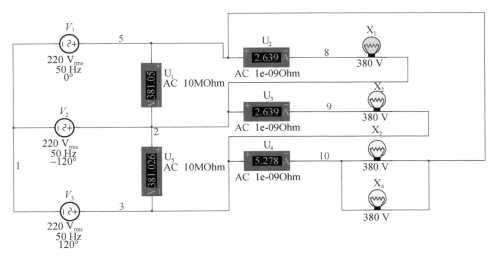

图 10.46   三角形连接的电路

思考题

（1）在电路仿真实验中,如何合理设置参数才能更好地反映测量结果的真实有效?

（2）对叠加原理进行仿真实验验证过程中,对受控源如何处理? 仿真结果符合实际结果吗?

（3）三相电路中对负载功率的测量可以采用哪几种方法? 各种方法结果相一致吗? 为什么?

（4）当并联电容过大时,功率因数 $\cos\varphi$ 会变小,为什么?

第四部分 综合实验及课程设计

11 万用表的设计与仿真

11.1 课程设计任务书及时间安排

1）课程设计任务

（1）在学习掌握电工仪表基本知识的基础上，设计 MF-16 型万用表电路（包括单元电路及总体电路），选择适当元器件。

（2）在设计电路的基础上，利用仿真软件，在计算机上进行仿真实验、调试。

2）MF-16 型万用表的技术指标

（1）表头参数

满偏值：157 μA。

内阻：1000 Ω。

标盘刻度：五条刻度线分别为："Ω"；"~10 V"；"≈V·A"；"C"；"dB"。

（2）测量范围及基本误差（如表 11.1 所示）。

表 11.1　测量范围及基本误差

测量范围		灵敏度	基本误差（%）
直流电流	0~0.5~10~100 mA		±2.5
直流电压	0~0.5~10~50~250~ 500 V	2 kΩ/V	±2.5
交流电压	0~10~50~250~500 V	2 kΩ/V	±4
电阻	中心值：60 Ω、6 kΩ		±2.5
	倍数：×10、×1 k		
	范围：0~10 kΩ~1 MΩ		
电平	10~+22~+36~+50~+56 dB		刻度为-10~22 dB

（3）结构要求

① 本仪器共 15 挡基本量程和 4 个分贝附加量程，面板上安装一个 3×15（即 3 刀 15 掷）的单层波段转换开关进行各量程挡的转换。

② 面板上安装一个零欧姆调节器旋钮，外接插孔两个。

③ 整流装置采用半波整流电路，并需反向保护。

④ 电阻测量电路采用 1.5 V 五号电池一节。

3）软件仿真、调试

（1）学习掌握仿真软件知识及操作方法。

（2）应用软件仿真 MF-16 型万用表。具体内容为：画出 MF-16 型万用表的完整电路图,并存盘;对每个测量挡进行仿真测量;分析误差,调节元件参数,查找故障点。

　　4)课程设计报告要求

（1）设计任务及主要技术指标。

（2）各单元电路的设计计算过程。

（3）整体电路设计过程,打印整体电路图。

（4）元器件明细表。

（5）总结收获和体会。

　　5)课程设计考核方法

学生完成电路设计后,通过软件仿真,指导老师对每个学生的设计,选择部分测量挡进行验收检查,并通过提问或设置故障等形式,了解学生的设计水平、掌握电路基本知识的程度、独立解决问题的能力及工作作风、学习态度等情况;结合课程设计报告,指导教师对每位学生作出评语。成绩分为优秀、良好、中等、及格、不及格五个等级。

　　6)课程设计阶段安排

课程设计一般安排一周,以教学班为独立教学单位,每个学生单独进行设计的全过程。整个过程分为以下三个阶段:

（1）布置课程设计任务、指导设计阶段

在这一阶段中,指导老师向学生布置课程设计任务及要求。给学生讲授有关电工仪表的基本知识、万用表的电路原理、设计方法以及元器件的有关知识,使学生明确设计任务、要求、技术指标等有关设计的内容,掌握电工仪表的有关知识,学会万用表单元电路的设计计算和电路综合的方法,能单独进行电路的设计,绘制出单元电路及整体电路图,列出元器件明细表,送老师审核。

（2）软件仿真阶段

这一阶段在软件平台上完成,首先由指导教师介绍仿真软件基本知识及操作方法,提出仿真要求,使学生学会利用仿真软件绘制电路进行仿真实验、调整元器件、排除电路故障等技术,然后学生独立进行仿真,使电路达到设计要求,经指导教师考核合格后,方可完成设计任务。

（3）总结报告阶段

学生根据设计、仿真过程进行总结、整理,写出符合要求的课程设计报告。

11.2　万用表的设计和计算

　　1)电工仪表的基本知识

有关电工仪表的基本知识,在本书"第一部分电路基本知识概述"中和"第五部分常用实验装置及仪器仪表"中有详细介绍,学生可通过教师讲授及自学进行掌握。

　　2)万用表单元电路的设计

图 11.1 是 MF.30 型袖珍式万用表的面板示意图。

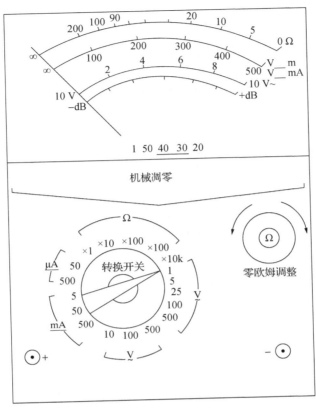

图 11.1　MF.30 型万用表面板示意图

万用表的表头通常采用高灵敏度的磁电系测量机构,其满偏电流很小,MF.30 型的表头满偏电流为 40.6 μA。表头的准确度一般都在 0.5 级以上,但构成万用表后,其准确度等级为 4.0 级以上,MF.30 型万用表的准确度等级,除交流电压和音频电平挡为 4.0 级外,其他各挡均为 2.5 级。

万用表的刻度盘上,对应于不同测量对象有多条标尺,使用时应根据转换开关所选的档位,选择一条正确的标尺读取数据。

MF.30 型万用表的转换开关是采用 3×18 单层开关,即 3"刀"18"掷"的单层转换开关。"刀"表示开关的可动触头,"掷"表示固定触头。其 18 个固定触头沿圆周分布,当转轴旋转时,可动触头可在 18 个挡位上与固定触头相接,从而构成 18 个测量挡,它们分别是:

直流电流 5 个挡(50 μA,500 μA,5 mA,50 mA,500 mA);

直流电压 5 个挡 (1 V, 5 V, 25 V, 100 V, 500 V);

交流电压 3 个挡(10 V,100 V,500 V);

电阻 5 个挡(×1,×10,×100,×1 k,×10 k)。

图 11.2 是 MF.30 型万用表的转换开关的平面展开图,图中的 S_{a-b},S_{b-c} 表示的是 a、b、c 三个可动触头,它们彼此相通,转换时同步旋转。

（1）直流电流测量线路

万用表直流电流的测量电路,实质上是一个多量程的环形分流器,有关环形分流器内容已在前面的磁电系电流表的内容中介绍过。MF.30 型万用表的直流测量线路如图 11.3 所示。

图中 R_{10} 为可调电阻,它是为保证表头内阻为 3.44 kΩ 而设置的。$R_1 \sim R_9$ 即为环形分流器,转换开关 S_{a-b} 的可动触头 a 可通过转换开关转动分别与五个电流量程档的固定触头相接,而开关的可动触头 b 则通过与固定滑片 A 的连接与外电路相接。

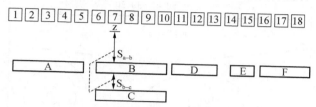

图 11.2　MF.30 型万用表转换开关平面图

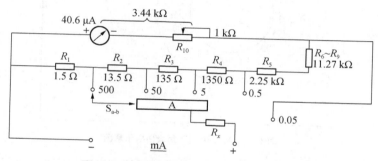

图 11.3　MF.30 型万用表的直流电流测量线路

从图中可以看出,当量程为 0.05 mA 时,$R_1 \sim R_9$ 全部作为分流电阻,而在 500 mA 量程时,仅 R_1 作为分流电阻,其余 $R_2 \sim R_9$ 电阻都串接在表头支路。其他各挡类推。所以转换开关在不同的量程挡位时,就有不同的电路量程。各个电阻值就可根据不同量程时的分流公式联立求解可得。

（2）直流电压测量线路

万用表的直流电压测量线路实质上就是由表头串接多量程的分压电阻(倍压器)而组成。有关倍压器的内容已在前面磁电系电压表的内容介绍过。不过,万用表的线路设计中,还需考虑各个测量线路之间要共用一些元件以提高元件利用率;另外还要考虑电压表的电压灵敏度等设计要求,所以万用表的直流电压测量线路比一般的倍压器计算要复杂一些。图 11.4 是 MF.30 型万用表的直流电压测量线路。图中电阻 $R_1 \sim R_9$ 即为直流电流测量线路中的电阻。而 $R_{11} \sim R_{14}$ 即为分压电阻,它们采用共用式。例如在量程为 1 V 时,分压电阻为 R_{11},而在 5 V 时,分压电阻为 $R_{11} + R_{12}$,依此类推,量程越高,分压电阻就越大。电压量程的转换开关也是通过转换开关 S_{a-b} 的活动触头 a 分别接通五个直流电压量程挡的固定触头而改变的。而活动触头 b 则通过固定滑片 D 和 E 分别经 M 和 N 点接到表头。

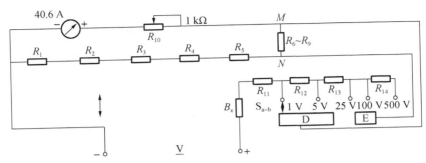

图 11.4　MF.30 型万用表直流电压测量线路

此处将分压电阻串接到表头的连接点分为 M 和 N 两处,它就是基于万用表的电压灵敏度要求而采取的措施。从图中看出,当直流电压量程为 1 V、5 V、25 V 三挡时,外测电压时经 R_{11}、R_{12}、R_{13} 的共用式分压器换挡后再经固定滑片 D 到 M 点接入表头的,对照图 11.3 的直流电流测量线路,M 点即为直流电流 0.05 mA 挡的位置,即当流过电压表分压电阻的电流(该挡总电流)为 0.05 mA 时,流经表头电流为满偏电流 40.6 μA,而这时应指示的是其中某一挡的满刻度值。若为 1 V 挡时电表总内阻为 1 V/0.05 mA=20 kΩ,在 5 V 挡时,电表总内阻为 5 V/0.05 mA=100 kΩ;而在 25 V 挡时,电表总内阻为 25 V/0.05 mA=500 kΩ,可以看出,这三挡的电压表的总内阻值是 20 kΩ/V。这就是万用表在这三个电压挡的电压灵敏度。同样道理,当量程为 100 V、500 V 两挡时,外测电压是经固定滑片 E 到 N 点再接入表头的,N 点是直流电流测量线路中的 0.2 mA 挡(该表中无此挡),则 1 V/0.2 mA=5 kΩ)。也就是说万用表在这两个电压挡的电压灵敏度要求仅为 5 kΩ/V。通过以上处理,仅改变了一下表头分流器的接法,既共用了分压电阻,又满足了万用表对电压灵敏度的设计要求。

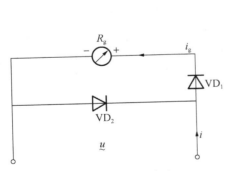

图 11.5　半波整流电路

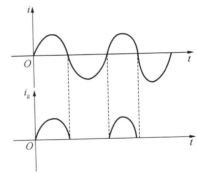

图 11.6　半波整流电路波形图

(3) 交流电压测量线路

由于万用表的表头采用的是磁电系测量机构,故不能直接用来测量交流量,必须附加整流装置。磁电系表头配上整流装置就构成了整流系仪表。整流电路有半波整流和全波整流两种。系列万用表采用的是如图 11.5 所示的具有反向保护作用的半波整流电路。在正半周时,二极管 VD_1 导通,VD_2 截止;负半周时,VD_1 截止,VD_2 导通,表头流过的是经过整流

的半波整流电流 i_g,如图 11.6 所示。如果没有 VD_2 元件,在负半周时,会有很小的反向电流流过表头,将会造成仪表指针的颤动,而且还有很大的反向电压加在整流元件 VD_1 上,极易造成该元件的击穿。而采用两个整流元件后,负半周时由于 VD_2 的导通,使 VD_1 两端的反向电压大为降低,起到了反向保护作用,同时表头也不再通过反向电流。

　　磁电系测量机构的偏转角是由平均转动力矩决定的,而平均转动力矩与整流电流的平均值有关。若外加电流为正弦量并设为 $i=I_m\sin\omega t$,则半波整流波的平均值为:

$$I_{cp} = \frac{1}{T}\int_0^{\frac{T}{2}} i\,dt = \frac{1}{T}\int_0^{\frac{T}{2}} I_m\sin\omega t$$

$$= \frac{I_m}{\pi} = \frac{\sqrt{2}\,I}{\pi} \tag{11.1}$$

$$= 0.45I$$

上式也可表达为:

$$I = \frac{I_{cp}}{0.45} = 2.22I_{cp} \tag{11.2}$$

　　式(11.2)说明被测正弦量的有效值 I 是半波整流后流入表头的半波整流电流的平均值标的 2.22 倍,说明半波整流仪表的偏转角也与被测正弦交流量的有效值成正比,因此,磁电系仪表加上整流装置后可以用来测量正弦交流电量的有效值。

　　在万用表中,为了节省元件,希望交流电压各量程的分压电阻能与直流电压各量程的分压电阻共用,而且为了读数方便,要求交流电压的有效值读数能与直流电压的读数共用一个刻度尺,至少也要基本相同。这就产生一个问题,即在同样的分压电阻情况下,当被测交流电压是 1 V 的有效值时,通过电表的平均电流与被测直流电压也是 1 V 时,通过电表的电流相比较,半波整流时是直流时的 0.45 倍,指针的偏转角显然比直流时要小,这就需要在交流测量线路中增加与表头并联的分流器电阻,以提高流过表头的电流。图 11.7 是 MF.30 型万用表的交流电压测量线路,将该图与图 11.4 的直流电压测量线路相比较,可以看到在同量程下,与表头并联的分流电阻是不相同的。例如同在 500 V 量程时,直流电压测量线路中,表头的分流电阻是 $R_1\sim R_5$,而在交流电压测量线路中,则是 $R_1\sim R_7$。但它们的分压电阻却是一样的($R_{11}\sim R_{14}$)。

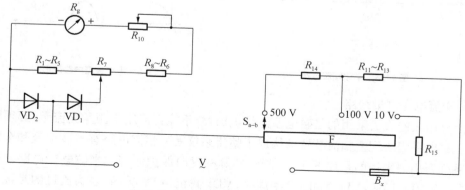

图 11.7　MF.30 型万用表交流电压测量线路

也可以这样理解：MF.30 型万用表的表头满偏电流为 40.6 μA，说明在直流时为 40.6 μA 满偏，而在半波整流电流时，则应是 40.6 μA 平均值才能满偏，即正弦交流的有效值应是 40.6 μA /0.45＝90.2 μA 才能经半波整流后使表头满偏。

（4）直流电阻测量线路

电阻元件是无源元件，在无激励的情况下，它既无电压又无电流，欲使磁电系测量机构偏转，必须附加电源，因此，万用表中附有干电池。

① 欧姆表原理。欧姆表的原理图为 11.8 所示。

图 11.8 中 R_x 为被测电阻。根据欧姆定律，图中电流 I 应为：

$$I = \frac{U_s}{R_x + R_1 + \dfrac{R_0 R_g}{R_0 + R_g}} = \frac{U_s}{R_x + R_1 + R'} \tag{11.3}$$

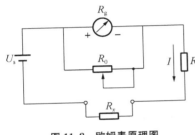

图 11.8　欧姆表原理图

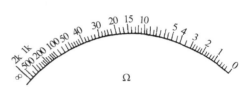

图 11.9　欧姆表标尺

式中：$R' = R_0 // R_g$，可见，当电池电压 U_s 及其他已知电阻保持不变时，被测电阻 R_x 越大，电流 I 越小；反之，R_x 越小，电流 I 越大。当 $R = \infty$ 时，$I = 0$，指针偏转角 $\alpha = 0$；当 $R_x = 0$ 时，I 最大，指针偏转角最大，可通过调节电阻 R_0 使指针满偏。可见欧姆表标尺刻度与电流刻度的方向相反，而且刻度不均匀，如图 11.9 所示。电阻也称零欧姆调整器。

② 欧姆中心值。在上式中，当 $R_x = 0$ 时，仪表指针偏转角为满刻度，即电流 I 为最大，设为 I_0，即

$$I_0 = \frac{U_s}{R_1 + R'} \tag{11.4}$$

式中：$R_1 + R'$ 为欧姆表内部的总电阻，当被测电阻 R_x 与该总内阻值相等时，即 $R_x = R_1 + R'$ 时，电流为：

$$I = \frac{U_s}{2(R_1 + R')} = \frac{1}{2} I_0 \tag{11.5}$$

可见，这时指针偏转角为满偏时的一半，这时指针指示的欧姆标尺的值就是欧姆中心值，所以欧姆中心值就是欧姆表在这一挡的总内阻值。

从图 11.10 的欧姆表标尺可见，虽然标尺刻度是在 0～∞ Ω 之间，但只有在靠近中心值的一段范围内，分度比较细，读数比较准确，所以在测量电阻时还需选择合适的测量挡位。

③ 欧姆表量程的扩大。欧姆表量程是通过 $R \times 1$、$R \times 10$、$R \times 100$、$R \times 1$ k、$R \times 10$ k 等倍率（即读数乘以倍数）而扩大量程的，实际上就是通过改变欧姆中心值的方法来实现的。

图 11.10 是 MF.30 型万用表测量电阻的线路。它共有×1、×10、×100、×1 k、×10 k 五挡量程,各挡量程的欧姆中心值是以 10 的倍率改变的,即假设"×1"这一挡的欧姆中心值为 16 Ω,那么测量电阻时,指针若正好在 16 Ω 刻度位置,则被测电阻就为 16 Ω。若量程选择在 ×100 这一挡,它的欧姆中心值是 1 600 Ω。测量电阻时,指针若在此标尺的 16 Ω 位置,则被测电阻就为 1 600 Ω。

欧姆中心值是根据表头量程及电池电压大小确定的。

从图 11.10 中可以看到,在 4 个低阻倍率挡(×1、×10、×100、×1 k)的线路中,电压为 1.5 V,而在×10 k 这个高倍率挡的线路中,电池电压为 15 V,是因为在高阻倍率挡的欧姆中心值较大,被测电阻范围也较大,这样势必降低线路电流,若还用原来较低电压的电池,在 $R_x=0$ 时,表头指针不能达到满偏,影响了表头灵敏度,为此采用了提高电池电压的办法。这种电池是一种电压较高的积层电池。

④ 欧姆表各挡线路的设计要点。

a. 欧姆表各挡的欧姆中心值是一个重要指标,它是通过电阻适当的串、并联来实现。在设计测量电阻的线路时,一般是从低阻高倍率挡开始,然后再按 10 倍关系的倍率来确定其他各挡的测量线路。如 MF.30 万用表的电阻测量线路是先从×1 k 挡开始设计的。为了简化说明,将该挡的测量电路画出,如图 11.11 所示。

图中 R_0 可调电阻的作用在后面介绍。为便于说明设计原理,此处先暂时将滑头 d 点调至 R_0 的最右端来分析,即将 R_0+R_0' 作为一个分流电阻来处理。MF.30 万用表在该挡的欧姆中心值是 25 kΩ,其测量机构的内阻 R_g 为 3.44 kΩ,满偏电流为 40.6 μA,U_S 值先设为 1.5 V,使外测电阻 $R_x=0$(即电表两端钮短接)时,表头指针满偏。则有如下关系式:

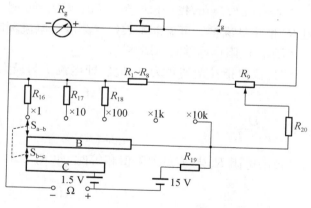

图 11.10　MF.30 型万用表电阻测量线路

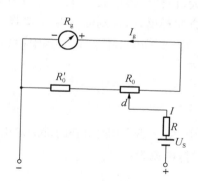

图 11.11　MF.30 型万用表×1 k 电阻挡测量线路

$$\frac{1.5}{0.5\times10^3}\times\frac{R_0'+R_0}{3.44\times10^3+(R_0'+R_0)}=40.6\times10^{-6} \tag{11.6}$$

而且有关系式:

$$R+\frac{3.44\times10^3\times(R_0'+R_0)}{(R_0'+R_0)}=25\times10^3 \tag{11.7}$$

通过求解,即可计算出该图中的$(R_0 + R_0')$和R的值。为了共用元件,图 11.10 中的R_0'即为该表直流电流测量线路中的$R_1 \sim R_8$,R_0即为直流测量线路中的R_9。该图中的R即为图 11.10 中的R_{20}。

b. 低阻高挡线路设计完成后,那么低阻低挡各线路只要在低阻高挡线路的基础上适当并联分流器即可,但并联分流器后必须满足该低挡量程的欧姆中心值。如图 11.12 所示。例如图中的转换开关在×100 的位置时,应使R_3与25 kΩ 并联后的总电阻值为×100 这一挡的欧姆中心值2.5 kΩ,即

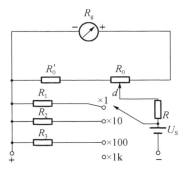

$$\frac{25R_3}{25+R_3}=2.5 \tag{11.8}$$

依此类推,即可计算出×1、×10 等各挡所需并联的电阻值,如图 11.12 中的R_1、R_2。

图 11.12 万用表低阻低倍率档线路

c. 零欧姆调整器的计算。

图 11.12 中的R_0就是零欧姆调整器,也称调零电阻,在万用表的面板上安装调节按钮进行调节。它的设置是为了考虑电池电压的变化,因为干电池随使用或存放时间的长短,其端电压U_s会有变化,它的变化将会使电阻测量结果有较大误差。设置调零电阻,就能使电池电压有变动时,保证在$R_x=0$时,表头指针能位于欧姆零点位置,即表头满偏位置,并使欧姆中心值基本维持不变。电源电压U_s值的变化范围一般考虑在 1.2~1.6 V 之间,电压在最低和最高时,电路的总电流分别设为I_L和I_H,有

$$I_L=\frac{1.2}{R_m} \tag{11.9}$$

和

$$I_H=\frac{1.6}{R_m} \tag{11.10}$$

设R_m为某挡的欧姆中心值。因为在$R_m=0$时,表头都应满偏,那么当电源为 1.2 V 时,因电路总电流小,则表头的分流电阻应加大些,调零电阻的滑动触头d应在R_0的最右端,这时$(R_0 + R_0')$为分流电阻。

而在 1.6 V 时,表头分流电阻应变小,则调零电阻的滑动触头d应在R_0最左端。这时R_0'为分流电阻,而R_0则与表头内阻串联。

有

$$I_H \frac{R_0}{R_0'+R_0+R_8}=I_g \tag{11.11}$$

$$I_L=\frac{R_0'+R_0}{R_0'+R_0+R_8}=I_g \tag{11.12}$$

欧姆表高阻挡的计算与低阻挡相似,只是干电池电压及欧姆中心值都提高了 10 倍。见

图 11.10 中的×10 k 挡。

（5）电平的测量

① 电平的单位——分贝

电平也是表示电功率或电压大小的一个参量,但它不用绝对值表示,而是用相对值表示。因为功率或电压通过某一网络后总会产生衰减或放大,人们不但需要了解输出功率或电压的绝对值为多大,而且也需了解输出功率或电压与输入功率或电压的比是多大,这种相对值的表示方法有许多种,比如可用百分数表示,但电平则是用对数来表示这种放大或衰减倍数的。用 S 表示电平,其定义为:

$$S = 10\lg\frac{P_2}{P_1}\ (\text{dB}) \tag{11.13}$$

电平的单位是分贝,并以符号"dB"表示。用 P_2 表示输出功率,P_1 表示输入功率。可以看出,当 $P_2 < P_1$ 时,"dB"为负值,表示衰减,反之,$P_2 > P_1$ 时则表示放大。

实际测量中,电压测量较为方便,在负载电阻 R_L 一定的情况下,有 $P = U_2/R_L$ 关系式。可以得到用电压表示的电平表达式为:

$$S = 20\lg\frac{U_2}{U_1}\ (\text{dB}) \tag{11.14}$$

式中:U_2 表示输出电压;U_1 表示输入电压。

② 零分贝

以上两个电平的表达式反映了输入与输出的相对变化,称为相对电平。为了确定电路中某负载的绝对电平,需规定一个标准零分贝来比较。通常规定在 600 Ω 电阻上消耗 1 mW 的功率作为标准零分贝,用 P_0 表示。这样,电路中某负载的电平,即绝对电平表示的就是该负载的功率 P 与零电平功率 P_0 比值的对数,绝对电平 S_0 可表达为:

$$S_0 = 10\lg\frac{P}{P_0} = 10\lg\frac{P}{1\ \text{mW}}\ (\text{dB}) \tag{11.15}$$

根据 $U = \sqrt{PR}$ 公式,可以得到对应于零分贝功率时的零分贝电压值为:

$$U_0 = \sqrt{1\times10^{-3}\times600} = 0.775\ \text{V} \tag{11.16}$$

这样任意一个电压都可以用绝对电平来表示,即

$$S_0 = 20\lg\frac{U}{U_0} = 20\lg\frac{U}{0.775}\ (\text{dB}) \tag{11.17}$$

万用表上的分贝标尺,一般都是按绝对电平来刻度的,由式(11.14)可见,分贝数 S_0 和电压 U 是一一对应的,所以分贝刻度就与电压挡的刻度相对应。万用表一般是与交流电压最低挡对应的,零分贝的位置就是交流电压标尺 0.775 V 的位置。当电压 $U > 0.775$ V 时,对应的分贝标尺刻

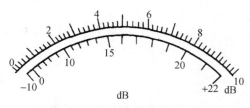

图 11.13　万用表分贝标尺

度是正的,当 $U<0.775$ V 时,对应的分贝标尺刻度是负的,如图 11.13 所示。从图中看出,电压标尺与分贝标尺的对应关系,例如:

电压 $U=7.75$ V,则分贝值为 $20\lg 7.75/0.775=20\lg 10=20$ dB。

电压 $U=10$ V,则分贝值为 $20\lg 10/0.775=22.2$ dB。

电压 $U=0.245$ V,则分贝值为 $20\lg 0.245/0.775=-10$ dB。

所以在万用表中的电平测量线路实质上就是交流电压的测量线路,只不过是把测量的读数换成分贝数。

③ 分贝量程的扩大

由图 11.13 看到,分贝标尺是与交流电压挡的最低挡(10 V 挡)相对应的,称之为基准分贝读数。即 $U=10$ V 时,分贝值为 22.2 dB。当被测电平较高时,只要把转换开关转到交流电压的高量程挡即可。例如转换开关转到交流 50 V 挡上,这时电压的最大量程比 10 V 扩大了 5 倍,分贝数则为:

$$20\lg \frac{5U}{0.775}=20\lg 5+20\lg \frac{U}{0.775}=14+20\lg \frac{U}{0.775}(\text{dB}) \tag{11.18}$$

即在交流 50 V 挡位时,分贝读数应在基准分贝读数基础上再加上 14 dB 的附加分贝值。

在交流电压 100 V 挡位时,分贝数则为:

$$20\lg \frac{10U}{0.775}=20\lg 10+20\lg \frac{U}{0.775}=20+20\lg \frac{U}{0.775}(\text{dB}) \tag{11.19}$$

即分贝读数在基准分贝读数基础上再加上的 20 dB 的附加分贝值。

在交流电压 250 V 挡位时,分贝数为:

$$20\lg \frac{250}{0.775}=20\lg 25+20\lg \frac{U}{0.775}=28+20\lg \frac{U}{0.775}(\text{dB}) \tag{11.20}$$

即分贝读数在基准分贝读数基础上再加上的 28 dB 的附加分贝值。

在交流电压 500 V 挡位时,分贝数为:

$$20\lg \frac{50U}{0.775}=20\lg 50+20\lg \frac{U}{0.775}=34+20\lg \frac{U}{0.775}(\text{dB}) \tag{11.21}$$

即分贝读数在基准分贝读数基础上再加上的 34 dB 的附加分贝值。

MF.30 型万用表对应于交流电压量程的 10 V、100 V、500 V 三个挡位,就有 $+22$ dB、$+42$ dB、$+56$ dB 三个分贝附加量程。

(6) 电容的测量

有的万用表还有测量电容的挡位。在 MF-16 型万用表用来测量电容时,需将被测电容 C_x 与表棒串接到 250 V、50 Hz 的交流电源上,如图 11.14 所示。

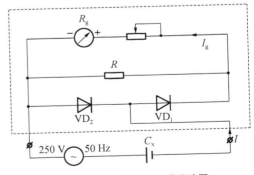

图 11.14　万用表电容测量线路图

电表内部线路即为交流 250 V 挡的测量线路。设该挡的电表总内阻值为 R，根据交流电路理论，该电路的总电流大小 I 与电源电压 U(250 V)、频率 f(50 Hz)及被测电容 C_x 有关，表达式为：

$$I = \frac{U}{\sqrt{R^2 + \left(\dfrac{1}{\omega C_x}\right)}} \tag{11.22}$$

式中：U、R、ω 都是定值，则 I 与 C_x 是一一对应的关系。不同的 C_x 值，电路中有不同的电流值，表头指针就有对应的偏转角，从而就得到了不同的 C_x 的读数。

3）万用表整体电路的整合

前面已将万用表各类电量测量线路分别做了介绍，将单一电路进行整合即得到整体电路。在整合过程中，主要考虑以下几点：

（1）共用一个磁电系表头。

（2）通过转换开关进行各挡的转换，转换开关尽量少，便于操作。

（3）元件尽量共用。例如直流电压与交流电压的分压电阻，直流电流、直流电压、交流电压、电阻测量等线路的表头分流电阻等都应尽量共用，以提高元件利用率，缩小产品体积。

图 11.15 是 MF. 30 型万用表的总体电路图，供参考。

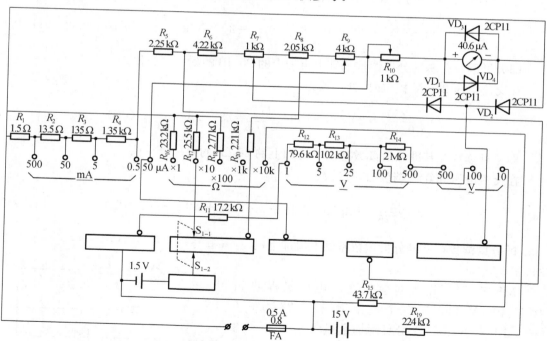

图 11.15　MF. 30 型万用表总体电路图

11.3　万用表的软件仿真

在设计完成万用表电路之后,我们就可以利用电路仿真软件(EWB)来对自己设计的电路进行仿真与调试了。具体步骤如下:

1) EWB 软件的学习

有关仿真软件的基本知识和使用方法,在本书第五部分虚拟电路实验平台(EWB5.0)中有介绍,学生可通过教师现场讲授或课后自学来进行掌握。

2) 单元电路的仿真

将自己设计的各个单元电路用 EWB 软件生成电路图并进行仿真和调试,直至满足各单元电路的设计要求。

3) 方法与步骤

(1) 起动 EWB5.0 软件,在 EWB 主窗口的工作区内创建各单元电路的测试电路。

注意事项:要保证各元件之间的连接可靠。

① 尽可能减少电路中不必要的连线和节点,连线应尽量避免过多的拐弯,连线之间应保持一定的距离,不能太密。

② 对于各量程挡位的设置,可设计成几个节点分别代表不同的挡位在仿真时将相应挡位的节点与测量电路相连即可,如图 11.16 所示。

图 11.16 中各挡位量程的标注通过对相应节点的"label"设置来实现,表头内阻的大小可直接通过对电流表的内阻设置来实现。

(2) 对所创建的单元电路功能进行仿真测试。

包括以下几项:

① 直流电流挡的仿真。在所设计的直流电流

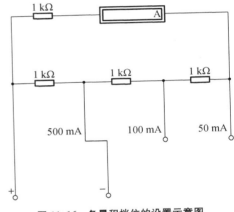

图 11.16　各量程挡位的设置示意图

测量电路的输入端分别输入不同量程的直流电流(由元件库中的直流电流源提供,通过设置"value"得到不同大小的输入电流),在测量表头所在位置放置一电流表并设置适当参数,接通相应量程挡,观测电流表的读数,与实际输入值(或由输入电压产生的输入电流值)进行比较,若两数值相等或相近,则所设计的单元电路通过仿真测试;否则,需重新对该单元电路进行设计和仿真(在两数值相差不大的情况下,也可通过直接改变电路电阻参数设置来进行优化和再设计)直至两数值相等。

② 直流电压挡的仿真。在所设计的直流电压测量电路的输入端分别输入不同量程的直流电压(由元件库中的直流电压源提供,通过设置"value"得到不同大小的输入电压),在测量表头所在位置放置一电流表并设置适当参数,接通相应量程挡,观测电流表的读数,与理论计算值(表头读数)进行比较,若两数值相等或相近,则所设计的单元电路通过仿真测试;否则,需重新对该单元电路进行设计和仿真(在两数值相差不大的情况下,也可通过直接

改变电路电阻参数设置来进行优化和再设计），直至两数值相等。

③ 交流电流挡的仿真。在所设计的交流电流测量电路的输入端分别输入不同量程的交流电流（由元件库中的交流电流源提供，通过设置"value"得到不同大小的输入电流），在测量表头所在位置放置一电流表并设置适当参数，接通相应量程挡，观测电流表的读数，与实际输入值（或由输入电压产生的输入电流值）进行比较，若两数值相等或相近，则所设计的单元电路通过仿真测试；否则，需重新对该单元电路进行设计和仿真（在两数值相差不大的情况下，也可通过直接改变电路电阻参数设置来进行优化和再设计），直至两数值相等。

④ 交流电压挡的仿真。在所设计的交流电压测量电路的输入端分别输入不同量程的交流电压（由元件库中的交流电压源提供，通过设置"value"得到不同大小的输入电压），在测量表头所在位置放置一电流表并设置适当参数，接通相应量程挡，观测电流表的读数，与理论计算值（表头读数）进行比较，若两数值相等或相近，则所设计的单元电路通过仿真测试；否则，需重新对该单元电路进行设计和仿真（在两数值相差不大的情况下，也可通过直接改变电路电阻参数设置来进行优化和再设计）直至两数值相等。

⑤ 电阻挡的仿真。在所设计的直流电压测量电路的输入端分别输入不同量程的电阻元件，（在电源位置放置相应的电源）在测量表头所在位置放置一电流表并设置适当参数，接通相应量程挡，观测电流表的读数，与理论计算值（表头读数）进行比较，若两数值相等或相近，则所设计的单元电路通过仿真测试；否则，需重新对该单元电路进行设计和仿真（在两数值相差不大的情况下，也可通过直接改变电路电阻参数设置来进行优化和再设计），直至两数值相等。

4）整体电路的仿真

在单元电路设计完成并、仿真过后，就可以进行整体电路的设计和仿真了。整体电路的仿真必须是在整体电路设计完成并经过初步检查后方可进行。方法与步骤如下：

（1）起动 EWB5.0 软件，在 EWB 主窗口的工作区内创建整体电路的测试电路。注意事项与单元电路相同。

（2）对所创建的整体电路功能进行仿真测试。包括以下几项：

① 直流电流挡的仿真（与相应单元电路的仿真相同）。

② 直流电压挡的仿真（与相应单元电路的仿真相同）。

③ 交流电流挡的仿真（与相应单元电路的仿真相同）。

④ 交流电压挡的仿真（与相应单元电路的仿真相同）。

⑤ 电阻挡的仿真（与相应单元电路的仿真相同）。

在整体电路通过仿真、优化并得到满意的结果后，此次课程设计的任务就基本完成了。接着就是对课程设计任务完成的验收。

11.4　课程设计验收标准

课程设计的验收分以下几项：

（1）设计部分（包括单元电路的设计与仿真、整体电路的设计）由指导老师审图并提问，考察设计部分完成情况。

　　验收标准:要求单元电路设计完整、原理清楚,线路连接及参数计算合理。要求整体电路框架完整、思路明确、经过总体考虑且布局与设计线路基本合理。

　　(2)仿真部分(包括整体电路的仿真与优化)

　　由指导老师检查每个测量电路的仿真结果并进行提问,考察仿真部分完成情况。

　　验收标准:要求整体电路的绘制布局合理,线路清晰完整。要求每个测量电路的输入值与测量读数在误差范围内相同或相近。

　　"电路原理"课程设计是使学生通过有关课题的设计、分析、计算,加深对所学基本知识的理解,进一步培养和提高学生的自学能力、实践动手能力和分析解决实际问题的能力,使学生受到工程设计的初步训练,为以后参与有关电路设计及研制开发新产品打下初步基础。

　　"电路原理"课程设计是理论和实践相结合的教学环节,学生学完"电路原理"课程。初步掌握电路分析的基本原理和基本分析方法,通过有关课题的设计,达到以下基本要求:

　　(1)巩固和加深对"电路原理"课程基本理论的理解,提高学生综合运用理论知识的能力。

　　(2)学生了解实际工程设计中,根据课题要求进行设计计算,选择元器件及调试电路等各个实践环节,培养综合分析和创新的能力。

　　(3)掌握常用电工仪表的有关知识,能正确使用仪表。

　　(4)了解与设计课题有关的电路及元器件的工程技术规范,能按课程设计任务书的要求,编写设计说明书,正确绘制电路图。

　　(5)培养学生严肃认真的科学态度和工作作风。通过课程设计,帮助学生逐步建立正确的生产实践观点、经济观点和全局观点。

　　从以上要求出发,我们选择了一些针对性较强、实用性较高的课题供学生进行课程设计。

12 直流稳压电源的设计与仿真

12.1 课程设计任务书及时间安排

1) **课程设计任务**

（1）在学习掌握电工仪表基本知识的基础上，掌握电源变压器的设计和计算方法并设计单路 5 V 直流稳压电源。

（2）在设计电路的基础上，利用仿真软件，在计算机上进行仿真实验、调试，并观察直流稳压电源的各点波形。

2) **直流稳压电源的技术指标**

（1）输入：AC 220 V±10%，50 Hz。

（2）输出：DC5 V±2%，1 A。

（3）稳定度（$\Delta U/U$）：小于 0.01。

（4）波形电压：$U_{p-p}<5$ mV。

3) **仿真软件仿真、调试**

（1）学习掌握仿真软件知识及操作方法。

（2）应用软件仿真直流稳压电源，具体内容为：画出直流稳压电源的完整电路图，并存盘；对每个点的电压及波形进行仿真测量；分析误差，调节元件参数，查找故障点。

4) **课程设计报告要求**

（1）设计任务及主要技术指标。

（2）各单元电路的设计计算过程。

（3）整体电路设计过程，打印整体电路图。

（4）元器件明细表。

（5）总结收获和体会。

5) **课程设计考核方法**

学生完成电路设计后，通过仿真，指导老师对每个学生的设计，选择部分输出点进行验收检查，并通过提问或设置故障等形式，了解学生的设计水平、掌握电路基本知识的程度、独立解决问题的能力及工作作风、学习态度等情况；结合课程设计报告，指导教师对每位学生作出评语。成绩分为优秀、良好、中等、及格、不及格五个等级。

6) **课程设计阶段安排**

课程设计为时一周，以教学班为一教学单位，每个学生单独进行设计的全过程。整个过程分为以下三个阶段：

（1）布置课程设计任务、指导设计阶段。

　　在这一阶段中,指导老师向学生布置课程设计任务及要求。给学生讲授有关直流稳压电源的电路原理及设计方法以及元器件的有关知识,使学生明确设计任务、要求、技术指标等有关设计的内容,掌握直流稳压电源的有关知识,学会直流稳压电源电路的设计计算和电路综合的方法,能单独进行电路的设计,绘制出单元电路及整体电路图,列出元器件明细表,送老师审核。

　　(2) 仿真阶段

　　这一阶段在软件平台上完成,首先由指导教师介绍仿真软件基本知识及操作方法,提出仿真要求,使学生学会利用软件绘制电路进行仿真实验、调整元器件、排除电路故障等技术,然后学生独立进行仿真,使电路达到设计要求,经指导教师考核合格后,方可完成设计任务。

　　(3) 总结报告阶段

　　学生根据设计、仿真过程进行总结、整理,写出符合要求的课程设计报告。

12.2　直流稳压电源的设计和计算

　　1) 直流稳压电源的基本知识

　　在实践中,电子设备要正常工作,需要稳定的直流电源供电。小功率稳压电源是由电源变压器、整流、滤波和稳压电路等四部分组成的。

　　电源变压器是将电网电压 220 V 变为整流电路所需的交流电压,然后通过全波整流电路将交流电压变成脉动的直流电压,通过滤波电路将此脉动的直流电压中含有较大的纹波滤除,从而得到平滑的直流电压。但这时的直流电压还会随电网电压波动、随负载和温度的变化而变化,因而在整流、滤波电路之后,还需接上稳压电路,以维持输出的直流电压稳定。

　　(1) 电源变压器的工作原理。

　　电源变压器的作用是将电源电压 $u_1(t)$ 变成整流电路需要的交流电压。即

$$u_2(t) = \sqrt{2}U_2 \sin\omega t \text{(V)} \tag{12.1}$$

　　① 虽然,变压器初、次级电压之比是与初、次级匝数成正比的。但次级输出电压的幅度并非仅取决于匝数比,它由下式决定:

$$u_2 = 4.44 f B_m S_c N_2 \times 10^{-8} \text{(V)} \tag{12.2}$$

　　由式(12.2)可得变压器应选用的每伏匝数 T_V 为:

$$T_V = \frac{N_2}{U_2} = \frac{10^8}{4.44 f B_m S_c} \text{ (匝/V)} \tag{12.3}$$

　　可见选用较好的铁芯材料和较大的铁芯截面积可使每伏匝数 T_V 减少,但也不能使变压器体积过分庞大。因此,必须适当选择 S_c 和 B_m,以达到额定的输出电压。

　　② 额定输出功率和输入功率是电源变压器的两项主要指标。电源变压器的额定输出功率 P_s 是次级在额定负载下输出的视在功率,它决定于次级负载和整流电路。若采用桥式全波整流电路,然后滤波,则此时变压器额定功率 P_s 为:

$$P_S = U_2 I_2 \qquad\qquad (12.4)$$

电源变压器的传输效率是额定输出功率 P_S 和实际输出功率 $P_{输出}$ 之比的百分数：

$$\eta = P_S / P_{输出} \times 100\% \qquad\qquad (12.5)$$

（2）整流电路

有半波整流、全波整流和桥式整流几种方式。考虑到整流效率及对器件的要求，多采用桥式全波整流电路，即用 4 只整流二极管 $V_1 \sim V_4$ 连接成电桥形式的整流电路。它利用二极管的单向导电性，将电源变压器输出的交流电压 $u_2(t)$ 变成单方向的全波脉动直流电。由于桥式整流电路经常使用，故该电路已被制成整流桥器件，市场上有多种规格型号供选择。

（3）滤波电路

可用动态元件 L、C 来实现，但在实际应用中，通常利用电容元件在电路中的储能作用，在负载两端并联电容 C，当电源供给的电压升高时，它把部分能量储存起来，而当电源电压降低时，就把能量释放出来，使负载电压平滑，达到滤波的目的。

（4）稳压电路

经整流滤波后的直流电源还不是理想的电源，它会随着负载的变化，输入电网电压的波动而改变输出电压的大小。因此，必须采用稳压电路来维持输出电压的稳定。随着电子技术的发展，为满足市场需求，各种稳压模块相继问世。目前较为常用的是三端稳压器，如具有固定输出的 78XX 系列、79XX 系列，输出连续可调的 317 系列等。

2）电路设计

（1）单元电路的选择和设计

① 电源变压器。

② 整流电路。

③ 滤波电路。

④ 稳压电路。

（2）确定各部分的电路参数。

（3）各器件参数确定

① 变压器。

② 整流桥。

③ 滤波电容。

④ 去耦电容。

12.3　直流稳压电源的软件仿真

在设计完成直流稳压电源电路之后，我们就可以利用电路仿真软件（如 EWB）来对自己设计的电路进行仿真与调试了。具体步骤如下：

1）仿真软件的学习

有关仿真软件的基本知识和使用方法，在本书第五部分虚拟电路实验平台（EWB5.0）中有介绍，学生可通过教师现场讲授或课后自学来进行掌握。

2）单元电路的仿真

将自己设计的各个单元电路用软件生成电路图并进行仿真和调试，直至满足各单元电路的设计要求。

3）方法与步骤

（1）起动 EWB5.0 软件，在 EWB 主窗口的工作区内创建各单元电路的测试电路。注意事项：

① 要保证各元件之间的连接可靠。

② 尽可能减少电路中不必要的连线和节点，连线应尽量避免过多的拐弯，连线之间应保持一定的距离，不能太密。

（2）对所创建的单元电路功能进行仿真测试。包括以下几项：

① 变压器电路的仿真。在所设计的变压器电路的输入端分别输入不同大小的交流电源电压（由元件库中的交流电压源提供，通过设置“value”得到不同大小的输入电压），输出端接入一电压表，观测输出端电压表的读数，与理论输出值（即由输入电压作用下的输出电压值）进行比较，若两数值相等或相近，则所设计的变压器单元电路通过仿真测试；否则，需重新对该单元电路进行设计和仿真（在两数值相差不大的情况下，也可通过直接改变电路参数设置来进行优化和再设计），直至两数值相等。

② 整流电路的仿真。在所设计的整流电路的输入端分别输入不同大小的交流电压，在整流电路的输出端接入一示波器，观测输出电压的波形，与理想波形进行比较，若两波形相同，则所设计的整流单元电路通过仿真测试；否则，需重新对该单元电路进行设计和仿真，直至达到理想波形。

③ 滤波电路的仿真。在所设计的滤波电路的输入端输入幅度不同的整流波，在滤波电路的输出端接入一示波器，观测输出电压的波形，与理想波形进行比较，若两波形相同，则所设计的滤波单元电路通过仿真测试；否则，需重新对该单元电路进行设计和仿真，直至达到理想波形。

④ 稳压电路的仿真。在所设计的稳压电路的输入端输入滤波电路的输出电压，在稳压电路的输出端接入一示波器，观测输出电压的波形，与理想波形进行比较，若两波形相同，则所设计的滤波单元电路通过仿真测试；否则，需重新对该单元电路进行设计和仿真，直至达到理想波形。

4）整体电路的仿真

在单元电路设计完成并通过仿真后，就可以进行整体电路的设计和仿真了。整体电路的仿真必须是在整体电路设计完成并经过初步检查后方可进行。

方法与步骤如下：

（1）起动 EWB5.0 软件，在 EWB 主窗口的工作区内创建整体电路的测试电路。注意事项与单元电路相同。

（2）对所创建的整体电路功能进行仿真测试。包括以下几项：

① 测试直流稳压电源各级电压，观察各级电压的波形。

② 验证直流稳压电路的稳压功能，测试直流稳压电路的稳压系数。

在整体电路通过仿真、优化并得到满意的结果后，此次课程设计的任务就基本完成了。接着就是对课程设计任务完成的验收。

12.4　课程设计验收标准

此次课程设计的验收分以下几项：

1）设计部分（包括单元电路的设计与仿真、整体电路的设计）

由指导老师审图并提问考察设计部分完成情况。

验收标准：要求单元电路设计完整、原理清楚，线路连接及参数计算合理；要求整体电路框架完整、思路明确、经过总体考虑且布局与设计线路基本合理。

2）仿真部分（包括整体电路的仿真与优化）

由指导老师检查每个测量电路的仿真结果并进行提问，考察仿真部分完成情况。

验收标准：要求整体电路的绘制布局合理，线路清晰完整；要求每级电路的输出电压及波形符合设计要求；直流稳压电源的稳压功能能实现，稳压系数符合设计要求。

13 电路与电气控制电路的设计

13.1 电路与电气控制课程设计的目的、任务和基本要求

1）课程设计的目的和任务

（1）课程设计的目的

电路与电气控制课程设计是针对"电路与电气控制"课程对学生能力培养要求进行综合训练性质的课程。其任务是让学生通过有关课题的设计计算和安装调试，进一步加深对所学基础知识的理解以及进一步培养和提高学生自学能力、实践动手能力和分析解决实际问题的能力。课程设计的着眼点是让学生从理论学习的轨道转向实际，使他们受到工程设计的初步训练，为以后参与有关电路设计及研制新产品打下初步基础。

（2）课程设计的任务

通过本课程设计要求学生能根据生产设备的简单要求独立设计出合理的电气控制线路；正确选用所需的电器元件；并能自己动手进行模拟安装调试，以检验设计是否正确合理。并要求绘出电气原理图及编写电气原理图说明书。

2）课程设计的基本要求

电路与电气控制课程设计是理论和实践紧密结合的教学环节。要完成这一教学环节，学生应当学完"电路与电气控制"课程，初步掌握课程设计的基本原理和基本单元电路的分析方法及设计方法。课程设计应当达到的基本要求如下：

（1）巩固和加深对电路与电气控制课程基本知识的理解，提高学生综合运用所学知识的能力。

（2）培养学生根据课题需要选用参考书，查阅手册、图表和文献资料的能力，以及提高学生独立解决工程实际问题的能力。

（3）通过设计方案的分析比较、设计计算、元件选择及电路安装调试等环节，初步掌握简单实用电路的工程设计方法。

（4）掌握常用仪器设备的正确使用方法，学会对简单实用电路的实验调试和对性能指标的测试方法，提高学生的动手能力。

（5）了解与课题有关的电路以及元器件的工程技术规范，能按课程设计任务书的要求编写设计说明书，能正确反映设计和实验成果，能正确绘制电路图等。

（6）培养学生严肃认真的工作作风和科学态度。通过课程设计实践，帮助学生逐步建立正确的生产观点、经济观点、全局观点和安全用电、节约用电的观点。

13.2　电气控制课程设计的安排和设计要求

1）课程设计的安排

课程设计一般以教学班为一教学单位，每 2～3 人可选用同一设计题目，但设计中的原理图设计和总结报告撰写，必须由每个学生独立完成。

整个课程设计过程，可分为三个阶段：

（1）指导与设计阶段

在这一阶段，教师讲授必要的电路原理和设计方法以及元器件知识，着重使学生明确任务，掌握工程设计的基本方法；教师向学生布置设计任务书；规定设计技术指标和其他要求；每个学生单独进行设计，同组同学讨论论证后确定一种方案，并绘出电气原理图，送教师审查。

（2）安装调试阶段

预设计经教师审查通过后，即可进行安装调试工作。首先由指导教师介绍实验设备和仪器的使用方法及实验室的注意事项，再由学生自己动手组装电路，进行实验调试。这一阶段的主要工作是学会正确布置、安装电路元器件；运用仪器检查、测量电路的工作状态；排除电路故障；调整元器件，改进电路性能，使之达到设计要求。实验结果或做出的成品，经教师检查合格后，才算完成实验任务。

（3）总结报告阶段

学生对设计的全过程做出系统的总结报告，按统一格式写出设计说明书。编写设计说明书，能训练学生编制科技报告或技术资料的能力，同时也能使设计从理论上进一步得到总结提高，所以设计说明书必须独立完成。课程设计说明书应包括的主要内容有：

① 设计题目；

② 设计目的、任务及主要技术指标和要求；

③ 选定方案的论证及电路的工作原理；

④ 各单元电路的设计计算、元器件选择，并按国家有关标准画出电路图，列出元器件明细表；

⑤ 对设计成果做出评价，说明本设计的特点和存在的问题，提出改进意见；

⑥ 通过课程设计所得到的收获和体会。

2）课程设计的考核方式

学生完成课程设计后，教师可以通过设计答辩或经验交流等形式，了解学生的设计水平。最后由指导教师根据学生对电路基本知识掌握的程度、选定方案及设计计算是否正确、电路安装和动手调试能力、独立解决问题的能力和创新精神、总结报告及答辩水平、学习态度和工作作风等来评定成绩。指导教师对每个学生写出评语。成绩可按优秀、良好、中等、及格、不及格分为五等。

3）课程设计电气原理图的基本准则及设计要求

（1）设计电气原理图的基本准则

电气原理图是按主电路和控制电路相互分开,依据各电气元件动作的先后顺序(不管电气元件的实际安装位置)从上到下、从左到右依次排列,可水平或垂直绘制。

① 电源电路。三根电源线应集中、水平画在图纸的上方,相序自上而下排列,并标注 L_1、L_2、L_3。

② 主电路和控制电路应分开画。

主电路(又称动力电路):从电源到电动机通过强电流的路径。每个电动机及其保护电器的支路应垂直于电源电路画在图纸左侧,用粗实线表示。

控制电路(又称辅助电路):是除主电路以外的电路,它包括控制回路、照明电路、保护电路等,由继电器线圈和触点、接触器线圈和触点、按钮、照明灯、控制变压器等元件组成。控制电路应垂直地画在两条水平电源线之间,并且画于图纸的右侧,用细实线表示。电路中耗电元件(如电器的线圈、信号灯等)应直接与下方水平电源线连接,辅助触点接在上方水平电源线与耗电元件之间。

③ 原理图中,无论是主电路还是控制电路,各电气元件一般应按动作顺序从上到下、从左到右依次排列,可水平或垂直布置。

④ 电气原理图中,各电器元件不画实际外形,而采用国标统一规定的标准图形符号、文字符号表示。同一电器的各部件可分散画,但必须用同一文字符号表示。各电器元件的导电部分如线圈和触点的位置,应根据便于阅读和分析的原则安排,绘在它们完成作用的地方。

⑤各触点都按常态绘制(不通电、不受力作用时的状态)。如接触器未加电压时触点处于断开状态,按动合触点符号画;热继电器的触点是热元件尚未过热处于闭合的状态,按动断触点的符号画;按钮、行程开关的触点按不受力作用时触点处于断开状态,按动合触点符号状态画。

⑥ 电气原理图的图形符号、文字符号和各电器连接线的符号应采用国标(采用 1987 年颁布的新国标"GB4728"和"GB7159")。各电器之间的连接线均标有编号,即在电路每个接点上标有编号。通常主电路标号由一个字母加数字脚标组成,如三相电源引线标 L_1、L_2、L_3,三相交流设备各端点标 U_1、V_1、W_1 控制电路标号由数字按顺序编号,如 1、2、3…。

⑦ 原理图中,有直接电连接的交叉导线的连接点,要用黑圆点表示。无直接电连接的交叉导线不能画黑圆点。

⑧ 划分图区并编号。为便于检索、方便阅读电气原理图,一般将原理图划分成若干区域(简称图区)并用数字给图区编号,写在图纸下部。在图纸上部用文字表明它对应下方元件或电路的功能,使读者清楚地知道某个元件或某部分电路的功能以便于理解全电路的工作原理。

⑨ 文字符号位置的索引。原理图中,同一电气元件的各个部分不是画在一起的。为了较快查找同一电器的各个部分,把各电器的线圈或热元件与其触点从属关系用索引法表示。即在电器的线圈或热元件符号下方标出其触点所处的图区号,对未使用的触点用"X"表示或省去;在触点代号下方其线圈或热元件的图区号。

（2）设计要求

电气控制线路是自动化生产中的重要组成部分，它对控制系统能否准确而可靠地工作起着决定性作用。设计出的线路要经济实用、安全可靠，使用及维修方便。

设计控制线路时一般应满足以下要求：

① 控制线路应满足机床的工艺要求。设计人员在设计前应对机床的结构特点、工作性能、实际加工情况、工作环境及对操作人员的要求等有充分的了解。在此基础上考虑控制方式和对电动机的控制要求，利用基本控制环节组成符合要求的控制线路。

② 保证控制线路工作可靠、安全。电器元件应正确连接，使线路可靠工作。在设计控制线路时，必须采取一定的保护环节，以便线路一旦发生故障时，能保证操作人员和电气设备、机床的安全，并能及时有效地制止事故的发生。

常用的保护措施有：短路保护、过载保护、零压（或欠压）保护、联锁保护、过流保护、油压保护及一些事故信号指示等。

③ 控制线路力求简单和经济。在保证控制线路正常工作前提下，尽量减少电器元件的数量、触点数和连接导线数。

④ 线路的操作、调整和维修要方便。控制线路应操作简单、维修安全方便，避免带电检修。电器元件一般应留有备用触点，便于调整和改接线之用。

（3）设计中应注意的几个问题

① 正确连接电器的线圈。两个或多个电器的线圈不能串联使用，应并联使用。

② 正确连接电器的触点。所有电器的触点都应画在上方水平电源线与线圈之间，这样当触点发生故障时，不致引起电源的短路，使电路工作可靠；同一电器的触点在线路中应尽可能具有公共连接点，这样既可简化接线工作，又可减少导线数或导线的长度。

③ 尽量减少电器数量和触点数量。在满足动作要求的前提下，所用电器数量和触点数量越少，控制线路的故障率就越低，工作的可靠性也就越高。

④ 尽量减少电器线圈接通时所经过的触点数。可减少流过触点的电流，降低对触点容量的要求。

⑤ 防止出现寄生电路。电路在正常工作或事故情况下，出现意外接通的电路称为寄生电路，一旦存在寄生电路，将造成误动作，破坏电路的工作顺序，甚至损坏电器。

下面介绍一下电动机及常用电气元件的选择。

4）电动机的选择 M

选择电动机要从技术和经济两方面考虑，既要合理选择电动机的容量、类型、结构型式和转速等技术指标，又要兼顾到设备的投资少、费用低等经济指标。

（1）电动机容量的确定

电动机容量的确定是选择电动机的关键，一般应由负载时的温升决定。容量选大了，不能充分发挥电动机的工作能力，且效率和功率因数低、投资高、不经济；容量选小了，将使电动机过载运行，导致超过额定温升，缩短其使用寿命，甚至烧毁电动机，因此必须合理地确定电动机的容量。

电动机容量的选择有两种方法：分析计算法和调查统计法。

对于机床,若主运动和进给运动由同一电动机驱动,可依据主运动所需功率来选择。若进给运动由单独电动机驱动并快速移动,电动机功率由快速移动所需功率来选择。快速移动所需功率一般由经验数据得到。

(2)电动机类型的选择

电动机类型是根据生产机械负载的性质来选择的。

① 起动次数不频繁、不需电气调速的生产机械,一般采用鼠笼式异步电动机。

② 要求调速范围较大、起动时负载转矩较大的生产机械,选用绕线式异步电动机。

③只要求几种速度、不要求连续调速的生产机械,选用多速异步电动机。

④ 要求调速范围广而且功率较大的生产机械,选用直流电动机。

⑤ 工作速度稳定而且功率大的生产机械,可选用同步电动机。

(3)电动机结构型式的选择

① 电动机按其安装方式不同分为卧式和立式两种结构型式。普通机床一般采用通用系列的卧式电动机。

② 根据工作环境选择电动机的防护型式。

a. 在正常工作环境下,一般采用防护式电动机。

b. 在干燥清洁的环境中,采用开启式电动机。

c. 在潮湿、粉尘较多或户外的场所,采用封闭式电动机。

d. 在有爆炸危险或有腐蚀性气体的地方,应选用防爆式或防腐式电动机

(4)电动机转速的选择

电动机转速应该根据生产机械的转速和传动装置的情况来确定。一般使电动机转速和生产机械转速相一致,当电动机转速与生产机械转速不一致时,可采用变速装置。

(5)电动机额定电压的选择

交流电动机的额定电压应与使用地点的供电电网电压相一致,一般车间的低压电网线电压为 380 V,因此常选的电动机的额定电压为 380 V。

直流电动机额定电压的选择有两种情况:当由单独发电机供电时,直流电动机的额定电压选用 220 V 或 110 V;当由晶闸管整流器装置直接供电时,选用新改进 Z_2 型电动机,具有 110 V、220 V 和 440 V 等多种电压等级。

5)常用低压电器元件的选择

(1)刀开关 Q

刀开关是在低压(500 V 以下)电路中作隔离或分断负载之用的手动电器。其类型繁多,有的装有灭弧室,用于分断电路;没有灭弧室的只作隔离开关;有的内部装有熔丝,可作保护用。

常用刀开关的型号有 HD11~HD14、HS11~HS13、HK1、HK2、HH3、HH4 系列。刀开关的选用主要根据电源种类、电流等级、电动机容量、所需极数及使用场合而定。当用刀开关来控制不经常起动的、容量小于 7.5 kW 的异步电动机时,其额定电流要大于电动机额定电流的 3 倍

类型代号说明:HD—单投刀开关;HS—双投刀开关;HK—开启式负荷开关;HH—封

闭式负荷开关；HR—熔断式刀开关。

（2）组合开关（又称转换开关）

组合开关主要用于交流 500 V 以下电路中，作为电源的引入开关、控制电路的转换开关、直接起停小型电动机的控制开关。

常用的型号有 HZ10 系列。其额定电流为 10 A、25 A、60 A 和 100 A，适用于交流 380 V 和直流 220 V 的电路。

组合开关的选择与刀开关相同。当采用组合开关来控制 5 kW 以下小容量异步电动机时，其额定电流一般为电动机额定电流的 1.5～2.5 倍。

（3）自动开关 Q

自动开关是一种既能正常通断电路，又能自动切断故障电路的电器。它广泛用作低压配电网络的保护开关及电动机、照明线路的控制开关。

常用的型号有 DZ5、DZ10、DW5、DW10 等系列，额定电压为交流 380 V，直流 2 20 V。额定电流有 10 A、20 A、25 A、…、2500 A、4 000 A 多种等级。

（4）按钮 SB

按钮是用来短时通断 5 A 以下小电流控制电路的手动电器，有单式、复式和三连式多种形式，复式按钮有动合和动断两种触点。停止按钮具有动断触点，并用红色标志。

常用型号有 LA2、LA10、LA19、LA20 等系列。

型号中结构型式可分为：K—开启式；H—保护式；S—防水式；F—防腐式；J—紧急式；X—旋钮式；Y—钥匙式；D—带指示灯式。

按钮的额定电压为交流 500 V、直流 440 V，额定电流为 5 A。

按钮应根据动作要求、使用场合、所需触点数以及颜色来选择。

（5）熔断器 FU

熔断器用作电路的短路保护和严重过载保护。熔断器主要由熔体及熔管（座）两部分组成。

① 熔断器的主要技术数据。

a. 额定电压：熔断器长期工作所能承受的电压。交流为 220 V、380 V、500 V，直流为 220 V 和 440 V。快速熔断器的额定电压可达交流 750 V。

b. 额定电流：分为熔断器的额定电流和熔体的额定电流。每一种电流等级的熔断器，可装入等于或小于熔断器额定电流的多种电流等级的熔体。

c. 极限分断能力：熔断器所能断开的最大短路电流，决定于熔断器的灭弧能力。

② 熔断器的选择。选择熔断器时，首先根据被保护对象选择熔断器类型和熔体额定电流，然后根据熔体额定电流确定熔断器规格。

a. 熔体额定电流的选择。熔体额定电流的选定应根据不同负载区别对待，通常有以下几种情况：对于变压器、电炉和照明等负载，熔体额定电流应略大于或等于负载额定电流；对于输配电线路，熔体额定电流应略小于或等于线路的安全电流；对于电动机负载，因其起动电流大，一般可按是保护单台电动机还是保护多台电动机以及电动机重载起动、全压起动、起动频繁或起动时间长短，选择系数取大值还是取小值。

b. 熔断器规格的选择。熔断器的额定电压应大于或等于线路的工作电压;熔断器的额定电流应大于或等于所装熔体的额定电流;熔断器的极限分断能力应大于被保护线路上的最大短路电流。

例如某机床控制线路中有三台电动机,额定电流分别为 57.6 A、4.89 A 和 0.47 A,则熔体的额定电流为:$I_{RN}=2.5×57.6$ A ＋ 4.89 A ＋ 0.47 A＝149.36 A,可选用 RL1.200 型熔断器,配 150 A 的熔体。

(6) 交流接触器 KM

交流接触器用于远距离接通和切断交流电动机的主电路,也可用来控制照明、电热器、电焊机等电力负载。

① 交流接触器的主要技术数据

a. 额定电压:吸引线圈的额定电压有 36 V、110 V、127 V、220 V 和 380 V 等级别。主触点额定电压有 380 V、660 V 和 1 140 V。辅助触点额定电压为 380 V。

b. 额定电流:主触点的额定电流有 10 A、20 A、40 A、60 A、100 A、160 A、250 A、400 A、600 A、1 000 A、2 500 A 及 4 000 A 等。辅助触点的额定电流为 5 A。

c. 辅助触点种类有动合触点和动断触点。不同系列的接触器辅助触点的数量不同,有二动合二动断、三动合三动断、五动合一动断、四动合二动断等。

d. 操作频率:是指每小时允许接通的次数。通常为 300～1 200 次/h。

② 常用交流接触器的型号。常用有 CJ10、CJ12 等系列交流接触器,CJ10 系列交流接触器由于重量轻、体积小、寿命长等优点,应用极广。CJ12 系列交流接触器适用于冶金轧钢、起重机等重复短时工作设备中,控制绕线型电动机的起动、停止和反转。

③ 交流接触器的选用。交流接触器主要根据被控制设备的不同来选择。其选择原则如下:

a. 吸引线圈的电压等级应与所控制电路的电压一致。

b. 触点的额定电压应大于或等于被控制电路的额定电压。

c. 主触点的额定电流应大于或等于被控制设备的额定电流。

d. 触点的种类、数量应满足控制线路的需要,如不能满足,可用增设中间继电器的方法解决。

(7) 中间继电器 KA

中间继电器用来传递或放大电信号,并能实现多条电路的控制。它的结构、工作原理与交流接触器相似。其特点是触点多、动作灵敏。

常用的中间继电器的型号有 JZ7、JZ8 系列,中间继电器主要根据控制电路的电压,所需的触点种类、数量及容量来选择。

(8) 热继电器 FR

热继电器用于对电动机进行过载保护。

常用的热继电器型号有 JR0、JR10、JR15、JR16 等系列,热继电器主要根据电动机的额定电流来选择热继电器的型号和热元件的电流等级。热元件的额定电流应等于或稍大于电动机的额定电流。每一等级的热元件都有一定的电流调节范围,即为整定值。选用时应使热继电器的整定电流等于电动机的额定电流。

例如：额定电压为 380 V、额定电流为 30.3 A 的电动机，可选用型号为 JR16.60/3 的热继电器，其热元件等级为 32 A，电流调节范围为 20～32 A，整定电流为 30.3 A。

（9）时间继电器 KT

时间继电器在电路中起着控制动作时间的作用。其种类很多，有空气阻尼式、电磁式、电动式和晶体管式。

① 空气阻尼式时间继电器：空气阻尼式时间继电器是利用空气的阻尼作用来获得延时动作的，有通电延时和断电延时两种类型。其特点是延时范围较宽（0.4～180 s），适用于交流控制电路中。常用的型号为 JS7-A 系列时间继电器，其主要技术数据可查手册。

② 电动式时间继电器：电动式时间继电器是利用同步电动机原理获得延时的。其特点是延时时间长。如 JS11 型电动式时间继电器的延时范围为 0～72 h 共有 7 个级别。但其结构复杂，体积大，寿命低，不宜频繁操作。

③ 电磁式时间继电器：电磁式时间继电器是利用电磁系统的阻尼作用来达到延时动作的。其特点是结构简单、寿命长，但延时时间短。如 JS3 型电磁式时间继电器的延时范围只有 4.5～16 s，适用于直流电路。

④ 晶体管式时间继电器：晶体管式时间继电器是利用 RC 电路电容器充放电原理而延时的。其特点是精度高、通用性强、可靠性高、体积小、寿命长、调节方便。JS20 型晶体管时间继电器（通电延时型）延时范围为 0.1～3 600 s，一般适用于自动控制电路。

时间继电器主要根据电源电压种类和等级、触点的型式和数量、延时时间和方式、瞬时触点数等来选择。

（10）速度继电器 KV

速度继电器是反映电动机转速或转向变化的一种自动电器。常用在电动机的反接制动和能耗制动控制线路中，当转速接近零时，它能及时地将电源自动切断。

在机床的控制线路中，常用 JY1 和 JFZO 型两种速度继电器，速度继电器主要根据被控制电动机的转速及所需的触点数量与型式等来选择。

（11）行程开关 SQ

行程开关又称限位开关，是一种利用生产机械运动部件的碰撞来发出控制指令的主令电器，用于控制生产机械的运动方向、行程大小、位置保持或限位。行程开关有 JW、LX19、JLXK1 等系列。

（12）控制变压器 TC

控制变压器用于低压控制电路中，作为机床的控制电源和局部照明电源。常用的型号有 BK、BKC 系列控制变压器。控制变压器的主要技术数据有额定容量、原边和副边额定电压。

① 选择控制变压器的原则为：控制变压器的原边、副边额定电压应分别与交流电源电压、控制电路电压相符。副边电压一般有 127 V、36 V、12 V、6.3 V 等：

a. 127 V 用于机床控制；

b. 36 V 或 12 V 用作局部照明；

c. 6.3 V 用作信号灯电源。

② 控制变压器容量可按下面两种情况确定：

a. 根据控制电路最大负载时所需的功率来计算。

b. 保证控制电路中所有交流电器在起动时可靠地吸合来计算。

控制变压器的容量通常选取 a 和 b 中最大容许值来确定。

当各类电气元件选择好以后，就可编制电气设备明细表，表内通常应注明各元件的代号、名称、型号、规格、数量、用途等。

6）继电接触器控制线路的设计举例

题目：C620 型机床电气线路的设计。

C620 型机床共有两台电动机，一台是主轴电动机 M_1，带动主轴旋转；另一台是冷却泵电动机 M_2，为加工工件时输送冷却液。机床要求两台电动机只能单向旋转。

电动机的型号：

主轴电动机 M_1：Y132S. 4,5.5 kW, 380 V,12 A,1 440 r/min。

冷却泵电动机 M_2：JCB. 22.2,0.125 kW,380 V,0.75 A,2 790 r/min。

C620 型机床电气线路是由主电路、控制电路、照明电路等部分组成，如图 13.1 所示。

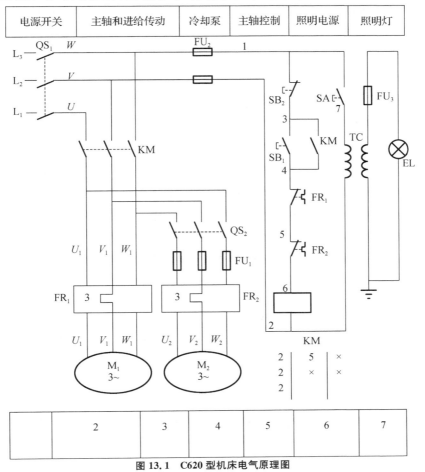

图 13.1 C620 型机床电气原理图

（1）主电路设计

电动机电源采用 380 V 的交流电源，由电源开关 QS$_1$ 引入。主轴电动机 M$_1$ 的起停由 KM 的主触点控制，主轴通过摩擦离合器实现正反转；主轴电动机 M$_1$ 起动后，才能起动冷却泵电动机 M$_2$，是否需要冷却，由开关 QS$_2$ 控制。熔断器 FU$_1$ 为电动机 M$_2$ 提供短路保护。热继电器 FR$_1$、FR$_2$ 为电动机 M$_1$、M$_2$ 的过载保护，它们的常闭触点串联后接在控制电路中。

（2）控制电路设计

① 控制电路电源的选用。在本例中控制电路的电压选用交流 380 V（为安全可靠工作，控制电路的电压可选用交流 127 V）。机床的照明电路选用交流 36 V。故在控制电路中要采用控制变压器 TC。

② 主轴电动机 M$_1$ 的控制采用基本的起停控制环节。由起动按钮 SB$_1$ 和停止按钮 SB$_2$ 操作接触器 KM 来实现。

③ 照明电路设计。照明灯和照明开关 SA 串联接在控制变压器 TC 副边 36V 电压的两端钮上。

④ 保护环节。在控制电路和照明电路中均设置短路保护，分别由 FU$_2$、FU$_3$ 来实现；熔断器 FU$_1$ 为电动机 M$_2$ 提供短路保护。热继电器 FR$_1$、FR$_2$ 为电动机 M$_1$、M$_2$ 的过载保护，它们的常闭触点串联后接在控制电路中。另外，控制电路还具有失压保护，因为当电源电压低于接触器 KM 线圈额定电压的 85% 时，KM 会自动释放。

根据以上各控制环节，可画出完整的电气原理图，如图 13.1 所示，并在图中编上各线号和图区号。

⑤ 电气元件的选择及其明细表。

a. 开关 QS。开关 QS 可根据所控制的电动机额定电流和电压来选择。当选择组合开关时，其额定电流一般为电动机额定电流的 1.5~2.5 倍。线路的额定电流为 15 A 左右，所以选择的开关额定电流为 30 A 左右。故 QS$_1$ 选择 HZ10.60/3，QS2 选择 HZ10.10/3。

b. 交流接触器 KM。交流接触器根据电动机的额定电流、控制电路电压及所需的触点类型和数量来选择。交流接触器 KM 根据线路中控制电压 380 V、主电路额定电流 15 A，需三个动合主触点、两个动合辅助触点，可选用 CJ10.20 型交流接触器，线圈电压为 380 V，主触点额定电流为 20 A。

c. 熔断器 FU。熔断器 FU$_1$ 对冷却泵电动机 M$_2$ 单独进行短路保护，其熔体电流为：

$$I_R > (1.5 \sim 2.5)I_{DN} = 2.5 \times 0.75 \text{ A} = 1.875 \text{ A}$$

可选用 RL1.15 型熔断器，配 4 A 的熔体。

熔断器 FU$_2$、FU$_3$ 对控制电路和照明电路进行短路保护，可选用 RL1.15 型熔断器，配 4A 的熔体。

d. 热继电器 FR。两只热继电器均可选用 JR16B.20/3 型热继电器，只是它们的热元件额定电流和整定值有所不同。

FR$_1$ 的热元件额定电流等级为 16 A，整定电流范围在 10~16 A，整定电流等于 M$_1$ 的额定电流 12 A。

FR_2 的热元件额定电流等级为 1.1 A,整定范围在 0.68～1.1 A,整定在 0.75 A。

e. 控制变压器 TC。在本例中计算控制变压器容量只需考虑照明电路,故可选用 BK. 50 型变压器,其技术数据为 50 V·A、380/36 V。

其余元件的选择可以查表 13.1 获得。

表 13.1 控制线路电气元件明细表

代号	名称	型号	规格	数量	用途
M_1	主轴电动机	Y132S-4	5.5 kW,380 V,12 A,1 440 r/min	1	主轴传动
M_2	冷却泵电动机	JCB-22-2	0.125 kW,380 V,0.75 A,2 790 r/min	1	冷却传动
KM	交流接触器	CJ10-20	380 V,20 A	1	控制 M_1、M_2
FR_1	热继电器	JR16B-20/3	16 A	1	M_1 过载保护
FR_2	热继电器	JR16B-20/3	1.1 A	1	M_2 过载保护
QS_1	组合开关	HZ10-60/3	380 V,60 A	1	电源开关
QS_2	组合开关	HZ10-10/3	380 V,10 A	1	电源开关
FU_1	熔断器	RL1-15	4 A	3	M_2 短路保护
FU_2	熔断器	RL1-15	4 A	2	控制、照明电路短路保护
FU_3	熔断器	RL1-15	4 A	1	照明电路短路保护
SB_1	起动按钮	LA19-11	500 V,5 A,绿色	1	电动机起动控制
SB_2	停止按钮	LA19-11	500 V,5 A,红色	1	电动机停止控制
TL	控制变压器	BK-50	50 VA,380 V/36 V	1	控制照明电源
EL	照明灯	JC6-1	40 W,36 V	1	照明
	导线	1 mm²,2 mm²	若干		
	接线端子			若干	

13.3 电气控制课程设计题目

13.3.1 题目 1

1)控制对象

主轴电动机 M_1:Y132S.4。

进给电动机 M_2:Y100L.4。

2)控制要求

(1)主轴电动机 M_1 要求有点、长动,进给电机 M_2 要求有正反转。

(2)M_1 电机起动 10 s 后,M_2 电机才能起动。

(3)M_2 从起点 A 起动,带动工作台前进到终点 B 自动停车(见图 13.2),延时 20 s 后自动返回至原位自动停车。

(4)M_2 电机停车后,M_1 电机才能停车。

（5）有短路、零压及过载保护。

（6）机床上有照明灯一只：36 V、40 W。

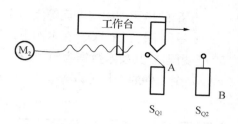

图 13.2　题目一中进给系统工作循环图

13.3.2　题目 2

1）控制对象

主轴电动机 M_1：Y132S. 4。

液压电动机 M_2：Y100L. 4。

冷却泵电动机 M_3：JCB. 22. 2。

2）控制要求

（1）主轴电机正反转，并均能点动调整，直接起动。

（2）液压泵电机起动 5 s 后方可起动主轴电机，主轴电机可单独停车。

（3）主轴电机起动后，方可用组合开关直接起动冷却泵电动机。

（4）三台电机均有短路、过载及零压保护。

（5）电源在开关闭合后，有红灯指示。

（6）M_2 起动后，红灯灭，5 s 后黄灯亮；M_1 起动后，黄灯灭，绿灯亮。

（7）各指示灯电压均为 6.3 V。

（8）机床上有低压照明灯一只：36 V、40 W。

13.3.3　题目 3

1）控制对象

主轴电动机 M_1：Y132S. 4。

进给电动机 M_2：Y100L. 4。

冷却泵电动机 M_3：JCB. 22. 2。

2）控制要求

（1）主轴电动机需采用 Y—△降压起动，单向旋转。

（2）主轴电动机正常运转后，方可起动其他两台电动机。

（3）冷却泵电动机用组合开关直接控制。

（4）主轴电机、冷却泵电机有短路、过载及零压保护；进给电动机有短路、零压保护。

（5）进给电动机带动工作台，工作台前进到终点停留 10 s，自动返回到原位停止。

（6）机床上有低压照明灯一只：36V、40W。

13.3.4　题目 4

1）控制对象

电动机 M_1：Y132S. 4。

电动机 M_2：Y100L. 4。

电动机 M_3：Y100L. 4。

2）控制要求

(1) M_1 起动 10 s 后,方可起动 M_2;M_2 起动后,方可起动 M_3。

(2) M_2、M_3 同时停车,M_2、M_3 停车后方可停 M_1。

(3) M_1、M_2、M_3 均只需单方向运转。

(4) 电源总开关闭合后,有红灯亮。

(5) M_1 运转时红灯灭,黄灯亮;M_2 运转时绿灯亮;M_3 运转时白灯亮;

(6) 各指示灯电压均为 6.3 V。

(7) 机床上有低压照明灯一只:36 V、40 W。

(8) 各电动机均有短路、过载及零压保护。

13.3.5　题目 5

1）控制对象

电动机 M_1:Y132S.4。

电动机 M_2:Y100L.4。

2）控制要求

(1) 电动机 M_1 起动 10 s 后,电动机 M_2 自行起动。

(2) M_2 停止 10 s 后,M_1 自行停止。

(3) M_1、M_2 均只需单方向运转。

(4) 电源总开关闭合后红灯亮。

(5) M_1 运转时黄灯亮;M_2 运转时绿灯亮;M_1 运转或 M_2 运转时红灯灭。

(6) 各指示灯电压均为 6.3 V。

(7) 机床上有低压照明灯一只:36 V、40 W。

(8) 各电动机均有短路、过载及零压保护。

13.3.6　题目 6

1）控制对象

主轴电动机 M_1:Y132S.4。

进给电动机 M_2:Y100L.4。

2）控制要求

(1) 主轴电动机起动 10 s 后,进给电动机自行起动,带动工作台前进,到达终点后自动返回到原位,M_1、M_2 同时停车;两台电动机均有短路、过载及零压保护。

(2) 进给电动机 M_2 能点动调整,单独停车,有限位保护。

〈3) M_1、M_2 随时可以同时停车(总停)。

(4) 电源总开关闭合后,有红灯指示。

(5) M_1 运转时,红灯灭,黄灯亮;M_2 运转时,绿灯亮。

(6) 各指示灯电压均为 6.3 V。

(7) 机床上有低压照明灯一只:36 V、40 W。

13.3.7　题目7

1) 控制对象

主轴电动机 M_1：Y132S.4。

进给电动机 M_2：Y100L.4。

2) 控制要求

（1）主轴电动机起动 10 s 后，方可起动进给电动机；两台电动机均有短路、过载及零压保护。

（2）进给电动机带动工作台作自动往复运动，并能点动调整，单独停车，有限位保护。

（3）进给电动机运转时，主轴电动机不允许停车，进给电动机停车后，主轴电电动机方可停车。

（4）电源总开关闭合后，有红灯指示。

（5）M_1 起动时，红灯灭，10 s 后黄灯亮；M_2 运转时绿灯亮。

（6）各指示灯电压均为 6.3 V。

（7）机床上有低压照明灯一只：36 V、40 W。

13.3.8　题目8

1) 控制对象

主轴电动机 M_1：Y132S.4。

进给电动机 M_2：Yl00 L.4。

进给电动机 M_3：Y100L.4。

2) 控制要求

（1）有短路及零压保护，M_1 还有过载保护。

（2）M_1 起动后，方可起动 M_2 及 M_3。

（3）进给系统工作循环如图 13.3 所示。

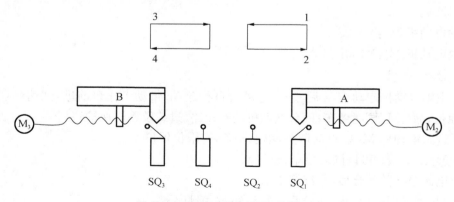

图 13.3　题目八中进给系统工作循环图

M_2 起动带动工作台 A 前进到终点，压 SQ_2 后自动返回至原位压 SQ_1 停。此时 M_3 自行起动,带动工作台 B 前进到终点,压 SQ_4 后自动返回至原位压 SQ_3 停,延时 10 s 后,再自动重复上述工作循环。

(4) 工作台 A、B 均可随时令其后退或停止。

(5) 有低压照明灯一只:36 V、40 W。

13.3.9　题目 9

1) 控制对象

主轴电动机 M_1:Y132S. 4。

进给电动机 M_2:Y100L. 4。

进给电动机 M_3:Y100L. 4。

2) 控制要求

(1) 有短路及零压保护,M_1 还有过载保护。

(2) M_1 起动后,方可起动及 M_2 及 M_3。

(3) 进给系统工作循环如图 13.4 所示。

M_2 起动带动工作台 A 前进到终点,压 SQ_2 后自动返回至原位压 SQ_1 停。延时 10 s 后 M_3 自行起动,带动工作台 B 前进到终点,压 SQ_4 后自动返回至原位压 SQ_3 停,延时 10 s 后,再自动重复上述工作循环。

(4) 工作台 A、B 前进时可随时令其后退或停止。

(5) 有低压照明灯一只:36 V、40 W。

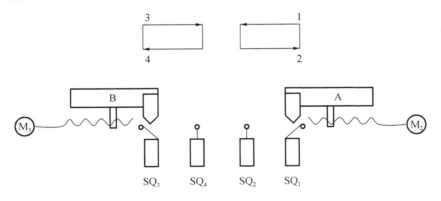

图 13.4　题目九中进给系统工作循环图

13.3.10　题目 10

1) 控制对象

主轴电动机 M_1:Y160M. 4。

进给电动机 M_2:Y100L. 4。

进给电动机 M_3:Y100L. 4。

2）控制要求

（1）有短路及零压保护，M_1 还有过载保护。

（2）M_1 起动后，方可起动 M_2。

（3）进给系统工作循环如图 13.5 所示。

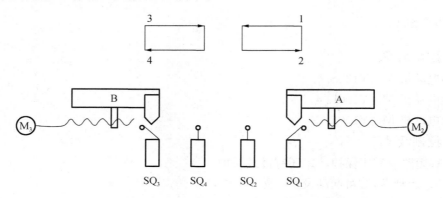

图 13.5　题目十中进给系统工作循环图

　　M_2 起动带动工作台 A 前进到终点，压 SQ_2 后停 10 s 自动返回至原位压 SQ_1 停。此时 M_3 自行起动，带动工作台 B 前进至终点，压 SQ_4 停 10 s 后自动返回至原位压 SQ_3 停。再自动重复上述工作循环。

（4）工作台 A、B 前进时，可随时令其后退或停车。

（5）有低压照明灯一只：36 V、40 W。

14 基于 PLC 控制电路的设计

14.1(实验 1)　四层电梯的 PLC 控制实验

14.1.1　实验目的

（1）掌握 PIC 的基本指令、应用指令的综合应用。

（2）掌握 PLC 与外围控制电路的实际接线。

（3）掌握 PIC 控制电梯程序的设计方法。

14.1.2　实验原理

1）电梯工作状态说明

图 14.1 所示为电梯模拟实验装置结构及面板布置示意图，其动作顺序如下：

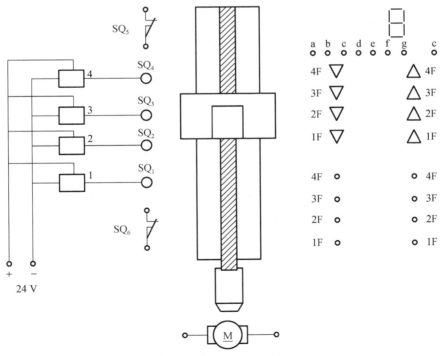

图 14.1　电梯模拟装置示意图

（1）电梯上行。

① 当电梯停于 1F 或 2F、3F 时，4F 呼叫，则上行到 4F 碰到行程开关后停止。

② 电梯停于 1F 或 2F 时,3F 呼叫,则上行,碰到 3F 行程开关后停止。

③ 电梯停于 1F 时,2F 呼叫,则上行,碰到 2F 行程开关后停止。

④ 电梯停于 1F 时,2F、3F 同时呼叫,则电梯上行到 2F 后,停 5 s,继续上行到 3F 后停止。

⑤ 电梯停于 1F 时,3F、4F 同时呼叫,电梯上行到 3F,停 5 s,继续上行到 4F 停止。

⑥ 电梯停于 1F 时,2F、4F 同时呼叫,电梯上行到 2F,停 5 s,继续上行到 4F 停止。

⑦ 电梯停于 1F 时,2F、3F、4F 同时呼叫,电梯上行到 2F,停 5 s,继续上行到 3F,停 5 s,再继续上行到 4F 停止。

⑧ 电梯停于 2F 时,3F、4F 同时呼叫,电梯上行到 3F,停 5 s,继续上行到 4F 停止。

（2）电梯下行。

① 当电梯停于 4F 或 3F 或 2F,1F 呼叫,则下行到 1F 停止。

② 电梯停于 4F 或 3F,2F 呼叫,下行到 2F 停止。

③ 电梯停于 4F,3F 呼叫,下行到 3F 停止。

④ 电梯停于 4F,3F、2F 同时呼叫,则电梯下行到 3F 后,停 5 s,继续下行到 2F 后停止。

⑤ 电梯停于 4F,3F、1F 同时呼叫,电梯下行到 3F,停 5 s,继续下行到 1F 停止。

⑥ 电梯停于 4F,2F、1F 同时呼叫,电梯下行到 2F,停 5 s,继续下行到 1F 停止。

⑦ 电梯停于 4F,3F、2F、1F 同时呼叫,电梯下行到 3F,停 5 s,继续下行到 2F,停 5 s,再继续下行到 1F 停止。

（3）其他。

① 各楼层运行时间应在 15 s 以内,否则认为有故障。

② 电梯停于某一层,数码管应显示该楼层数。

③ 电梯上下行时,相应的标志灯亮。

2）输入/输出地址

输入地址:

一层限位行程开关 SQ_1（X0）	一层上行请求开关 $1'$（X4）	一层下行请求开关 1（X10）
二层限位行程开关 SQ_2（X1）	二层上行请求开关 $2'$（X5）	二层下行请求开关 2（X11）
三层限位行程开关 SQ_3（X2）	三层上行请求开关 $3'$（X6）	三层下行请求开关 3（X12）
四层限位行程开关 SQ_4（X3）	四层上行请求开关 $4'$（X7）	四层下行请求开关 4（X13）
极限开关 SQ_5（X14）	极限开关 SQ_6（X15）	

输出地址:

电梯上行:Y0,Y2,M 正转。

电梯下行:Y1,Y3,M 反转。

3）梯形图及指令

梯形图如图 14.2 所示。

4）电气接线图

PLC 控制电梯电气接线图如图 14.3 所示。

4.1.3 实验内容

（1）将图 14.2 控制程序输入至 PLC 中，并检查，确保程序正确无误后，试运行。

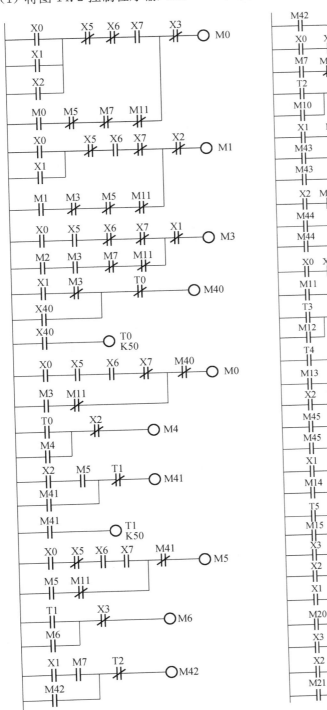
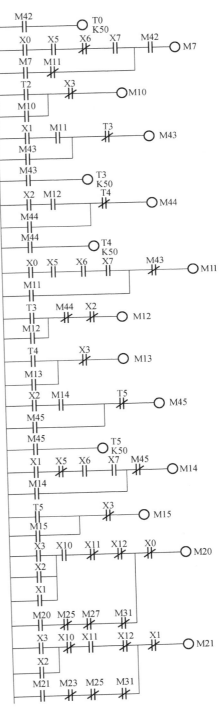

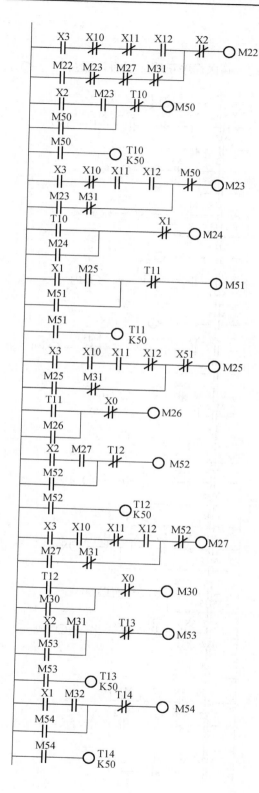

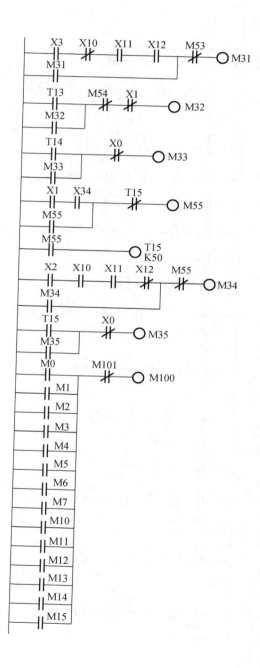

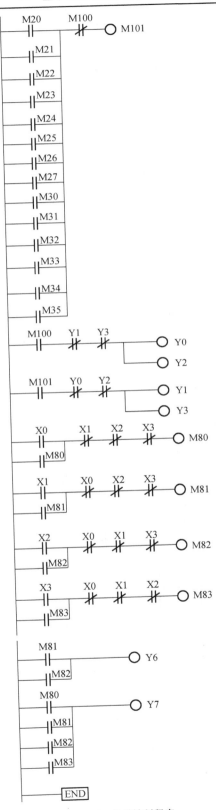

图 14. 2　电梯控制程序

（2）按图 14.3 接线（注意电梯 4 个霍尔限位开关电源不能接错），检查无误后，再接通 24 V 的电源。

（3）运行程序，观察电梯运行情况，是否和实际要求一致，如不一致，再检查程序，并调试，直到完全正确。

（4）实验结束，整理实验器材。

14.1.4 预习要求

（1）阅读 PLC 四层电梯自动控制演示装置的使用说明。

（2）阅读本次实验原理与电路章节，读懂控制程序。

（3）熟悉 PLC 与电梯模拟演示装置的电气接线。

14.1.5 实验报告及结论

（1）按一定的格式完成实验报告。

（2）画出电梯的电气接口图。

（3）考虑五层以上的电梯控制程序如何编写。

（4）若不用本次实验所讲的方法，而采用步进指令编写此电梯控制程序，则程序又如何？

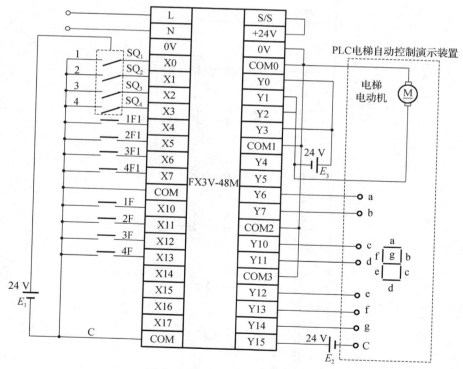

图 14.3　PLC 控制电梯电气接口图

14.1.6 实验器材

(1) PLC 系列可编程序控制器实验台	1 台
(2) PLC 四层电梯自动控制演示装置	1 块
(3) 编程器/计算机	1 台
(4) 编程电缆	1 根
(5) 连接导线	若干

14.2(实验 2) PLC 与变频器相连控制电动机实验

14.2.1 实验目的

(1) 掌握 PLC 与变频器之间的控制电路。
(2) 进一步熟悉 PLC 的特殊指令的应用。
(3) 掌握变频器与三相交流电动机之间的连接电路。

14.2.2 实验原理

1) PLSY 指令

在自动化工厂中,离不开以电动机为主的电力拖动。三相交流电动机的调速及控制显得越来越重要,PLC 与变频器在电机中的应用越来越普遍。

PLC 可编程序控制器有两条序列脉冲输出应用指令:一条是脉冲序列输出指令 PLSY (FNC57),它是按指定的频率,输出一定数量的序列脉冲;另一条是脉冲输出指令 PWM (FNC58),输出脉宽可调的脉冲;当 X0 为 ON 时,PLSY 按[S2]指定的脉冲个数输出,输出的频率按[S1]指定的频率输出,输出口由[D]指定,其程序和波形如图 14.4 和图 14.5 所示。

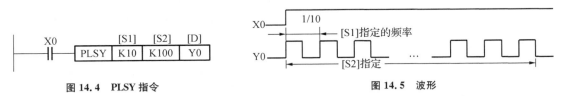

图 14.4　PLSY 指令　　　　　　　　图 14.5　波形

在图 14.4 中,对 FX 系列 PLC 来讲,使用该指令应注意如下几点:

(1) [S1]的值可以在 1～10 000 Hz 范围内任选,输出口也可以任选 Y0 或 Y1,而对 FX-OS/ FXON PLC,[SI]的值只能在 10～2 000 Hz 之间任选,且输出口只能用 Y0。

(2) 本指令在程序中只能使用一次。

(3) Y0 输出的波形占空比为 50%。

(4) 本指令适用于晶体管输出的 PLC,而对继电器输出的 PLC,频繁的脉冲输出会使 PLC 寿命缩短。

(5) 晶体管输出脉冲时,需加一个上拉电阻,负载电流应小于 PLC 晶体管输出的额定电流。因此,做实验时,若采用继电器输出的 PLC,则设置的值应小一些为好。

2) PWM 指令

另一条特殊指令为 PWM 指令,其指令格式如图 14.6(b)所示。

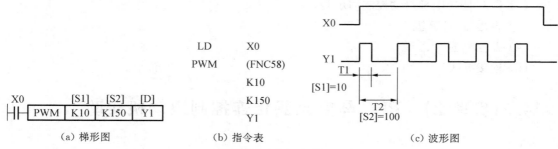

（a）梯形图　　　　　　　　　（b）指令表　　　　　　　（c）波形图

图 14.6　PWM 指令及波形

指令说明如下:

(1) 该指令占用程序步为 7 步,[S1]为输出高电平脉宽,单位为 ms。[S2]为整个脉冲周期,S1 < S2。若 S1 > S2,则会出错。

(2) 对于 FX 系列 PLC,[D]可以为任意输出口(如 Y0、Y1、Y2,…),而对于 FXOS/FXON PLC,[D]只能用 Y1 输出端。

(3) 本指令在程序中只能使用一次。

(4) Y1 输出的波形占空比(S1,S2)是可调的,S1/S2 的范围为 0~100%,PWM 指令的输入/输出波形如图 14.7 所示。

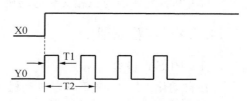

图 14.7　PWM 指令输入/输出波形

3) PLC 与变频器控制电动机电路

步进电动机的调速可以通过 PLC 的 PLSY 指令来实现。而直流电动机、三相交流电动机的调速通过 PWM 指令来实现,中间需加一平滑电路,如图 14.8 所示,该电路主要作用是将脉冲电压转换成直流电压,直流电压的输出值大小分别控制直流电动机,也可以作为变频器的电压输入值,控制交流电动机的速度。

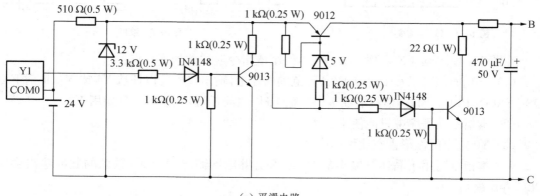

（a）平滑电路

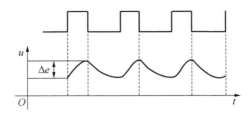

（b）平滑电路波形图

图 14.8　平滑电路

14.2.3　实验内容

1）PLSY 脉冲序列输出指令程序

（1）按图 14.4 所示，输入程序至 PLC 中，其中[S1]＝10、[S2]＝100 时，合上 X0，运行程序，观察 Y0 的输出情况。Y0 输出端接一负载指示灯 HL，如图 14.9 所示。

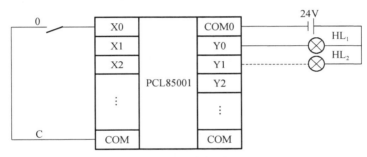

图 14.9　PLSY 脉冲输出接口电路

（2）改变[S1]＝10、[S2]＝1000，再运行程序，观察 Y0 的输出状况并记录波形。

（3）再改变[S1]＝100、[S2]＝1000，再运行程序，观察 Y0 的输出状况，并记录波形。

（4）分别按下列数据设置 S1、S2，运行程序，观察输出情况：

① [S1]＝100、[S2]＝100，程序执行。

② [S1]＝100、[S2]＝50，程序执行。

③ [S1]＝5、[S2]＝100，程序不执行，因为[S1]＜10。

2）PWM 脉宽可调输出指令实验

（1）按图 14.6(a)所示，输入程序至 PLC 中，其中[S1]＝10、[S2]＝100，合上开关 X0，运行程序，观察 Y1 输出情况。Y1 可接一负载指示灯 HL1，电路可参考图 14.9。

（2）改变[S1]＝1000、[S2]＝2000，运行程序，观察输出 Y1 灯亮、灭的情况，并记录波形。

（3）[S1]＝1000 不变，改变[S2]＝4000，再运行程序，观察输出 Y1 灯亮、灭情况，并记录波形。

3）指令与变频器连接控制交流电动机实验

（1）按图 14.8 (a)所示先在实验板上或面包板上搭试平滑电路。

（2）接线正确无误后，按图 14.9 将 PLC 的输出及交流电动机分别接于平滑电路相对应的 A、B、C 端。

（3）变频器设置在自动工作状态下，它的 SFT 端与 SD 端 K5 之间接一开关，控制电动机的正、反转。

（4）输入如图 14.10 所示的与变频器连接的 PWM 指令程序，接通 24 V 电源，再运行程序，观察电动机运转的情况，同时记录变频器显示的频率数。

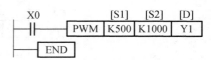

图 14.10　PWM 指令与变频器连接实验

（5）减小 S1 的值（设 S1＝100），再运行程序，观察电动机运转的情况，并与 S1＝500 时的值进行比较，同时注意观察变频器所显示的频率数的大小。

（6）增大 S1 的值，再运行程序，观察电动机运转的情况，并记录变频器显示的频率数大小。

（7）注意程序运行时间不宜过长，因为实验台所用 PLC 输出方式为继电器输出。

14.2.4　预习要求

（1）复习 PLC 应用指令 PLSY、PWM 的符号含义、编程方法及其应用。

（2）阅读本节实验电路、原理、内容及任务。

（3）了解平滑电路的作用及使用说明与注意事项。

（4）阅读所用三菱变频器的使用说明及了解实际应用接线方法。

14.2.5　实验报告及结论

（1）整理实验记录的数据，完成实验报告。

（2）FXOS/FXON PLC 使用 PLSY 指令应注意哪些问题？

（3）本实验中为什么强调程序运行时间越短越好？

（4）若用 PLSY 指令驱动步进电动机，则控制程序如何编写？ I/O 接口电路又怎样？

14.2.6　实验器材

（1）PLC FX.3U 系列可编程序控制器实验台	1 台
（2）三相交流电动机（＜0.4 kW）	1 台
（3）RF－E700 三菱变频器	1 台
（4）编程器	1 只
（5）编程电缆	1 根
（6）电阻、电容	若干
（7）实验板	1 块
（8）连接导线	若干

14.3（实验 3）　PLC 控制多台电动机顺序运行的实验

14.3.1　实验目的

（1）掌握用 PLC 实现顺序控制的程序设计方法。

（2）掌握 PLC 的 I/O 电气接口电路使用方法。

（3）掌握 PLC 定时器的实际使用方法。

14.3.2 实验原理

早期的可编程序控制器被称为可编程序逻辑控制器,主要完成逻辑操作及顺序控制。因此,用基本指令编程即可实现这一控制。当然,也可以采用步控指令来完成这一功能。

现有三台电动机 $M_1 \sim M_3$,要求它们按图 14.11 所示工作波形运行,试设计该程序。

当 X0 起动按钮按下后,电动机 M_1 运转,5 s 后,M_2 电动机起动并运转,再隔 8 s,M_3 电动机运转,当按下停止按钮 X_1 后,$M_1 \sim M_3$ 电动机均停止。

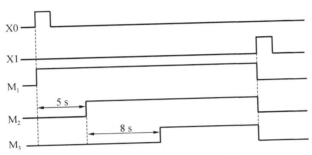

图 14.11 电动机工作波形示意图

实现该电动机顺序起动的程序如图 14.12 所示。

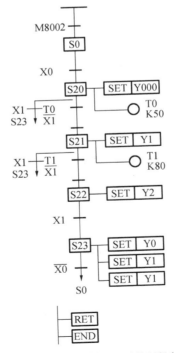

图 14.12 电动机顺序起动控制程序

　　若要使 $M_1 \sim M_3$ 电动机按时间顺序停止,可用类似上述的方法进行设计。例如,要求起动仍按上述顺序进行,而当按下停止按钮后,电动机 M_3 立刻停止,间隔 5 s 后 M_2 停止,再间隔 3 s 后,M_1 电动机停止。若使用步进指令设计,则控制程序如图 14.13 所示。

　　电动机顺序停止程序除采用步控指令实现外,也可以采用基本指令来完成这一功能,这里不再详述。

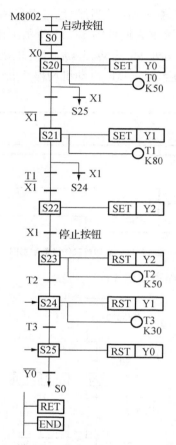

图 14.13　电动机顺序起动/停止控制程序

14.3.3　实验内容

1)电动机顺序起动控制

　　(1) 输入图 14.12 所示的程序,并检查确保其正确无误。输入端先按图 14.14(a)接线,输出端暂不接线。

　　(2) PLC 主机拨至"RUN"端,试运行程序,按动起动按钮,观察程序运行结果,其输出结果应该是 Y1 有输出,LED 灯亮;隔 5 s 后,Y2 有输出;再隔 8 s,Y3 有输出。按下停止按钮后,输出 Y1、Y2 和 Y3 均为 0。若输出结果不是这样,需重新检查,并调试程序。

　　(3) 程序调试正确后,关 PLC 主机电源,按图 14.14(a)接输出接口部分连线,并仔细检查,确保接线正确无误。

（4）接通 PLC 主机电源，并合上 QF 空气开关，接通 380 V 电源。

（5）将 PLC 置于运行状态，按下 X0 起动按钮，M₁ 电动机旋转，然后隔 5 s、8 s 分别使 M₂、M₃ 两台电动机起动，按下停止按钮 X1，则 M₁、M₂ 和 M₃ 停转。

（6）PLC 主机拨至"STOP"端。将原有程序清除，输入图 14.12 程序，并检查程序。

（7）PLC 主机拨至"RUN"运行端，试运行程序（此时交流电源不需要通电），按下起动按钮 X0 及停止按钮 X1，观察 PLC 输出结果是否正确。

（8）程序正确后，再接通电源，按图 14.14(b)接通主回路电路，并使主回路通电，按下起动按钮后交流电动机运行，按下停止按钮 X1 后，电动机停止。

2）电动机顺序起动、顺序停止实验

（1）原有实验连线不变，根据图 14.13 输入程序。

（2）试运行程序（此时交流 380 V、220 V 电源不要接通）分别按下起动和停止按钮 X0、X1，观察输出 Y0～Y2 的输出状态是否和原程序设计时相一致。

（3）程序调试正确后，接通交流 380 V、220 V，再运行程序。按下起动按钮 X0，观察 M₁、M₂ 和 M₃ 的起动情况并记录。按下停止按钮 X1，并观察 M₁、M₂ 和 M₃ 的运转情况，并记录。

（4）图 14.14 所示仅为实验原理接线电路图，实际使用电路中还应加入相应的保护电路，这一点要注意。

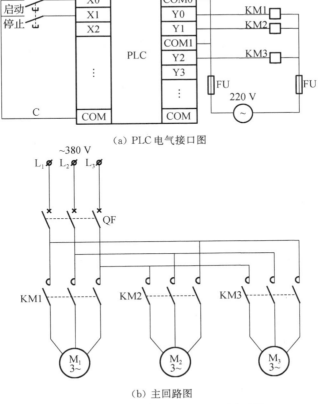

（a）PLC 电气接口图

（b）主回路图

图 14.14　电动机顺序启、停控制实验电路图

14.3.4　预习要求

(1) 复习步进控制指令及基本指令章节。

(2) 复习电气控制实验台的使用说明。

(3) 预习本节实验原理及电路,掌握本次实验的程序设计方法。

(4) 设计好记录表格。

14.3.5　实验报告及结论

(1) 写出实验过程中所用的实验器材,整理实验数据,完成实验报告。

(2) 根据实验情况,选择电动机顺序起动或电动机起动/停止的程序列入报告中。

14.3.6　实验器材

(1) PLC FX.3U 系列可编程序控制器实验台	1 台
(2) 编辑器	1 只
(3) 编程电缆	1 根
(4) 电动机实验台	3 台
(5) 电气控制接口板	1 块
(6) 连接导线	若干

14.4(实验 4)　三相异步电动机 Y/△ 起动的 PLC 控制实验

14.4.1　实验目的

(1) 掌握 PLC 控制交流电动机的 Y/△ 起动电路、可逆起动电路以及控制程序的设计方法。

(2) 掌握 PLC 与外围强电接口电路的连接。

14.4.2　实验原理

1) Y/△ 起动

三相异步电动机的降压起动方法有很多,其中用得较为普遍的为 Y/△ 起动,这种方法在机床电气控制线路中通常用时间继电器即可完成。若使用 PLC 来进行控制,实现电动机 Y/△ 的起动是非常方便的。

采用 Y/△ 起动的电动机接法必须为可进行 Y/△ 起动的电动机,这种电动机正常工作时,每相绕组的电压为 380 V。起动时,将它接成 Y 形,每相绕组的电压是额定值的 $1/\sqrt{3}$;当电动机起动结束后,通过切换,改变为 △ 接法,使其在额定状态下运行。电动机在 Y 形及 △ 形状态下通过的电压、电流分别如图 14.15(a)所示。

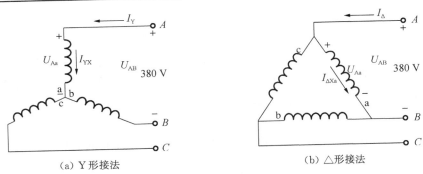

（a）Y 形接法　　　　　　　　　（b）△形接法

图 14.15　Y/△接法示意图

从图 14.15（a）中可知：

$$I_{XY}=\frac{U_{Aa}}{Z}=\frac{U_{AB}}{\sqrt{3}Z},\tag{14.1}$$

$$I_Y=I_{XY}=\frac{U_{AB}}{\sqrt{3}Z}\tag{14.2}$$

式中：Z 为绕组阻抗。

从图 14.15（b）中可知：

$$I_{\triangle Xa}=\frac{U_{Aa}}{Z}=\frac{U_{AB}}{Z}\ ,\ I_\triangle=3\frac{U_{AB}}{\sqrt{3}Z}=3I_Y,\ 即\ I_Y=\frac{1}{3}I_\triangle\tag{14.3}$$

所以 Y 形接法时，电压为△形接法的 $1/\sqrt{3}$ 倍，即从 380 V 变为 220 V，而电流为△形接法的 1/3。

2）可逆起动控制

要实现三相交流电动机的可逆控制（正反转），只需交换任意两相供电相序即可实现这一功能。为了防止误动作，使两相电压短路，一般均要在电路中加入互锁保护电路，以确保电路正常工作。控制电动机可逆起动及 Y/△起动运行的控制程序如图 14.16 所示。

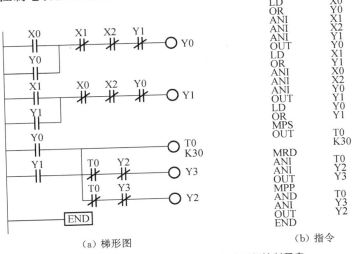

（a）梯形图　　　　　　　　　（b）指令

图 14.16　电动机可逆起动及 Y/△起动运行控制程序

PLC 的 I/O 电气接口图及主电路如图 14.17 所示。

其工作原理如下：

(1) 按下 SB$_A$(X0)，Y0 得电并自锁，T0 开始定时，同时 Y3 接通，电动机在 Y 形接法情况下起动；当 T0 定时时间到，T0 常开触点闭合，常闭触点断开，使 Y3 断电，Y2 通电，电动机切换在 △ 形接法状态下运行。整个起动过程结束，若按下停止按钮 SB$_C$(X2)，则电动机停转。

(2) 若按下反转按钮 SB$_B$(X1)，则 Y1 通电并自锁，其余工作过程同(1)。

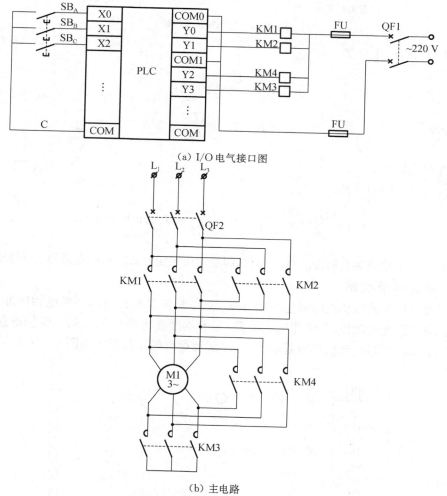

(a) I/O 电气接口图

(b) 主电路

图 14.17　交流电动机 Y/△ 起动控制电路图

14.4.3　实验内容

(1) 按图 14.17 (a)所示 PLC I/O 电气接口图接线。输入图 14.15 所示控制电动机 Y/△可逆起动的程序，并检查，确保正确无误。在输出端 220 V 未通电的状况下，观察输出 Y0～Y3 的正确性(看 LED 管灯的亮、灭情况)。

（2）程序调试正确后，接通空气开关 QF1，按下 SB$_A$，观察 KM1、KM2、KM3 和 KM4 的动作情况，结果正确后，进入下一步。

（3）按图 14.17（b）所示主电路接线，检查无误码后，方可合上空气开关 QF2。

（4）按下 SB$_A$，电机在 Y 形接法状态下正向低速运行，3 s 后，电动机运行在△形接法状态。运转正常，起动过程结束，按下 SB$_C$，电动机停转。

（5）按下 SB$_B$，电动机在 Y 形接法状态下正向低速运行，3 s 后，电动机运行在△形接法状态。运转正常，起动过程结束，按下 SB$_C$，电动机停转。

（6）置 PLC 在 STOP 位置，修改延时时间常数为 8 s，再运行程序，按下起动按钮 SB$_A$，观察电动机运行情况。

14.4.4　预习要求

（1）复习电动机正、反可逆起动的电气控制电路。

（2）复习 Y/△电动机起动的工作原理。

（3）熟悉 PLC 与电动机之间的电气接口电路，掌握强电电气线路使用注意事项。

14.4.5　实验报告及结论

（1）整理实验数据，完成实验报告。

（2）自行设计 Y/△电动机起动的 PLC 控制梯形图（程序）。

（3）若电动机功率大于 4 kW，则 PLC 与电动机的控制电路又如何？

14.4.6　实验器材

（1）PLC FX.3U 系列可编程序控制器实验台	1 台
（2）编辑器	1 只
（3）编程电缆	1 根
（4）电气控制实验装置	1 台
（5）电动机工作台	1 台
（6）连接导线	若干

15　基于 Multisim 的电路创新设计

导读

除了应用在电路原理的验证性实验外，Multisim 强大的仿真能力和丰富的工具使得其在电子电路以及创新电路设计方面也获得了广泛的应用，本章将重点介绍基于 Multisim 进行电路设计与仿真方面的应用。

15.1　基于多谐振荡器的 LED 闪烁电路设计

1）设计背景

如图 15.1 所示，LED 与普通二极管一样是由一个 PN 结组成，也具有单向导电性，只是 LED 可以发光。其发光原理可描述为：电子（带负电）多的 N（一：negative）型半导体和空穴（带正电）多的 P（十：positive）型半导体结合而成。该半导体施加正向电压时，电子和空穴就会移动并在结合部再次结合，正是在结合的过程中产生大量的能量，而这些能量以光的形式释放出来，这就是其发光的奥秘。因为 LED 能够直接将电能转换为光能，所以能够不浪费光能，高效率地发光。

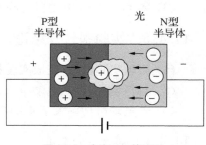

图 15.1　发光二极管原理

由于其光照效率高、使用寿命长等显著优点，LED 已逐渐成为居家照明、商业照明中的主流灯具。各种景观灯、交通灯更是通过 LED 的亮灭、闪烁成为人们日常生活中不可或缺的一部分。

2）设计目标

利用 Multisim 软件设计一款能够调整亮灭时间的 LED 电路。

3）设计原理分析

根据设计需求，决定基于多谐振荡器设计一种 LED 驱动电路。

（1）多谐振荡器是一种能产生矩形波的自激振荡器，也称矩形波发生器。"多谐"指矩形波中除了基波成分外，还含有丰富的高次谐波成分。多谐振荡器没有稳态，只有两个暂稳态。在工作时，电路的状态在这两个暂稳态之间自动地交替变换，由此产生矩形波脉冲信号，常用作脉冲信号源及时序电路中的时钟信号。通过改变电路参数可改变对应的脉冲信号的周期、占空比等参数。

如图 15.2 所示为由电阻电容三极管组成的多谐振荡器电路。

（2）多谐振荡器起振及工作原理

由图 15.2 可见，多谐振荡器是由两个非门（反相器）用电容 C_1、C_2 构成的正反馈闭合环路。三极管 VT_1 的集电极输出接在 VT_2 的基极输入，VT_2 的集电极输出又接在 VT_1 的基极输入。电路接通电源后，通过基极电阻 R_3，R_4 同时向 VT_1、VT_2 提供基极偏置电流。使两个三极管进入放大状态。虽然两个三极管型号一样对称，但电路参数总会存在微小的差异，也包括两个三极管本身，也就是说 VT_1，VT_2 的导通程度不可能完全相同，假设 VT_1 导通快些，则 1 点的电压就会降得快些。这个微小的差异将被 VT_2 放大并反馈到 VT_1 的基极，再经过 VT_1 的放大，形成连锁反应，迅速使 VT_1 饱

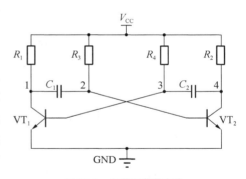

图 15.2 多谐振荡器电路

和，VT_2 截止，1 点电位为三极管 V_{ce} 饱和电压 0.3 V，为低电平"0"，4 点电位为电源电压 V_{cc}，为高电平"1"。

VT_1 饱和后相当于一个接通的开关，电容 C_1 通过它放电。C_2 通过它充电。随着 C_1 的放电，由于有正电源 V_{cc} 的作用，VT_2 的基极电压逐渐升高，当 2 点电压达到 0.7 V 后，VT_2 开始导通进入放大区，电路中又会立刻出现连锁反应，使 VT_2 迅速饱和，VT_1 截止，4 点电位变低电平"0"。1 点电位变高电平"1"。这个时候电容 C_2 放电，C_1 充电。这一充放电过程又会使 VT_1 重新饱和，VT_2 截止。如此周而复始，形成振荡。

（3）多谐振荡器周期分析

通过改变 C_1、C_2 的电容大小，可以改变电容的充放电的时间，从而改变振荡频率。在此，我们先不考虑多谐振荡器的起振阶段，直接跳跃到多谐振荡器已经稳定振荡的阶段，对其稳定振荡的周期进行分析。在分析进行之前，我们先假设两个三极管的 $U_{be}=0.7$ V，饱和时的 $U_{ce}=0.3$ V，分析 VT_1 的导通到开关的周期。

① 状态 $1(f(0_-))$：VT_1 导通、VT_2 关断。此时点 3 电压为 $U_{be}=0.7$ V，在经过足够的时间后，电容 C_2 充电完成，其两端电压 $U_{34}=0.7$ V$-V_{cc}$。

② 状态 $2(f(0_+))$：VT_1 关断、VT_2 导通的瞬间。在这一时刻，因为 VT_2 导通，点 4 的电压变为 0.3 V（三极管的饱和压降）；因为 $U_{34}=0.7$ V$-V_{cc}$，所以点 3 的电压 $=U_{34}+0.3$ V$=1$ V$-V_{cc}$。在这一瞬间，电源开始通过电阻 R_4 对电容 C_2 进行充电，点 3 的电压逐渐上升。若不考虑三极管的开通影响，电容 C_2 两端电压 U_{34} 可一直充电至 $V_{cc}-U_{ce}$，即 $f(\infty)=V_{cc}-0.3$。

③ 状态 $3(f(t))$：VT_1 关断、VT_2 导通的瞬间。在这一时刻，因为 VT_2 导通，点 4 的电压变为 0.3 V（三极管的饱和压降）；因为 $U_{34}=0.7$ V$-V_{cc}$，所以点 3 的电压 $=U_{34}+0.3$ V$=1$ V$-V_{cc}$。在这一瞬间，电源开始通过电阻 R_4 对电容 C_2 进行充电，点 3 的电压逐渐上升；VT_1 由关断再次导通的瞬间（相应的 VT 由导通到关断）。在这一瞬间之前 VT_2 是导通的，故点 4 的电压为 0.3 V（三极管的饱和压降），而 VT_1 既然要导通，显然点 3 的电压为 0.7 V(U_{be})。所以在这一瞬间电容 C_2 两端的电压 $U_{34}=0.7$ V-0.3 V$=0.4$ V。

④ 显然，VT_1 由关断（状态 2）到再次导通（状态 3）的时间即电源通过电阻 R_3 对电容 C_1 进行充电，当 V_{cc} 较大时，计算出周期 T_1 近似为：

$$T_1 \approx 0.7R_4C_2$$

同理，可计算出 VT_2 由关断到再次导通的周期：

$$T_2 \approx 0.7R_3C_1$$

（4）基于多谐振荡器的 LED 闪烁电路设计

基于 Multisim 设计一种 LED 电路，其中一路 LED 和 VT_1 集电极串联，另一路 LED 和 VT_2 集电极串联，通过 VT_1 和 VT_2 导通、关断的切换就可以实现 LED 的亮灭控制，如图 15.3 所示。当 VT_1 导通时，LED1 点亮，LED2 关断；同理，当 VT_2 导通时，LED_1 关断，LED_2 点亮，通过改变两个三极管的暂态时间，就可以控制发光二极管导通及关断的时间，从而形成交替闪烁的效果。

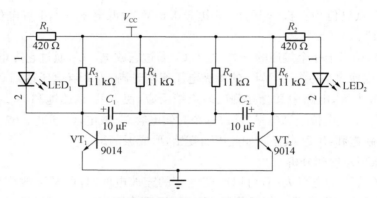

图 15.3　基于多谐振荡器的 LED 电路

4）电路仿真

在 Multisim14.3 中搭建如图 15.4 所示的基于多谐振荡器的 LED 驱动电路，根据图中的参数，$T_1=1$ s，$T_2=1$ s，两路 LED 交替导通。

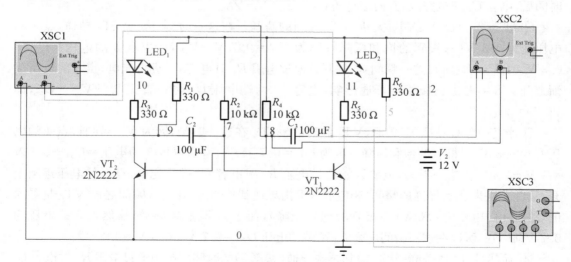

图 15.4　基于多谐振荡器的 LED 仿真电路

　　参数设置完成后,点击仿真即可看到如图 15.5 和图 15.6 所示的 LED 交替闪烁的现象。

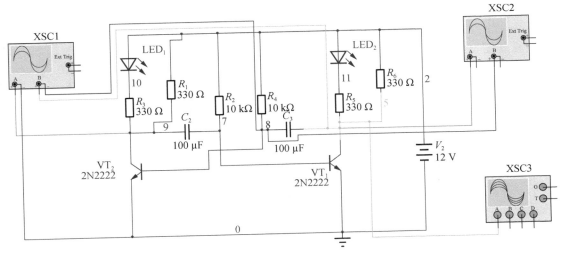

图 15.5　基于多谐振荡器的 LED 仿真结果——VT₁ 导通

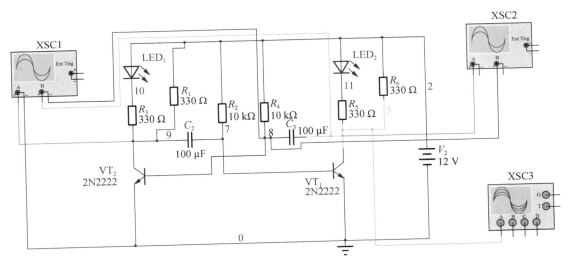

图 15.6　基于多谐振荡器的 LED 仿真结果——VT₂ 导通

　　如图 15.7 所示,利用示波器监测的节点 5 和节点 8 的电压可以看到,当电路进入稳定状态以后,VT_1 导通时,节点 5 为低电平,电阻 R_4 对 C_3 充电,节点 8 电压逐渐上升;当充电至导通电压后,节点 5 电压阶跃至电源电压,节点 8 保持 PN 结导通压降。

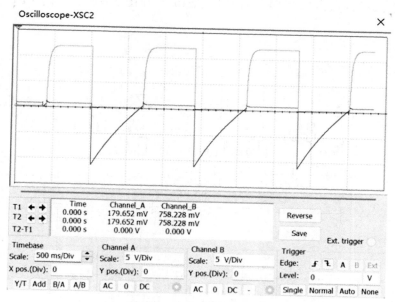

图 15.7　VT₁、VT₂ 电压仿真结果

15.2　串联谐振高压电路设计

1）设计背景

特高压输电是世界上最先进的输电技术，是"中国智造"的一张名片。特高压输送容量大、送电距离长、线路损耗低、占用土地少。100 万 V 交流特高压输电线路输送电能的能力（技术上叫输送容量）是 50 万 V 超高压输电线路的 5 倍。

特高压输电设备是特高压输电的关键核心，为了确保输电设备的正常工作，在投入使用前都需要经过严格的高压测试。串联谐振是在高压电气设备试验中的主要高压发生电路，在电路的运行中产生谐振，这样就能保证电路的整体电压以及电流产生相同的相位，从而产生相同的无功率电压以及相反的相位反应，这样在高压电气设备试验的过程中使整个试验电路表现出一定的阻性。串联的谐振要根据试验的需要进行谐振频率的改变与调节，通常情况下都是由电感与电容进行参数调节的，所以在进行高压电气设备试验的过程中，需要能够产生电容与电感的电容器与电抗器，在实验时，根据具体的要求对电容以及电感进行数值的调节。从而保证内部的电路频率与外部的电路频率相同，从而产生串联回路的谐振电流。只有电容与电感达到最大的电压值才能够保证串联谐振的产生，这样设计的好处是可以在高压电气设备试验的时候根据最大的电路电压进行，有效地实现高压电气设备试验的重要目标。

2）设计目标

利用 RLC 串联谐振电路，设计一种高压发生电路。

3）设计原理分析

当 RLC 串联电路电抗等于零，端口电压和电流同相位时，称电路发生了串联谐振，此时的频率称为串联谐振频率，用 f_0 表示。

由于电路电抗为零，

$$\omega_0 L - \frac{1}{\omega_0 C} = 0$$

可得谐振角频率为：

$$\omega_0 = \frac{1}{\sqrt{LC}}$$

对应的谐振频率为：

$$f_0 = \frac{1}{2\pi \sqrt{LC}}$$

电感 L（被测元件）两端的电压和输入电压之比为：

$$Q = \frac{\frac{U_0}{R}\omega_0 L}{U_0} = \frac{\omega_0 L}{R} = \frac{\sqrt{L/C}}{R}$$

通过调整 R、L、C 参数即可控制串联谐振的产生以及所产生的高压信号和输入信号之间的比值关系。

4）仿真分析

如图 15.8 所示的 RLC 串联谐振电路，电感为 1 mH，电容为 1 μF 时，对应的谐振频率为 5 kHz，设置电源频率为 5 kHz，运行仿真。RLC 串联电路和电阻两端电压均为 120 V，同时使用电压表测量电感电压，电感电压为 3.7 kV，即 RLC 串联谐振电路产生了数十倍于输入电压的高压信号。

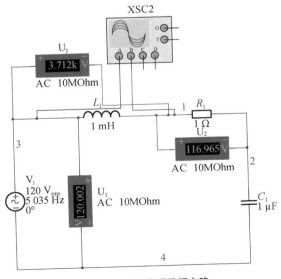

图 15.8　RLC 串联谐振电路

15.3　相序测试电路设计

1）设计背景

三相电是生产生活中的重要能量来源，三相电相序是以某相电量的相位超前排列在前面，而电量的相位滞后的相排列在后面，三相之间互差 120° 电角度，第二相滞后第一相 120° 电角度，最后的一相滞后第一相 240° 电角度。在使用三相交流电动机时，需要知道所连接三相电源的相序，若相序不正确，则电动机的旋转方向将与所需的相反，从而导致安全事故。因此，对三相相序的测量就变得至关重要。

2）设计目标

设计一种相序检测电路，将其接至三相电源上，便可正确地指示出电源相序。

3）设计原理分析

利用如图 15.9 所示的三相不对称负载检验相序，其中设两个灯泡阻值相同，为 R。

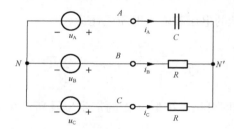

图 15.9　三相负载相序检测

设 $\dot{U}_{AN}=U\underline{/0°}$ V，$\dot{U}_{BN}=U\underline{/-120°}$ V，$\dot{U}_{CN}=U\underline{/-120°}$ V

利用戴维南定理，将 A、N′ 之间的负载开路。

开路电压为：

$$\dot{U}_{OC}=\dot{U}_A-\dot{U}_B+\frac{\dot{U}_B-\dot{U}_C}{2R}=\dot{U}_A-\frac{\dot{U}_B+\dot{U}_C}{2}=\frac{3}{2}\dot{U}$$

等效电阻为：

$$R_{eq}=\frac{1}{2}R$$

当电容 C 容值变化时，如图 15.10 所示，$N′$ 在半圆上移动，因此总满足：

$$\dot{U}_{BN}\geqslant\dot{U}_{CN}$$

若以接电容一相为 A 相，则 B 相电压比 C 相电压高。B 相灯较亮，C 相较暗（正序）。据此可测定三相电源的相序。

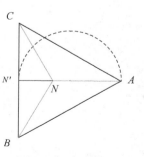

图 15.10　$N′$ 移动轨迹

4) 仿真分析

在 Multisim14.3 中搭建相序测试电路,如图 15.11 所示。任意选取其中一相(假定该相为 A 相),接上电容负载,另外两相负载为白炽灯泡。电路搭建完毕后,运行仿真,可以看到,其中 B 的负载更亮,且该相负载的相电压更高,从而可以确定三相电源的相序为 ABC(正序)。

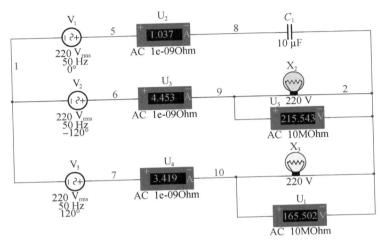

图 15.11 相序测试(一)

保持电路结构不变,改变电源相序。仍选取与上述仿真相同的相(假定该相为 A 相),接上电容负载,另外两相负载为白炽灯泡。电路搭建完毕后,运行仿真,如图 15.12 所示,可以看到,此时 C 相的负载更亮,且该相负载的相电压更高,实际相序为 ACB(负序),与实际电路的参数设定一致。

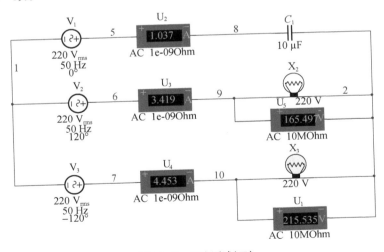

图 15.12 相序测试(二)

第五部分　常用实验装置及仪器仪表

16 电路原理实验基本知识

16.1 电路原理实验须知

16.1.1 实验目的

实验课是高等教育中一个不可缺少的重要教学环节,是理论联系实际的重要手段,是培养学生严谨的科学态度及独立分析问题和解决问题能力的重要环节。通过实验训练和实践技能的培养,使学生能巩固课堂上所学的理论知识,掌握基本的电工测试技术、实验方法及数据分析和误差处理的能力,培养实事求是、严肃认真、细致踏实的科学作风和良好的实验品质,为今后的专业实践与科学研究打下坚实的基础。

16.1.2 实验课程的要求

(1)掌握常用电工测试工具(如万用表、电流表、电压表、功率表等常用的一些电工实验设备)的使用方法;初步掌握实验中用到的信号发生器、示波器、稳压电源、晶体管毫伏表等实验仪器以及实验板(箱)的使用方法。

(2)学会按电路图连接实验线路和合理布线,能够初步分析并排除一般故障。

(3)能够认真观察实验现象,正确地读数,绘制图表、曲线,分析实验结果,正确书写实验报告。

(4)正确地运用实验手段来验证一些定理和理论。

(5)要具有根据实验任务确定方案、设计实验线路和选择仪器设备的初步能力。

(6)为适应科学技术的高速发展,还需在实训中掌握计算机辅助设计和计算机仿真软件,如 EWB(Electronic Workbench)和 Multisim 等。

16.2 实验步骤

实验课一般分为课前预习、实验过程及课后写实验报告三个阶段。各阶段的具体要求有所不同。

16.2.1 课前须知

实验能否顺利进行和收到预期的效果,很大程度上取决于预习准备得是否充分。因此,在预习过程中,应仔细阅读实验指导书和其他参考资料;明确实验的目的、内容,了解实验的基本原理以及实验的方法、步骤,清楚实验中要观察哪些现象,记录哪些数据,以及应注意哪些事项。

学生必须认真做好预习后,方可进入实验室进行实验,不预习者,不得进入实验室进行实验。

16.2.2　实验过程

良好的工作方法和操作程序,是使实验顺利进行的有效保证,一般实验按照下列程序进行:

(1) 教师在实验前讲授实验要求及注意事项,学生要自觉遵守实验室的规章制度,保持环境卫生,并注意人身及设备安全。

(2) 学生在规定的实验台上进行实验,在实验过程中应注意以下事项:

① 按本次实验的仪器设备清单清点设备,注意仪器设备类型、规格和数量,辅助设备是否齐全,同时了解设备的使用方法及注意事项。

② 做好记录的准备工作。

③ 做好实验桌面的整洁工作,暂时不用的设备整齐地放在一边。

(3) 连接实验线路。实验设备应布置在便于操作和读数的位置,按照线路连接的一般规范进行连接,接线完毕后,不要急于通电,应首先仔细自查,经自查无误并请老师复查同意后,才能够合上电源开始实验。

(4) 按照实验指导书上的实验步骤进行操作、观察现象、读数,认真记录并审查数据。

(5) 结束工作:完成全部规定的实验内容,先不要急于拆除线路,而应先自行查核实验数据,再经老师复查记分后,方可进行下列结尾工作:

① 切断电源,拆除实验线路。

② 做好仪器设备、桌面和环境的清洁整理工作。

③ 经教师同意后方可离开实验室。

16.3　实验的基本规则

16.3.1　学生实验守则

学生在实验前应仔细阅读实验守则,并严格执行。其内容如下:

(1) 实验课前必须认真预习教程,写好预习报告,未预习者不得进行本次实验。

(2) 实验室内要保持安静和整洁。

(3) 遵守"先接线后通电,先断电后拆线"的操作程序;严禁带电操作,遇到事故应立即切断电源,并报告教师处理。

(4) 接线完毕后要仔细检查并经教师复查,确认无误后才能接通电源,做完实验后,将数据整理后交教师检查,结果正常后方可拆除电路(一定要先断电,后拆线),做好结束工作。

(5) 爱护国家财产,实验中因违反操作规程损坏实验设备者按制度负责赔偿。

16.3.2 实验室安全用电规则

为了做好实验,确保人身和设备的安全,在做实验时,必须严格遵守下列安全用电规则:

(1) 不得擅自接通电源。必须遵守"先接线后通电,先断电源后拆线"的操作规程,接线、改线、拆线都必须在切断电源的情况下进行,实验过程中不得触及带电部分。

(2) 接线完毕后,要认真复查,确认无误并请指导教师检查后,须通知同组同学,方可接通电源。

(3) 在电路通电的情况下,人体严禁接触电路中不绝缘的金属导线或连接点等裸露的带电部分,万一遇到触电事故,应立即切断电源,进行必要的处理。

(4) 实验中,特别是设备刚投入运行时,要随时注意仪器设备的运行情况,如发现有超量程、发热、异味、异声、冒烟、火花等,应立即切断电源,并请指导教师检查,确认排除故障后方可投入使用。

(5) 室内仪器设备不能随意搬动,非本次实验所用的仪器设备,未经教师允许不得动用。在没有弄懂仪器、仪表、设备及元器件的使用方法前,不得进行实验。若损坏仪器设备,必须立即报告指导教师,作书面检查,若为责任事故则要酌情赔偿。

(6) 注意仪器仪表允许的安全电压(电流),切勿超限。当被测量的大小不能确定时,应从仪表的最大量程开始测试,然后逐渐减小量程,使之合适。

16.4 实验中的几个要注意的问题

16.4.1 线路的连接

合理布置仪器设备,使之便于操作、读数和接线;先把元件参数调到应有的数值,调压设备及电源设备应放在输出电压最小并断开电源的位置上,然后按电路图接线。接线应按照"先串后并""先主后辅"或"先分后合"等原则来进行,即接线次序应按照电路图,先接主要串联电路(从电源的一端开始,按顺序连接至电源的另一端),然后再连接分支电路。遇到较复杂的电路时,可将电路分成几个较简单的单元,分别连接好后再按电路结构将各单元电路相互连接起来。实验线路应力求接得简单、清楚,便于检查,走线要合理,线的长短选择适当,防止连线短路,线路连接处要牢固可靠,接线端子要相互紧密接触,并且要注意接线的连接片子不要都集中到一点上,特别是电表的接线端上非不得已不要接两根以上的导线。接线松紧要适当,线路中不允许出现没固定端钮的裸露接头。在通电的情况下,不得随意带电拔、插器件。

16.4.2 仪表的正确选择与使用

首先,根据被测量的电路类型和被测量的性质,合理地选择测量仪表的类型与规格;然后调整好电源电压、信号源的电压,使其极性和大小均符合实验要求;最后根据待测量的数值大小合理选择仪表的量程,以指针偏转大于满量程的 2/3 为合适,在同一量程时指针偏转越大越准确(详见 2.1)。

16.4.3　操作、观察和读数

操作时要做到:手合电源,眼观全局;先看现象,再读数据。实验时要注意观察现象,是否存在不正常现象,例如仪表有没有读数或有没有超出量程,并及时妥善检查处理;读数时,要注意姿势正确,要保持"眼、针、影"三点成一线。读数前,应该了解仪器仪表的量程与刻度值;读数时,当选择的仪表量程与表面刻度一致时,可以直读;若不一致时,应先按刻度数读出,然后按量程与刻度之间的倍数关系进行换算。

$$实际读数 = \frac{使用量程}{刻度极限值} \times 指针指示数 = K \times 指针指示数$$

式中:K 为仪表在某量程时每一刻度(div)代表的数值。

读数时,要根据仪表的准确度等级,读出足够的有效数字位数,不能"少读"或"多读"。有关有效数字的表示及其运算规则问题如下:

1) 有效数字的概念

测量中必须正确地读取数据,即除末位数字是估读数外,其余各位数字部是准确可靠的。有效数字位数越多,测量准确度越高。例如,用一块 50 V 的电压表(刻度每小格代表 1 V)测量电压时,指针指在 30 V 和 31 V 之间,可读数为 30.5 V,其中数字"30"是准确可靠的,称为可靠数字,而最后一位"5"是估计出来的不可靠数字,两者结合起来称为有效数字。对于"30.5"这个数,有效数字是三位。但如果将"30.5"读作"30.50",就没有意义了,因为小数点后的第二位也是估读数。可见,有效数的位数是和所使用的仪表精度有关的。

2) 有效数字的表示方法

(1) 记录测量数值时,只保留一位估读数字。

(2) 数字"0"可能是有效数字,也可能不是有效数字。例如 0.035 2 kV 前面的 2 个"0"不是有效数字,它的有效数字是后 3 位,0.035 2 kV 可以写成 35.2 V,它的有效数字仍然是 3 位,可见前面的 2 个"0"仅与所用的单位有关。又如"30.0"的有效数字是 3 位,后面的两个"0"都是有效数字。必须注意末位的"0"不能随意增减,它是由测量仪器的准确度来确定的。

(3) 大数值与小数值都要用幂的乘积的形式来表示。例如,测得某电阻的阻值为 10 000 Ω,有效数字为 3 位时,则应记为 10.0×10^3 Ω 或 100×10^2 Ω。

(4) 在计算中,常数(如 π、e 等)以及因子的有效数字的位数没有限制,需要几位就取几位。

(5) 当有效数字位数确定以后,多余的位数应一律按四舍五入的规则舍去,称为有效数字的修约。

3) 有效数字的运算规则

(1) 加减运算:参加运算的各数所保留的位数,一般应与各数小数点后位数最少的相同。

(2) 乘除运算:乘除运算时,各因子及计算结果所保留的位数以百分误差最大或有效数字位数最少的项为准,不考虑小数点的位置。

（3）乘方及开方运算:运算结果比原数多保留一位有效数字。

（4）对数运算:取对数前后的有效数字位数应相等。

16.4.4 测量结果的处理

实验测量所得到的记录,经过有效数字修约、有效数字运算等处理后,有时仍不能看出实验规律或结果,因此,必须对这些实验数据进行整理、计算和分析,才能从中找出实验规律,得出实验结果,这个过程称为实验数据处理。实验数据处理的方法很多,下面仅介绍几种电路实验中常用的实验数据处理方法。

1）测量结果的列表处理

列表处理就是将实验中直接测量、间接测量和计算过程中的数值按一定的形式和顺序列成表格,这种方法简单易行,便于比较和分析,容易发现问题和找出各电量之间的相互关系和变化规律等。但在应用此方法时,表中所用到的符号和单位等必须说明清楚,有效数字位数要正确,表格的设计要合理。

2）测量结果的曲线处理

实验测量结果也常用曲线来表示。对需用曲线来表示的测量结果,在撰写实验报告时需要按照测量结果在坐标纸上绘制实验曲线,这也是实验的一项基本技能。用实验曲线来表示测量结果其特点是直观明了,便于相互比较。

（1）坐标和图纸的选择

首先应根据被测量的特性选择合适的坐标。常用的坐标系有:直角坐标（笛卡尔坐标）、半对数坐标、全对数坐标和极坐标等。然后,根据所选坐标选择相应的图纸及合适的比例尺。

（2）绘制实验曲线的方法

① 正确标注实验数据

首先,把有效数据点标注在适当的坐标系中;然后,再按照一定的法则（如分组平均法）作出拟合曲线。绘制实验曲线时还应注意以下几个问题:

a. 为了便于绘制曲线,首先应将实验数据列成数表,使各数据点大体上沿曲线均匀分布。在曲线斜率大和重要点之处,数据的间隔点应加密一些,以便能更确切地显示出曲线的变化细节。

b. 选择适当的坐标系并标出数据点。当把多种数据在同一图上进行表示时,应使用不同的标记表示。

c. 画曲线时,由于实际测量数据存在误差,通常不直接把各数据点连成一条波折线,而是应该运用有关的误差理论,作出一条尽可能靠近各数据点而又相对平滑的拟合曲线。

d. 对于曲线的重要点应特别加以注意。如在极值附近,测点需更细密,应尽可能测出真正的极值。若发现个别不合规律的数据点,一般应在该点附近补做几次测量。

e. 坐标的比例尺不必相同,也不一定从坐标原点开始。当坐标变量变化范围很宽时,可采取对数坐标以压缩图幅,这是在电路实验中用得较多的一种坐标。

② 曲线绘制方法

a. 分组平均画法。当数据离散程度大时,常采用的方法为:首先按 x 坐标把数据分为若干组,求出每组中的平均值,然后连接每组的平均值作出曲线。

b. 目测平均绘制法。取两相邻数据点连线的中点(即平均值)作为一个数据点,也可以取三个相邻数据点所构成的三角形的重心作为一个数据点或取四个相邻点的平均(两两平均后再平均,或四边形的重心)等,取两点平均还是取三点(或四点、五点)平均,可根据实际情况而行。

3)测量结果的图示处理

图示处理是在用图示法画出两个电量之间的关系曲线的基础上,进一步利用解析法求出其他未知量的方法,许多电量之间的关系并非是线性的,但可以通过适当的函数变换或坐标变换使其成为线性关系,即把曲线改成直线,然后再用图解法求出其中的未知量。

16.4.5　测量误差及测量误差的处理

1)测量误差

在实验中必然要用到各种仪器仪表去测量,由于测量仪器仪表的不准确及测量方法的不完善和各种因素的影响,实验中的测量值和它的真实值并不完全相同,这即为误差。但如果测量误差超过一定的限度,测量工作及由测量结果就很难得出结论,因此,我们需要认识测量误差的规律,合理选择测量仪器和测量方法,力求减小测量误差。

误差的分类有许多方式,一般情况下常用的测量误差的分类方法见表 16.1。

表 16.1　测量误差的分类方法

按表示方式	相对误差	按来源	工具误差	按性质	系统误差
	绝对误差		使用误差		随机误差
	引用误差		人身误差		过失误差
	分贝误差		环境误差		—
			方法误差		

下面简单介绍一下按性质分类的几种测量误差。

(1)系统误差。在同样条件下多次测量同一量值时,误差的绝对值和符号保持不变,或在条件改变时,按某一确定的规律变化的误差。例如标准器量值的不准确、仪器示值不准确而引起的误差。在一次测量中,如果系统误差很小,那么测量结果就可以很准确。

(2)随机误差。相同的条件下多次测量同一量值时,误差的绝对值和符号均发生变化,没有确定的变化规律,无法事先预定,但是具有抵偿性的误差。随机误差主要是由于外部变化,例如电源、磁场、气压、温度及湿度等一些互不相关的独立因素的变化所造成的。

(3)过失误差。由于测量人员的失误或疏忽,造成的测量误差,其误差无任何规律可言,是测量中必须全力避免的。

2）测量误差的处理

（1）系统误差的处理

系统误差将直接影响测量的准确性，为了减小或消除系统误差，通常采用如下方法：

① 校正法。定期对仪器进行校正，并确定校正值的大小，检查各种外界因素对仪器的影响，作出各种校正公式、校正曲线或图表，用它们对测量结果进行校正，以提高测量结果的准确度。

② 替代法。替代法被广泛应用在测量元件参数上，在实验中使用较少。

③ 正负误差相消法。这种方法可以消除外磁场对仪表的影响。进行正反两次位置变换的测量，然后将测量结果取平均值。

④ 正确使用仪表。包括合理地选择仪表的量程，尽可能使仪表读数接近满偏位置；选择科学的测试方法；严格按照仪器仪表操作规程来使用以及正确合理地读数等。

⑤ 取算术平均值。多次测量，防止测量仪器仪表和人为因素的偶发性差错。

（2）随机误差的处理

随机误差只是在进行精密测量时才能发现它。在一般测量中由于仪器仪表读数装置的精度不够，则其随机误差往往被系统误差埋没不易被发现。因此，首先应检查和减小系统误差，然后再消除和减小随机误差。随机误差是符合概率统计规律的，故可以对它做如下处理：

① 采用算术平均值计算。

② 采用均方根误差或标准偏差来计算。

（3）过失误差的处理

过失误差是应该避免的。为了发现和排除过失误差，除了测量者认真仔细以外，还要注意做好以下的工作：

① 在实际测量之前进行认真的预习，掌握所用仪器仪表的使用方法。

② 对被测量对象进行多次测量，避免单次测量失误。

③ 在改变测量方法或测量仪表后测量同一量值。

16.5　常见故障的分析与检查

16.5.1　常见故障

电路实验的类型较多，产生故障的原因与故障的表象也各不相同，所以对其不能一概而论，常见的有：测试设备故障；电路元器件故障；接触不良故障；人为故障；各种干扰引起的故障等。

16.5.2　检查故障的基本方法

1）出现故障现象时

首先应立即切断电源关闭所有仪器设备，避免故障的进一步扩大。

2）采用直观检查法来判断实验故障性质

要准确判断发生的实验故障的性质，应了解不同的故障类型所表现出来的不同现象。

（1）破坏性故障：其现象为出现元器件发热、冒烟、烧焦味及爆炸声等。

（2）非破坏性故障：其现象为实验电路不工作，即电流表、电压表无读数、指示，灯不亮，或电流、电压的波形不正常等。

因此，应用直观法观察实际操作时出现的实验故障现象，可对故障性质做出初步判断。

3）对非破坏性故障的检查方法

（1）应先切断电源。若电路不工作，则应首先检查供电系统，包括：检查电源插头或接线处接触是否良好、电源线是否断线、保险丝是否熔断等。

（2）测量阻值法。仔细检查电路的全部接线是否正确，并可采用测量阻值法检查电路整体是否存在短路、断路故障，即在断开电源的情况下，用万用表欧姆挡测量电路输入端口及输出端口的电阻值，以防输入端口短路将直流稳压电源烧坏，或因输出端短路烧坏实验电路元件。

（3）通电测试法。在确认电源系统正常且实验电路内部不存在短路故障后，可采用通电测试法。即接通电源，使用电压表逐点检查测量电路各部分的电压是否正常，并将各点所测得的电压与正常值相比较，分析故障电压和故障原因；有些电路也可以采用波形显示法，即用示波器观察电路各处波形是否正常等，采用此法其前提是明确电路各处的电压、电流的正常工作值及波形情况。

（4）从电源端开始，逐点检查逐步缩小故障可能的范围，直到查出故障所在之处或故障元件为止。

4）对破坏性故障的检查方法

（1）直观检查法。首先切断电源，仔细检查实验电路的全部接线是否正确，电路有无损坏现象，主要表现在：元器件有无变色、冒烟、烧焦味，半导体器件外壳是否过热等，以此来确定故障点或故障元件。

（2）判断确定故障部位。通过对照电路接线图，掌握各部分的工作原理和相互联系。然后，根据出现的故障现象，分析故障可能发生在哪一处，应用万用表的欧姆挡检查电路的通断情况，判断有无短路、断路或阻值不正常等情况。

5）对不易测试判断有无故障的元器件的检查方法

在检查确定了电路其他部分均正常后，对可能存在故障的元器件，可用同型号（或技术参数接近的同类器件）正常的元器件来更换，若更换后电路恢复正常工作，则说明原来的元器件存在故障。对于故障元器件在更换前，必须认真分析其损坏的原因，以防止更换后再次造成元器件的损坏。

16.5.3 处理故障的一般步骤

（1）若电路出现严重短路或其他可能损坏设备的故障时，应立即切断电源查找故障。一般首先检查接线是否正确。

（2）根据出现的故障现象和电路的具体结构判断故障的原因，确定可能发生故障的范围。

（3）逐步缩小故障范围，直到找出故障点为止。

另外，还可利用万用表、电流电压表等测试工具来检查故障点。

16.5.4　产生故障的原因

产生故障的原因有多种，可归纳如下：

（1）电源接线接触不良，输出电压为零。

（2）电路连接不正确（例如，少接一根导线，电路未通），或电路接线接触不良，导线或元器件引脚存在短路或断路。

（3）元器件或导线的裸露部分相碰造成短路。

（4）仪器仪表或元器件本身存在质量问题或已损坏。

（5）元器件的参数不合适或引脚端接错。

（6）测试条件错误。

（7）仪表的型号规格错误（例如用交流电流表来测量直流电流）。

（8）保险丝已熔断。

（9）电路或元器件的焊接点已脱焊。

16.6　实验报告的撰写及要求

16.6.1　实验报告格式

实验报告是实验工作的全面总结，要用简明的形式将实验结果完整和认真地表达出来。报告要求文理通顺、简明扼要、字迹端正，图表清晰，结论正确、分析合理、讨论深入。

16.6.2　实验报告要求

实验报告除了包括实验名称、实验日期、实验组别、班级、实验者、学号、实验地点、指导教师，此外，还应包括下列内容：

（1）实验目的：通过实验达到的教学目的。

（2）实验器材：包括实验所需的仪器与仪表的名称、型号、规格和数量等。

（3）实验原理：包括实验原理说明，电路原理图和相关公式等。

（4）实验内容和步骤：包括具体实验内容与要求，实验电路图与实验接线图及主要步骤和数据记录表格。实验者可按实验指导书上步骤编写，也可根据实验原理由实验者自行编写，但一定要按实际操作步骤详细如实地写出来。

（5）数据记录、图表、分析计算：根据实验原始记录和实验数据处理要求画出数据表格，整理实验数据。表中各项数据如果是直接测量所得，要注意用有效数字表示；如果是计算所得，必须列出所用公式。

　　(6) 实验结论与分析：根据实验数据分析实验现象，对产生的误差，分析其原因，得出结论，并将原始数据或经过计算的数据整理为数据表，用坐标纸描绘波形或画出曲线。对实验中出现的问题进行讨论、总结，得出体会、建议和意见。

　　(7) 问题回答：学生在实验之后，应及时写好实验报告，记录实验中产生故障的情况，说明故障排除的方法，按指定时间准时交报告，否则不得进行下次实验。

17 常用电工电子仪器仪表的简介

17.1 常用电工仪表

17.1.1 万用表

万用表是一种高灵敏度、多用途、多量限的携带式测量仪表,它在电工、电子技术中是一种最常用的仪表,能分别测量交、直流电压及直流电流、电阻、音频电平和电子元件的检测,习惯上又称作三用表。万用表的型号较多,有些型号的万用表还可用作测量电感量、电容量、功率及晶体管的 β 值等。因此,万用表是电子测量和维修所必备的常用仪表。

1) 万用表的组成及一般使用方法

万用表的基本组成主要包括指示部分、测量电路、转换装置三部分。

(1) 指示部分

指示部分俗称表头,用以指示被测电量的数值。指针式万用表该部分通常为磁电式微安表,而数字式万用表则为液晶或荧光数码显示屏。指示部分是万用表的关键,其很多的重要性能,如灵敏度、精确等级等都决定了表头的性能。

(2) 测量电路

测量电路是把被测的电量转化为适合于表头的微小信号,再通过转换装置转换成能够驱动指示部分指示所需的信号。

(3) 转换装置

通过转换装置可实现万用表的各种测量类型和量程的选择。转换装置通常包括转换开关、接线柱、输入插孔等;转换开关有固定触点和活动触点,测量时,改变开关的位置,即可接通相应的触点,实现相应的测量功能。

万用表(包括指针式和数字式)的测量灵敏度和精度相对来说较低,测量时的频率特性也差(测量信号的频率范围 45~1 000 Hz),从而只能用于对工频或低频信号的测量,且测量交流信号时读数为有效值。

2) 指针式万用表

指针式万用表的型号和种类很多,不同型号的万用表,功能也不尽相同,实际测量时,要根据需要,选择和使用合适的万用表。一般来说,万用表的测量灵敏度和精度越高,价格就越贵,一般以满足测量要求为度。

(1) 使用万用表测量的一般方法和步骤

① 根据被测电量的类型,将转换开关置于相应的位置,然后确定测量的量程。

② 测量电压、电流时,所选量程最好使指针偏转在量程 1/2 以上位置。

③ 指针式万用表的测试表棒有正、负之分,测试电路的电量时,连接应正确,即红色表棒接电路中电压的正极(标有"+"号的位置),黑色表棒接电路中电压的负极(标有"-"号的位置)。如果反接,则可能导致表头指针反向偏转,严重时会损坏表头。

④ 测量电压时,两表笔与被测电路测试部分并联相接;测量电流时,则与被测电路测试部分串联相接;测量电阻的阻值时,两表笔与电阻的两端相连;而测量晶体管、电容等参数时,则应将其端子插入万用表面板上的指定插孔。在测量电阻值时,万用表在更换每一次量程时,应先调零(两表笔短接,调整调零旋钮,使指针指在零点),然后再测试。

⑤ 万用表的表盘上有多条标度尺,读数时应根据被测电量,观看对应的标度尺,与量程挡联合读出正确的测量数值。

(2)使用时的注意问题

① 将万用表接入电路前,应确保所选测量的类型及量程正确。

② 用万用表测量高压时,不能用手触及表棒的金属部分,以免发生危险。

③ 在电路中测量电阻的阻值时,应断电进行测量,否则会烧坏电表。

④ 测量大电压、大电流时,不可带电拨动转换开关,以免烧坏万用表。

⑤ 测量结束后,应习惯将万用表的测量转换开关拨到"交流电压"最大量程挡,以免自己或他人在下次使用时因粗心而造成仪表的损坏。

3)数字式万用表

数字式万用表的用途与指针式万用表类似,它采用数字直接显示测量结果,读数具有直观性和唯一性,且体积小、测量精度高,应用十分广泛。常用的数字万用表多为三位半显示,测量时输入极性自动切换,且具有单位、符号显示。数字式万用表在开始测量时,一般会出现跳数现象,应等显示稳定后再读数。有时显示数字一直在一个范围内变化,则应取中间值。

数字式万用表的使用方法与指针式万用表大致相似:

(1)测量直流电压。将电源开关拨到"ON",量程开关拨到"DCA"范围内的合适量程位置,测试的红表笔连接到"V·Ω"插孔,黑表笔与"COM"端子连接,测试并读取数值。直流电压挡一般不能超过1 000 V。

(2)测量交流电压。将电源开关拨到"ON",量程开关拨到"ACV"范围内的合适量程位置,表笔接法同上。测试时注意:被测电压的频率应在所用的数字万用表测量信号频率范围内(一般45~1 000 Hz);在交流电压("ACV")各挡,最大允许输入电压的交流有效值不能超过极限值(一般在750 V左右)。

(3)测量直流电流。将电源开关拨到"ON",量程开关拨到"DCV"范围内的合适量程位置,红表笔插入"mA"插孔,黑表笔插入"COM"插孔。测试时注意:若被测电流超过"mA—COM"输入端口的测量范围,则应拨至"20 mA/10 A"挡,并将红表笔插入"10 A"插孔。

(4)测量交流电流。将电源开关拨到"ON",量程开关拨到"ACA"范围内的合适量程位置,表笔接法同直流电流的测量相同。

(5)电阻值的测量。打开电源开关,量程开关拨至"Ω"范围内的合适量程位置,红表笔插入"V·Ω"插孔,黑表笔插入"COM"插孔。请注意:不要测量电路中的带电电阻,以免损坏仪表。

（6）二极管压降的测量。打开电源开关，量程开关拨至二极管挡，红表笔插入"V·Ω"插孔，外接二极管的正极；黑表笔插入"COM"插孔，外接二极管的负极。当测试电流在 0.5～1.5 mA 之间时，锗管的正向电压降通常在 0.15～0.30 V 之间，而硅管的正向电压降通常在 0.55～0.70 V 之间。

（7）二极管的测量。根据被测二极管的类型，将开关拨至"PNP"或"NPN"挡，打开电源开关，把二极管的端子插入测量插口的对应孔内即可读数。

4）指针式万用表和数字式万用表使用的不同之处

指针式万用表和数字式万用表的使用方法大致相同。但出于其内部电路和显示方式的不同，在具体的使用方面，还存在着一些差异。就一般万用表而言，指针式万用表的测量精度通常为 2～2.5 级，数字式万用表的测量精度为 1‰～25‰，当用万用表测量时，对测量精度要求较高的场合应选用数字式万用表。在测量过程中，指针式万用表的量程需在测量前由测量者预先选定，而数字式万用表的量程则能自动转换。数字式万用表在测量参数值超量程时能自动溢出，指针式万用表则会出现打表头现象。数字式万用表对被测信号采用的是瞬时采样工作方式，测量时抗干扰较差，而指针式万用表测量较为稳定，抗干扰能力较强，从而使用数字式万用表测量时要求被测系统的稳定性较好。此外，对直流参数的测量数字式万用表不宜选用，因为直流工作状态下指针式万用表读数比数字式万用表准确。

就输入阻抗而言，数字式万用表比指针式万用表高很多。因此，数字式万用表更适用于高阻抗电路参数的测量。另外，一般指针式万用表测量电流的最大量程只有几百毫安，且无交流电流挡，因此测量交流电流或大电流时以选择数字式万用表为好。判别晶体管的好坏，选用指针式万用表较为方便；测量电阻阻值，选用数字式万用表则读数准确，使用更为方便。测量时，应视具体情况合理选用指针式或数字式万用表。

5）MF10 型万用电表使用说明

本仪表为高灵敏度、磁电整流系多量限万用电表，可以测量直流电压、直流电流、中频交流电压、音频电平和直流电阻，由于测量所消耗的电流极微，因此在测量高内阻的电路参数时，不会显著影响电路的状态，是现代电讯器件制造工厂和科学研究测试必须常备的测量仪表。电流最灵敏量限的满度值为 10 μA，可以用它来测量普通万用表所不能测量的微弱电流。由于仪表直接用磁电型式结构作为测量基础，故而使用方便，维护简单，并且稳定性良好。同时，利用它的高灵敏度特点，电阻量限扩大至 ×100 k，可以测量 200 MΩ 的高阻值。仪表适合在周围气温为 0～40 ℃、相对湿度在 25%～80% 的环境中工作。

（1）主要技术特性

① 测量范围

- 直流电流：10/50/100 μA，1/10/100/1 000 mA。
- 直流电压：0.5V(10μA)/1/2.5/10/50/100/250/500 V。
- 交流电压：10/50/250/500V。
- 直流电阻：0～2/20/200 kΩ/2/20/200 MΩ（×1/×10/×100/×1 k/×10 k/×100 k。

- 音频电平：$-10\sim+22$ dB。

② 准确度等级

- 直流电流电压：2.5级（以标度尺工作部分上限的百分数表示）。
- 交流电压：5.0级（以标度尺工作部分上限的百分数表示）。
- 直流电阻：2.5级（以标度尺长度的百分数表示）。
- 音频电平：5.0级（以标度尺长度的百分数表示）。

③ 频率影响

- 频率范围：45 Hz～1.5 kHz。
- 误差：$\pm5\%$。

④ 温度影响

外界温度自 23 ± 2 ℃，每变化 10 ℃，直流电流电压：仪表指示仪的变化不超过表的 2.5%；交流电压：不超过 5.0%，直流电阻：不超过 1.25%。

⑤ 外磁场影响

在外磁场为 400 A/m（交流 50 Hz 或直流），仪表指示值的变化不超过基准值的 1.5%。

⑥ 测量电压时所消耗的电流见表 17.1。

⑦ 测量电流时由仪表所产生的电压降见表 17.2。

表 17.1　不同量程消耗的电流

交直流	测量范围	消耗的电流(μA)
直流	1～100 V	10
	250～500 V	50
交流	10～500 V	50

表 17.2　不同量程电压降

测量范围	电压降
10 μA	0.5 V
50 μA	0.4 V
100 μA	0.45 V
0.001～1 A	0.5 V

⑧ 位置影响：仪表规定为水平位置使用。当仪表向前后左右倾斜 10°时，其附加误差不超过等级指数的 50%。

⑨ 阻尼时间：不超过 4 s。

⑩ 绝缘强度：仪表外壳与电路的绝缘强度能耐受 50 Hz 正弦交流试验电压 2 000 V 历时 1 min。

⑪ 仪表的外形尺寸：220 mm×145 mm×85 mm。

（2）使用方法

① 零位调整

将仪表放置水平位置，使用时应先检查指针是否在标度尺的起始点上，如果移动了，则可调节零位调节旋钮，使指针回到标度尺的起始点上。

② 直流电压的测量

将范围选择开关旋至直流电压"V"的范围所需要的测量电压量程上，然后将仪表接入测量电路。电压方向必须遵守接在端钮上标志的极性，量程选择应尽可能选接近于被测量，使指针有较大的偏转角,以减少测量示值的绝对误差。读数视第三条直流刻度。

③ 交流电压的测量

测量交流电压的方法与直流相似,只要将范围选择开关旋至欲测量的交流电压量程上即可。测量交流电压的额定频率为 45 Hz~1.5 kHz,其电压波形在任意瞬时值与基本正弦波差值不超过±1%。为了取得准确的测试结果,仪表的公共极应与讯号发生的负极(接机壳端)相连。这由仪表器件对地分布电容所致,如果接反了,误差会增加很多。

④ 直流电流的测量

将选择开关旋至直流电流"mA"或"μA"范围内,并选择至欲测的电流量程上,然后将仪表串联接入电路,其端钮应用连接导线与负载紧固连接。读数视第三条刻度。

⑤ 直流电阻的测量

将范围选择开关旋至电阻"Ω"范围内,短路外接电路,指针向满值偏转,调节零欧姆调整器,使指针指示在零欧姆位置上,然后用测试杆分别去测量被测电阻值。为了使测试结果准确,欧姆刻度应尽可能使用中间段,$R×1$、$×10$、$×100$、$×1 k$,$×10 k$ 5 个量程合用 1.5 V 电池,$×100 k$ 专用 16 V 层叠电池,当调节零欧姆调整器不能使指针到达满度时,即为电压不足,应立刻更换新电池,防止电池腐蚀而影响其他元件。

(3)注意事项

为了测量时获得良好效果及防止由于使用不当而使仪表损坏,应遵守下列注意事项。

① 仪表在测试时,不能旋转开关旋钮,特别是高电压和大电流时,严禁带电转换量程。

② 当被测量不能确定其数值时,应将量程转换开关旋到最大量程的位置上,然后再选择适应的量程,使指针得到最大偏转。

③ 测量直流电流时,仪表应与被测电路串联,禁止将仪表直接跨接在被测电路的电压两端,以防仪表过负荷而损坏。

④ 测量电路中的电阻阻值时,应将被测电路的电源断开,如果电路中有电容器,应先将其放电后才能测量,切勿在电路带电情况下测量电阻。

⑤ 仪表在每次用完后,最好将范围选择开关旋至交直流电压的 500 V 位置上,防止下一次使用时,因偶然疏忽致使仪表损坏。

⑥ 测量交直流电压时,应将橡胶测试杆插入绝缘管内,不应暴露金属部分。

⑦ 仪表应经常保持清洁和干燥,以免因受潮而损坏和影响准确度。

6)DT.830 型数字万用表

近年来数字万用表使用日益广泛,它具有精度高、输入阻抗高、显示直观、过载能力强、功能齐全等优点。目前有多种型号的产品,现以 DT.830 型为例做简单介绍。DT.830 型数字万用表原理框图如图 17.1 所示。虚线框内表示直流数字电压表(DVM),它由阻容滤波器、A/D 转换器、LCD 液晶显示器组成。在数字电压表的基础上再增加交流—直流(AC-DC)、电流-电压(A-V)、电阻-电压(Ω-V)转换器,就构成了数字万用表。

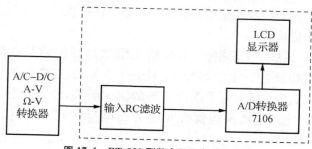

图 17.1 DT.830 型数字万用表原理框图

（1）基本技术性能

① 显示位数：4 位数字，最高位只能显示 1 或不显示数字，算半位，所以称 $3\frac{1}{2}$ 位，最大显示数为 1999 或 -1999。

② 调零和极性，具有自动调零和显示正、负极性的功能。

③ 超量程显示，超过量程时显示"1"或"-1"。

④ 采样时间：0.4 s。

⑤ 电源：9 V 叠层电池供电。

⑥ 整机功耗：20 mW。

（2）使用方法及注意事项

测量电压、电流、电阻等方法与指针式万用表相类似。下面仅将 DT.830 型数字万用表使用时的几点注意事项加以说明。图 17.2 为 DT.830 型数字万用表的面板图。

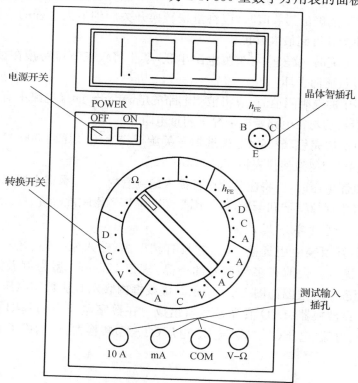

图 17.2 DT.830 型数字万用表面板图

① 测试输入插座:黑色测试表棒插在"COM(—)"的插座里不动,红色测试棒有以下两种插法:在测电阻值和电压值时,将红色测试棒插在"V-Ω"的插孔里;在测量小于 200 mA 的电流时,将红色测试棒插在"mA"插孔里,当测量大于 200 mA 的电流时,将红色测试棒括在"10 A"插孔里。

② 根据被测量的性质和大小,将面板上的转换开关旋到适当的挡位,并将测试棒插在适当的插座里。

③ 将电源开关置于"ON"位置,即可用测试棒直接测量。

④ 测毕,将电源开关置于"OFF"位置。

⑤ 当显示器显示"+"符号时,表示电池电压低于 9 V,需更换电池后再使用。

⑥ 测三极管 h_{FE} 时需注意三极管的类型(NPN 或 PNP)和表面插孔 E、B、C 所对应的管子管脚。

⑦ 检查二极管时,若显示"000"表示管子短路;显示"1"表示管子极性接反或管子内部已开路。

⑧ 检查线路通断,若电路通(电阻<20 Ω)电子蜂鸣器发出声响。

(3) 主要技术规范

① 测量范围
- 直流电流:200 μA,2/20/200 mA,10 A。
- 直流电压:200 mV/2/20/200/1000 V。
- 交流电压:200 mV/2/20/200/750 V。
- 直流电阻:0~200 Ω/2 k/20 k/200 kΩ/2 M/20 MΩ。

② 精度
- 直流电压:±0.8%。
- 交流电压:±1.0%。
- 直流电流:±1.0%,10A 时±2.0%。
- 交流电流:±1.2%,10A 时±2.0%。
- 直流电阻:200 Ω/2 k/20 k/200 kΩ/2 M 时±1.0%,20 MΩ 时±2.0%。

③ 频率范围:40~500 Hz。

④ 输入阻抗
- 直流电压:10 MΩ。
- 交流电压:10 MΩ。

⑤ 满量程压降
- 直流电流:小于 10 A 时 250 mV,10 A 时 700 mV。
- 交流电流:小于 10 A 时 250 mV,10 A 时 700 mV。

7) DM3055X-E 数字万用表

(1) 基本功能介绍

DM3055X-E 是一款 5 位半双显数字万用表,如图 17.3 所示,具有基本电压、电流、电阻测量功能,还可以支持多种数学运算功能,以及测量电容、温度等参量。

显示屏　　　测量及辅助　信号输入

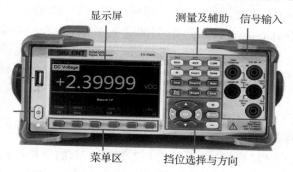

菜单区　　　挡位选择与方向

图 17.3　DM3055X - E 操作界面

测量与辅助按键主要功能如下:

- DCV/DCI:测量直流电压或直流电流。
- ACV/ACI:测量交流电压或交流电流。
- 2 W/4 W:测量二线或四线电阻。
- Freq:测量电容或频率。
- Cont:测试连通性或二极管。
- Temp/Scanner:测量温度或扫描卡。
- Dual/Utility:双显示功能或辅助系统功能。
- Acquire/Help:采样设置或帮助系统。
- Math/Display:数学运算功能或显示功能。
- Run/Stop:自动触发/停止。
- Single/Hold:单次触发或 hold 测量功能。
- Shift/Local:切换功能/从遥控状态返回。

(2) 测量直流或交流电压

该万用表可测量最大 1 000 V 的直流电压和最大 750 V 的交流电压。操作步骤为:

- 分别按前面板的 DCV 或 ACV 键,进入直流或交流电压测量界面。

- 如图 17.4 所示连接测试引线和被测电路,红色测试引线接 Input-HI 端,黑色测试引线接 Input-LO 端。

- 根据测量电路的电压范围,选择合适的电压量程。直流电压可选量程为 200 mV、2 V、20 V、200 V、1 000 V;交流电压的可选量程为 200 mV、2 V、20 V、200 V、750 V。

- 设置直流输入阻抗(仅限量程为 200 mV 和 2 V)。按【输入阻抗】,设置直流输入阻抗值。直流

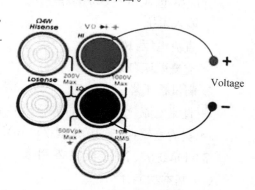

图 17.4　电压测量连接图

输入阻抗的默认值为 10 MΩ,此参数出厂时已经设置。

• 设置相对值(可选)。按【相对值】打开或关闭相对运算功能,相对运算打开时,此时显示的读数为实际测量值减去所设定的相对值,默认相对值为开启该功能时的测量值。

• 读取测量值。读取测量结果时,可以按【速度】选择测量(读数)速率。

• 查看历史测量数据。可通过"数字""条形图""趋势图"和"直方图"四种方式,对所测量的历史数据进行查看。

(3)测量直流或交流电流

该万用表可测量最大 10 A 的直流或交流电流。下面为电流的连接和测试方法。

• 按前面板的 Shift 键,再按 DCV 或 ACV 键,分别进入直流或交流电流测量界面。

• 如图 17.5 所示,连接测试引线和被测电路,红色测试引线接 Input-HI 端,黑色测试引线Input-LO 端。

• 根据测量电路的电流范围,选择合适的电流量程。

(4)测量二线或四线电阻

• 按前面板的 Ω2W 键或 Shift＋Ω4W 键,分别进入二线或四线电阻测量界面。

• 如图 17.6 所示,连接测试引线和被测电阻,红色测试引线接 Input-HI 端,黑色测试引线接Input-LO 端。

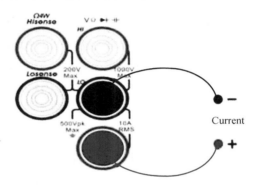

图 17.5　电流测量连接图

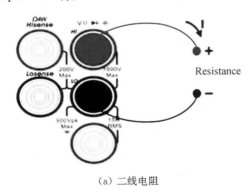

(a)二线电阻　　　　　　　　　　(b)四线电阻

图 17.6　电阻测量连接图

• 根据测量电阻的阻值范围,选择合适的电阻量程。电路测量的可选择量程为 200 Ω、2 kΩ、20 kΩ、200 kΩ、2 MΩ、10 MΩ、100 MΩ。当测量较小阻值电阻时,建议使用相对值运算,可以消除测试导线阻抗误差。测量电阻时,电阻两端不能放置在导电桌面或用手拿着进行测量,这样会导致测量结果不准确,而且电阻越大,影响越大。

除以上测量外,DM3055X-E 还可测量温度、最大 10 000 μF 的电容、二极管的通断,以及频率、周期和电路的通断特性。限于篇幅,这里不做一一介绍。

17.1.2　功率表

1) 功率表的接线规则

功率表系电动式仪表也称为瓦特表,指针转矩方向与两线圈的电流方向有关,因此要规定一个能使指针正向偏转的"对应端"。表盘上标记"*"的端钮分别称为电流线圈和电压线圈的发电机端(即对应端)。功率表面板如图 17.7 所示。接线时要使两线圈的"对应端"接在电源的同一极性上。电流线圈与负载串联,其发电机端"□I"要和电源的一端相接;电压线圈与负载并联,其发电机端"□U"要接在和电流线圈等电位处,即接在"□I"端或"I"端,这样才能保证两线圈的电流都从发电机端流入,使功率表指针做正向偏转。

2) 功率测量量程的选择

选择功率表的量程应根据所测负载的电压和电流的最大值,来分别选择电压量程和电流量程。通常功率表有 2 个电流量程和 3 个电压量程,功率表是否过载,不能仅仅根据表的指针是否超过满偏转来确定。因为当功率表的电流线圈没有电流时,即使电压线圈已经过载而将要烧坏,功率表的读数却仍然是零,反之亦然。所以,必须保证功率表的电流线圈和电压线圈都不过载。一定要使电压量程能承受负载电压,电流量程大于负载电流,不能只考虑功率大小。

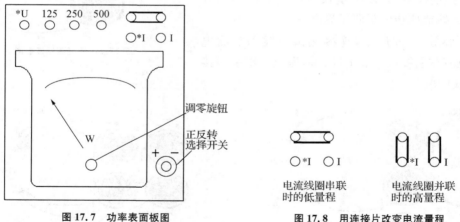

图 17.7　功率表面板图　　　　　　　图 17.8　用连接片改变电流量程

电流量程的扩大,一般是通过改变两个电流线圈的连接方式来达到,当两个线圈串联时,为电流的小量程即功率表面板上的额定电流值;当两个线圈并联时,可将电流的量程扩大一倍为电流的大量程,即为额定电流值的两倍。其接线方式如图 17.8 所示。

3) 功率表的读数方法

在多量程功率表中,刻度盘上只有一条标尺,它不标瓦特数,只标出分格数。因此,被测功率须按下式换算得出:

$$P = C\alpha \tag{17.1}$$

式中:P 为被测功率,单位为瓦特(W);C 为电表功率常数,单位为瓦/格(W/div);α 为电表偏转指示格数。

测量时,读出指针偏转格数 α 后,再乘以 C 就等于所测功率数值。

普通功率表的功率常数为:

$$C=\frac{U_N I_N}{\alpha_m} \tag{17.2}$$

式中:U_N 为电压线圈额定量程;I_N 为电流线圈额定量程;α_m 为标尺满刻度总格数。例如 D26 - W 型功率表的标尺满刻度总格数为 125 格,若电压量程选择 250 V,电流量程选择 1 A,则电表的功率常数为:

$$C=\frac{250\times 1}{125}=2(W/div) \tag{17.3}$$

低功率因数功率表的功率常数为:

$$C=\frac{U_N I_N \cos\varphi_N}{\alpha_m} \tag{17.4}$$

式中:$\cos\varphi_N$ 为电表额定功率因数,在电表刻度盘上标出。

例如 D34 - W 型低功率因数功率表的标尺满刻度总格数为 150 格,若电压量程选择 500 V,电流量程选择 0.5 A,该表刻度盘上标出的额定功率因数为 0.2,则电表的功率常数:

$$C=\frac{300\times 0.5\times 0.2}{150}=0.2(W/div) \tag{17.5}$$

测量交流低功率因数负载功率时,应采用低功率因数功率表。因为普通功率表满偏的条件是:额定电压、额定电流、额定功率因数 $\cos\varphi=1$,当测量功率因数很低的负载(如变压器、电机空载运行)功率表读数很小,从而给测量结果带来不容许的误差。低功率因数功率表专为适应低功率因数状态下功率的测量,它采用补偿线圈或补偿电容的办法减少误差,同时采用带光标指示器的张丝结构,减小摩擦力矩的影响,以提高仪表灵敏度。

17.1.3　交流毫伏表

1) DA - 16 型晶体管毫伏表

晶体管毫伏表是一种用来测量电子电路中正弦交流电压有效值的电子仪表。它与一般的交流电压表或万用表的交流电压挡相比,具有频率范围宽、输入阻抗高、电压测量范围宽和灵敏度高等特点,因而特别适用于电工电子电路。图 17.9 和图 17.10 分别给出了 DA - 16 型晶体管毫伏表的原理方框图和面板图。

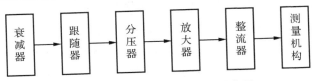

图 17.9　DA - 16 型晶体管毫伏表方框图

　　毫伏表由于前置级采用射极跟随电路,从而能获得高输入阻抗和宽的频率测量范围,衰减器和分压器用来满足宽量限的电压测量范围,从分压器取得很小的电压经多级交流放大器进行放大,提高了仪表的灵敏度,使其能测量毫伏级的电压,放大后的交流电压送至桥式全波整流器,整流后的直流电压通过磁电式测量机构显示出来。面板上的刻度已被换算成正弦交流电压有效值,可直接进行读数。该表还兼有测量电平的功能。

　　该表的几项主要特性见表 17.3。

表 17.3　主要性能指标

测量电压范围	100 μV～300 V
量程挡级	分为 1 mV,3 mV,10 mV,30 mV,100 mV,300 mV,1 V,3 V,10 V,30 V,300 V 共 11 挡
频率范围	20 Hz～1 MHz
输入阻抗(1 kHz 时)	输入电阻为 1.5 MΩ,输入电容为 50～70 pF
测量电平范围	−72～+32 dB(1 mW,600 Ω 为 0 dB)
电源电压	220 V±10%、50 Hz±4%,消耗功率约为 3 W
工作误差	20 Hz～1 MHz≤±8%(相对于各量程满度值)

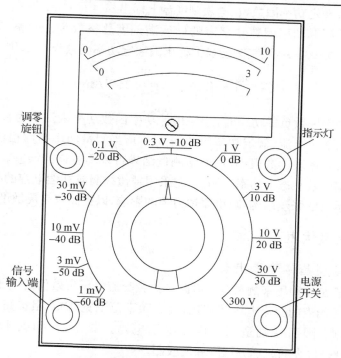

图 17.10　DA-16 型晶体管毫伏表面板图

　　毫伏表输入过载能力较弱,一般在使用前应把量程开关置于 3 V 以上的挡级。

　　(1)接通电源后,将仪表的两根输入线短接,检查指针是否在零位上,若不指零,应调节调零电位器,使指针指到标尺的零位上,调好零后断开短接线待用。

　　(2)根据被测值的大小,将毫伏表的转换开关旋到适当的量程挡级,若不能估算被测值大小,应先放至较高量程挡级,切忌使用低压挡测高电压,以免严重满载损坏电表。

(3) 由于毫伏表灵敏度较高,在测量毫伏级低电压时,应将量程开关先置于 3 V 以上挡位,再接入被测电路。接入电路时,应注意表的接地端点应与被测电路和其他共用仪器"共地",先连接地线再接另一根测量线,然后再将转换开关旋至合适的毫伏挡级进行测量。测毕仍应先将转换开关转回到 3 V 以上高电压挡级,然后再依次取出测量线和地线。这些措施都是为了防止干扰电压引入输入端,影响测量的准确性以及打坏指针。

(4) 面板上电压的标度尺共有 0~10 和 0~3 两条,使用不同的量程时,应在相应的标度尺上读数,并乘以合适的倍率。

2) YB2172 型交流毫伏表

(1) 技术指标

① 测量电压范围:100 μV~300 V。

② 基准条件下电压的固有误差:小于等于满刻度的±3%(以 1 kHz 为基准)。

③ 测量电压的频率范围:5 Hz~2 MHz。

④ 基准条件下频率影响误差:(以 1 kHz 为基准)

$$20\ Hz\sim200\ kHz:\pm3\%$$
$$5\ Hz\sim20\ Hz \qquad 200\ kHz\sim2\ MHz:\pm10\%$$

⑤ 输入阻抗:输入电阻≥10 MΩ。

⑥ 输入电容:输入电容≤45 pF。

⑦ 最大输入电压(DC+AC$_{P-P}$):

$$300\ V \qquad 1\ mV\sim1\ V\ 量程;$$
$$500\ V \qquad 3\ V\sim300\ V\ 量程。$$

(2) 面板控制功能

① 表头:方便地读出输入信号的电压有效值或 dB 值。

② 零点调节:指针的零点调节装置。

③ 量程转换开关:根据测量范围选择合适量程。

④ 输入端子:被测量信号由输入端子送入本机。

⑤ 输出端子:当本机作为一个前置放大器时,由输出口向后级放大器提供输入信号;当量程转换开关在 100 mV 时,本机输出电压约等于输入电压;而量程转换开关设置在其他量程时,放大系数分别以 10 dB 增加或减少。

(3) 电压测量操作方式

① 检查指针是否在零点,如有偏差,调节表头的机械调零装置,使其指针指向零点。

② 接通交流电源。

③ 将量程转换开关设置在 100 V 挡,然后打开电源开关。

④ 将被测信号接入本机输入端子。

⑤ 拨动量程转换开关,使表头指针所指的位置在大于或等于满刻度的 1/3 处,以便能方便地读出数据。

17.2　常用电子仪器

17.2.1　示波器

1) SR‐071B 型双踪便携式示波器

SR‐071B 型双踪便携式示波器,具有直流 7 MHz 的频带宽度,垂直偏转因数为 5 mV/div～10 V/div,扫描速率为 1 s/div～0.5 μs/div,经扩展可达 0.1 μs/div,该机还具有全频带自动触发、光迹偏移指示和正弦信号辅助输出。该机工艺先进、性能优良、可靠性高、操作维修方便、重量轻、价格低,可以满足用户的需求。

(1) 面板控制

SR‐071B 示波器面板布置图如图 17.11 所示。

① 电源开关。

② 电源指示灯:电源开关置开位置,指示灯应亮。

③ 水平位移钮:用以调节屏幕上光点或信号波形在水平方向上的位置。

④ 电平调整钮:用以调节信号波形上触发点的相应电平值,使在这一电平上起动扫描。

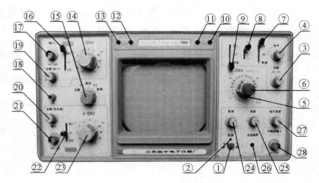

图 17.11　SR‐071B 示波器面板布置图

⑤ 扫描时间因数选择开关:扫描速度的选择范围由 0.5 ms/div～1 s/div 按 1—2—5 进位分 20 挡。可根据被测信号频率的高低选择适当的挡级。

⑥ 扫描时间因数微调及扩展按钮:该键按出时各挡扫速扩展×5。

⑦ 触发信号耦合开关:置"内"或"电视"位置,触发信号来自内触发放大器,置"外"则来自触发输入连接器。

⑧ 触发极性"+"或"−"选择开关:开关拨到"+"扫描波形由正半周开始,拨到"−"由负半周开始。

⑨ 触发电路工作方式选择开关:分为直流耦合方式(DC)、交流耦合方式(AC)及自动方式。

⑩、⑪、⑫、⑬ 光迹偏移指示灯。

⑭ Y1 通道偏转因数选择开关:输入灵敏度自 5 mV/div～10 V/div 按 1—2—5 进位分为 11 挡级,可根据被测信号的电压幅度,选择适当的挡级位置。

⑮ Y 工作方式选择开关:共有 5 种方式:交替方式、Y1 输入方式、叠加方式、Y2 输入方式、断续方式。

⑯ Y1 通道输入耦合开关:有直流耦合方式(DC)、交流耦合方式(AC)和接地(⊥),

⑰ Y1 通道输入信号插座:接 10∶1 探头。

⑱ 仪器接地端。

⑲ Y1 位移、X－Y 控制钮：Yl 位移控制器。当控制钮拉出时仪器工作于 X－Y 状态，Y1 通道变为 X 通道。

⑳ Y2 位移、相位控制钮：Y2 位移控制器，当控制钮拉出时，Y2 信号反相显示。

㉑ Y2 通道输入信号插座。

㉒ Y2 通道输入信号耦合开关：同 Y1 通道。

㉓ Y2 通道偏转因数选择开关。

㉔ 聚焦调节钮：用以调节示波管中电子束的焦距，使其焦点恰好会聚于屏幕上，此时显现的光点成为清晰的圆点。

㉕ 亮度调节钮：亮度调节适中，不必太亮。

㉖ 光迹旋转：校正显示图形。

㉗ 标尺亮度钮。

㉘ 外触发信号输入插座：为水平信号或外触发信号的输入端。

（2）使用时的注意事项

① 在使用前应先认真阅读本说明，弄清各旋钮及部件的作用和操作方法。

② 接通电源后，应预热 5 min 后再开始使用。

③ 示波器属于高档仪器，使用过程中应动作轻柔，以免损坏仪器。

2）SG4320A 双踪四线示波器

SG4320A 双踪四线示波器是便携式双通道四线示波器。与普通双踪示波器相比，交替扫描扩展功能可以同时观察扫描扩展波形和未被扩展的波形，实现双踪四线显示；峰值自动同步功能可在多数情况下无须调节电平旋钮就获得同步波形；释抑控制功能可以方便地观察多重复周期的复杂波形；交替触发功能可以观察两个频率不相关的信号波形。

操作说明：

SG4320A 双踪四线示波器前面板控制件位置如图 17.12 所示。

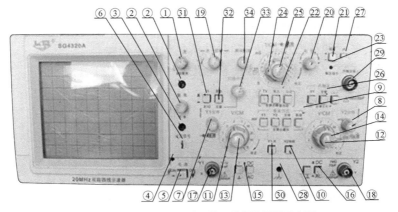

图 17.12 SG4320A 双踪四线示波器前面板示意图

① 亮度：调节光迹的亮度。

② 聚焦、辅助聚焦：调节光迹的清晰度。

③ 平衡：调节扫线与水平刻度线平行。

④ 电源指示灯：电源接通时，灯亮。

⑤ 电源开关：接通或关闭电源。

⑥ 校正信号：提供幅度为 0.5 V，频率为 1 MHz 的方波信号。用于校正 10∶1 探极的补偿电容器和检测示波器垂直与水平的偏转因素。

⑦、⑧ 垂直位移：调节光迹在屏幕上的垂直位置。

⑨ 垂直方式：Y1 或 Y2，通道 1 或 2 单独显示。

- 交替：两个通道交替显示

- 断续：两个通道断续显示，用于扫速较慢时的双踪显示。

- 叠加：用于两通道的代数和或差。

⑩ 通道 2 倒相：Y2 倒相开关，在叠加方式时使用 Y1＋Y2 或 Y1－Y2。

⑪、⑫ 垂直衰减开关：调节垂直偏转灵敏度。

⑬、⑭ 垂直微调：连续调节垂直偏转灵敏区，顺时针旋足为校正位置。

⑮、⑯ 耦合方式：选择被测信号馈入垂直通道的耦合方式。

⑰、⑱ Y1 或 X，Y2 或 Y：垂直输入端或 X－Y 工作时，X、Y 输入端。

⑲ 水平位移：调节光迹在屏幕上的水平位置。

⑳ 电平：调节被测信号在某一电平触发扫描。

㉑ 触发极性：选择信号的上升沿或下降沿触发扫描。

㉒ 触发方式

- 常态：无信号时屏幕上无显示；有信号时，与电平控制配合显示稳定波形。

- 电视场：用于显示电视场信号。

- 峰值自动：无信号时，屏幕上显示光迹；有信号时，无须调节电平即能获得稳定波形显示。

㉓ 触发指示：在触发同步时，指示灯亮。

㉔ 水平扫速开关：调节扫描速度。

㉕ 水平微调：连续调节扫描速度，顺时针旋足为校正位置。

㉖ 内触发源：选择 Y1、Y2 电源或交替触发。

㉗ 触发源选择：选择内或外触发。

㉘ 接地：与机壳相连的接地端。

㉙ 外触发输入：外触发输入插座。

㉚ X－Y 方式开关（Y1X）：选择 X－Y 工作方式。

㉛ 扫描扩展开关：按下时扫速扩展 10 倍。

㉜ 交替扫描扩展开关：按下时屏幕上同时显示扩展后的波形和未被扩展的波形。

㉝ 扫线分离：交替扫描扩展时，调节扩展和未扩展波形的相对距离。

㉞ 释抑控制：改变扫描休止时间，同步多周期复杂波形。

3）SDS1202X 数字荧光示波器

（1）基本功能介绍

示波器是一种用途十分广泛的电子测量仪器，它把电信号变换成看得见的图像，便于研究各种电现象的变化过程。利用示波器能观察各种不同信号幅度随时间变化的波形曲线，还可以用它测试各种不同的电量，如电压、电流、频率、相位差、调幅度等等。随着 A/D 技术的发展，具有更强数据处理能力的数字示波器成为示波器的主流。数字示波器通过模拟转换器（ADC）捕获波形的一系列采样值，存储并判断采样值是否能描绘出波形，最终在显示屏上重构波形。数字示波器可以分为数字存储示波器、数字荧光示波器和混合信号示波器等。如图 17.13 所示，以鼎阳公司出品的数字荧光示波器 SDS1202X 为例进行介绍，旋钮功能见表 17.4 所示。

① 操作界面说明

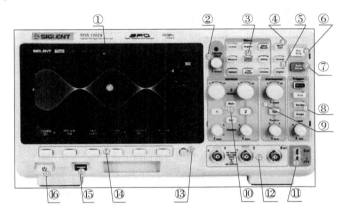

图 17.13　SDS1202X 操作界面

表 17.4　SDS1202X 操作界面说明

编　号	说　明	编　号	说　明
1	屏幕显示区	9	水平控制系统
2	多功能旋钮	10	垂直通道控制区
3	自动设置常用功能区	11	补偿信号输出端/接地端
4	内置信号源	12	模拟通道输入端
5	解码功能选件	13	打印键
6	停止/运行	14	菜单软键
7	自动设置	15	USB Host 端口
8	触发控制系统	16	电源软开关

② 面板功能介绍

水平控制按钮主要包含水平时基档位、滚动和触发位置三个旋钮或按键，具体功能如图 17.14 所示。

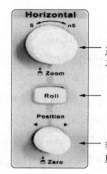

修改水平时基挡位。顺时针旋转减小时基，逆时针旋转增大时基。修改过程中，所有通道的波形被扩展或压缩，同时屏幕上方的时基信息相应变化。按下该按钮快速开启Zoom功能

按下该键进入滚动模式。滚动模式的时基范围为50 ms/div~50 s/div

修改触发位移。旋转旋钮时触发点相对于屏幕中心左右移动。修改过程中，所有通道的波形同时左右移动，屏幕上方的触发位移信息也会相应变化。按下该按钮可将触发位移恢复为0

图 17.14　水平控制按键

垂直控制按钮主要包含垂直电压基挡位、通道和垂直位移、数学运算和波形参考等多个旋钮或按键，每个输入通道有着自己独立的垂直控制旋钮或按键，用不同的颜色区分。其具体功能如图 17.15 所示：

按下该键打开波形运算菜单。可进行加、减、乘、除、FFT、积分、微分、平方根等运算。

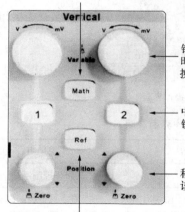

修改当前通道的垂直挡位。顺时针转动减小挡位，逆时针转动增大挡位。修改过程中波形幅度会增大或减小，同时屏幕右方的挡位信息会相应变化。按下该按钮可快速切换垂直挡位调节方式为"粗调"或"细调"

模拟输入通道。不同通道标签用不同颜色标识，且屏幕中波形颜色和输入通道连接器的颜色相对应。按下通道按键可打开相应通道及其菜单，连续按下两次则关闭该通道

修改对应通道波形的垂直位移。修改过程中波形会上下移动，同时屏幕中下方弹出的位移信息会相应变化。按下该按钮可将垂直位移恢复为0

按下该键打开波形参考功能。可将实测波形与参考波形相比较，以判断电路故障。

图 17.15　垂直控制按键

触发控制可设置不同的触发类型，即自动、正常和单次三种触发模式，以及选择正确的触发电平，如图 17.16 所示，具体功能如下：

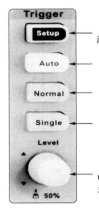

按下该键打开触发功能菜单。本示波器提供边沿、斜率、脉宽、视频、窗口、间隔、超时、欠幅、码型和串行总线等丰富的触发类型

按下该键切换触发模式为Auto(自动)模式

按下该键切换触发模式为Normal(正常)模式

按下该键切换触发模式为Single(单次)模式

设置触发电平。顺时针转动旋钮增大触发电平,逆时针转动减小触发电平。修改过程中,触发电平线上下移动,同时屏幕右上方的触发电平值相应变化。按下该按钮可快速将触发电平恢复至对应通道波形中心位置

图 17.16　触发控制按键

功能菜单键可设置光标功能、信号获取方式、存储/提取信号、测量信号参量、开启余辉、功能设置、恢复默认状态、清除余辉和进入历史波形菜单等功能。如图 17.17 所示,其具体功能如下:

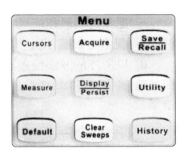

图 17.17　功能菜单按键

• Cursors:光标功能。示波器提供手动和追踪两种光标模式,另外还有电压和时间两种光标测量类型。

• Acquire:进入采样设置菜单。可设置示波器的获取方式(普通/峰值检测/平均值/增强分辨率)、内插方式、分段采集和存储深度(14 k/140d/1.4 m/14 m/)。

• Save/Recall:文件存储/调用界面。可存储/调出的文件类型包括设置文件、二进制数据、参考波形文件、图像文件、CSV 文件和 Matlab 文件。

• Measure:进入测量系统,可设置测量参数、统计功能、全部测量、Gate 测量等。测量可选择并同时显示最多任意 5 种测量参数,统计功能可统计当前显示的所有选择参数的当前值、平均值、最小值、最大值、标准差和统计次数。

• Display/Persist:开启余辉功能,可设置波形显示类型、色温、余辉、清除显示、网格类型、波形亮度、网格亮度、透明度等。选择波形亮度/网格亮度/透明度后,通过多功能旋钮调节相应亮度。透明度指屏幕弹出信息框的透明程度。

• Utility:系统辅助功能设置菜单,设置系统相关功能和参数,例如接口、声音、语言等。此外,还支持一些高级功能,例如 Pass/Fail 测试、自校正和升级固件等。

• Default:快速恢复至默认状态,即电压挡位为 1 V/div,时基挡位为 1 μS/div。

• Clear Sweeps:快速清除余辉或测量统计,然后重新采集或计数。

• History:进入历史波形菜单,最大可录制 80 000 帧波形。当分段存储模式开启时,只录制和回放设置的帧数,最大可录制 1 024 帧。

(2)示波器的使用

① 示波器的校正

示波器使用之前需要自检和调整探头补偿,如图 17.18 所示接好示波器后,可以按照以下步骤进行:

a. 用示波器探头将信号接入通道 1 (CH1):将探头连接器上的插槽对准 CH1 同轴电缆插接件(BNC)上的插口并插入,然后向右旋转以拧紧探头,完成探头与通道的连接后,将数字探头上的开关设定为 10×。

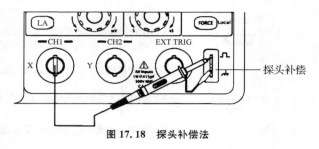

图 17.18 　探头补偿法

b. 示波器需要输入探头衰减系数。此衰减系数将改变仪器的垂直档位比例,以使得测量结果正确反映被测信号的电平(默认的探头菜单衰减系数设定值为 1X),将示波器需要输入探头衰减系数也设定为 10×。

c. 把探头端部和接地夹接到探头补偿器的连接器上。按 AUTO(自动设置)按钮,几秒钟内,可见到方波显示。

d. 以同样的方法检查通道 2(CH2)。按 OFF 功能按钮或再次按下 CH1 功能按 钮以关闭通道 1,按 CH2 功能按钮以打开通道 2,重复步骤 b 和步骤 c。如图 17.19 所示,为补偿的结果。

补偿过度　　　　　　　　补偿正确　　　　　　　　补偿不足

图 17.19 　探头补偿法结果

e. 如必要,用非金属质地的改锥调整探头上的可变电容,直到屏幕显示的波形如上图"补偿正确"。

② 典型测量值

典型测量值包括垂直方向典型测量值以及水平方向的典型测量值,分别如图 17.20 和图 17.21 所示。

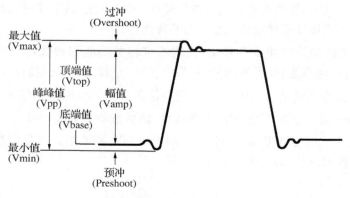

图 17.20 　垂直方向典型测量值

- 最大值(Vmax):波形最高点至 GND(地)的电压值。
- 最小值(Vmin):波形最低点至 GND(地)的电压值。
- 幅值(Vamp):波形顶端至底端的电压值。
- 顶端值(Vtop):波形平顶至 GND(地)的电压值。
- 底端值(Vbase):波形平底至 GND(地)的电压值。
- 过冲(Overshoot):波形最大值与顶端值之差与幅值的比值。
- 预冲(Preshoot):波形最小值与底端值之差与幅值的比值。
- 平均值(Average):单位时间内信号的平均幅值。
- 均方根值(Vrms):即有效值。依据交流信号在单位时间内所换算产生的能量,对应于产生等值能量的直流电压,即均方根值。

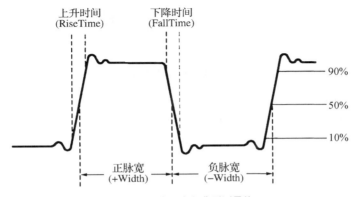

图 17.21 水平方向典型测量值

- 上升时间(RiseTime):波形幅度从 10% 上升至 90% 所经历的时间。
- 下降时间(FallTime):波形幅度从 90% 下降至 10% 所经历的时间。
- 正脉宽(+Width):正脉冲在 50% 幅度时的脉冲宽度。
- 负脉宽(−Width):负脉冲在 50% 幅度时的脉冲宽度。

(3)隔离附件的使用

鼎阳公司生产的 ISFE 隔离附件是一种即插即用的示波器选件。它采用 USB 5 V 供电,功耗小于 1 W,单通道隔离电压 1 000 Vrms,通道间隔离电压 2 000 Vrms。它可以用来测量不共地信号、家用 220 V 交流信号、三相交流电信号等。使用该产品可实现普通示波器通道间隔离及被测信号与大地的隔离。其使用连接电路如图 17.22 所示。

其连接端口分别为:

- 隔离端外部接口 BNC:隔离端接口共两个,采用黑色"塑胶材质"的 BNC 插头;标有 Isolated CH1、Isolated CH2 字样;此接口通过电缆线或者探头与被测量的高压信号连接。
- 共地端外部接口 BNC:共地端外部接口共两个,为"金属材质"的 BNC 插头;标有 CH1,CH2 字样;此接口可以通过转接头或者同轴电缆线与示波器的通道连接,严禁将此接口与高压信号连接。

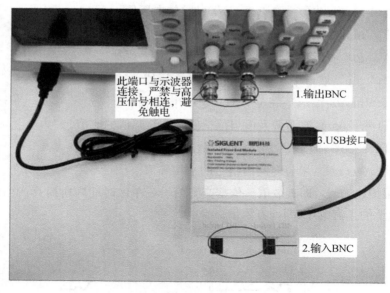

图 17.22　ISFE 隔离附件

- USB 接口：与示波器 USB 接口连接，用于隔离附件供电。
- 调零接口：隔离附件面板背面可旋动调零旋钮。

本产品主要用于高压信号测量，其连接图如图 17.23 所示。

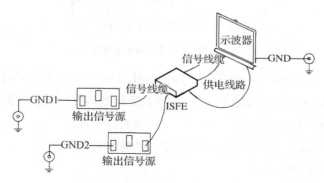

图 17.23　ISFE 隔离附件连接图

其具体操作流程为：

① 调零。首先将隔离附件与示波器的通道正确连接，将示波器的接地端子接地；然后使用 USB 连接线将示波器 USB 口与隔离附件 USB 口连接；打开示波器并将交直流选取置于直流挡位；调节幅度旋钮置 100 mV 挡位，调节隔离附件背部的调零旋钮，使零电平线居中；调节示波器幅度旋钮置 20 mV 挡位，微调。

② 测量。在被测源断电时，将测试探头或者线缆连接到隔离附件；各个接口的连接方法请参照上述接口说明；确认所有连线均已连接好之后，才可给被测设备上电；注意在测量过程中请勿碰触隔离附件裸露在外面的金属，不要在测量过程中断开或者连接连线。

③ 断开连接。确认被测信号端(隔离模块的隔离输入端)没有电压电流之后,方可断开连接。

17.2.2 信号发生器

1) SG1641A 函数信号发生器

SG1641A 函数信号发生器,是宽频带多用途信号发生器,它能产生正弦波,三角波,方波,正、负向脉冲波,正、负锯齿波七种波形以及 TTL 电平的方波同步信号,其中正、负向脉冲波,正、负向锯齿波占空比连续可调,并且具有 1 000:1 的电压控制频率(VCF)特性和直流偏置能力,输出波形的频率用六位数字 LED 直接显示,且频率计还能用于外测信号。

面板说明:

SG1641A 型函数信号发生器面板示意图如图 17.24 所示。

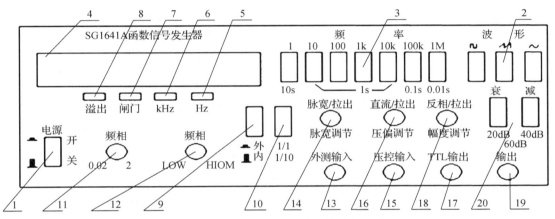

图 17.24 SG1641 型函数信号发生器面板示意图

SG1641A 函数信号发生器各功能说明如表 17.5 所示。

表 17.5 信号发生器各功能说明

序 号	面报标示	名 称	作 用
1	电源	电源开关	按下开关则接通 AC 电源,同时频率计显示
2	波形	波形选择按键	按下三只按键的任一只,输出其相对应波形,如果三个按键均未按下则无信号输出,此时可精确地设定直流电平
3	1~1 M 10 s~0.01 s	频率范围按键及频率计闸门	(1)选择所需频率范围按其对应按键,频率计 LED 显示的数值即为主信号发生器的输出频率; (2) 当外测频率时可按下相对应闸门时基而决定频率速度及显示频率的分辨率
4	数字 LED	计频显示用 LED	所有内部产生频率或外测时的频率均由此 6 个 LED 显示
5	Hz	赫兹,指示频率单位	当按下 1、10、100 频率范围任一挡按键时,则此 Hz 灯亮
6	kHz	千赫兹,指示频率单位	当按下 1 k、10 k、100 k 频率范围任一挡按键时,则此时 Hz 灯亮
7	闸门	闸门时基指示灯	此灯闪烁代表频率计正在工作

续表 17.5

序 号	面报标示	名 称	作 用
8	溢出	频率溢位显示灯	当频率超过 6 个 LED 所显示范围时,溢出灯即亮
9	内外	内外测频率按键	将此开关按下,则可测出外接信号频率,不按时,则当内部频率计使用
10	1/10、1/1	外测频率输入衰减器	当外测信号幅度大于 10 V 时,请将此按键按下,以确保频率计性能稳定
11	频粗	频率粗调旋钮	此旋钮可以从设定的频率范围内,选择所需频率,直接从 LED 读出
12	频细	频率微调旋钮	此旋钮有利于选择较精确的频率,它的频率变化范围仅为频粗的五分之一
13	外测输入	外测频率输入端	外测信号频率由此输入,其输入阻抗为 1 M(最大输入 150 V,最高频率 10 MHz)
14	脉宽/拉出脉宽调节	斜波、脉冲波调节旋钮	拉出此旋钮可改变输出波形对称性,产生斜波、脉冲波,且占空比可调。将此旋钮按下则为对称波形。
15	压控输入	VCF 输入端	外加电压控制频率的输入端(0~5 V DC)
16	直流拉出直流调节	直流偏置调节旋钮	拉出此旋钮可设定任何波形的直流工作点,顺时针为正工作点,逆时针为负工作点,将此旋钮按下则直流电位为零
17	TTL 输出	TTL 输出插座	此输出为主信号频率同步的 TTL 固定电平
18	反相拉出幅度调节	幅度调节旋钮及反相开关	(1) 调整输出波形振幅的大小,顺时针转至底为最大输出,反之有 20 dB 衰减量; (2) 将此开关拉出,则斜波、脉冲波反相
19	输出	输出端	输出波形由此端输出,其输出阻抗为 50
20	20 dB、40 dB、60 dB	输出衰减开关	按下其中一只,有 20 dB 或 40 dB 的衰减量,两只同时按下有 60 dB 的衰减量

2) SG1631C 函数信号发生器

SG1631C 函数信号发生器是六位数显的琴键式可以改变频率的电源,它能产生 1 Hz~1 MHz 频率范围的低频信号,能输出正弦波、三角波、方波 3 种波形。

(1) 面板布置及说明

SG1631C 函数信号发生器面板布置如图 17.25 所示。

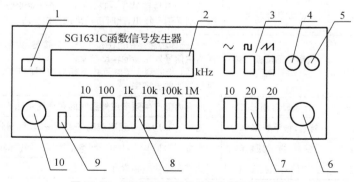

图 17.25　SG1631C 函数信号发生器面板示意图

① 电源开关。

② LED 频率显示:6 位显示,单位 kHz。

③ 波形选择开关:有正弦波、三角波、方波 3 种输出。

④ 频率微调旋钮:在选定的频率段内调节输出信号的频率。

⑤ 幅度调节旋钮:调节输出信号的幅度。

⑥ 输出端口:输出信号。

⑦ 衰减开关:选择输出信号的衰减倍数。

⑧ 频率选择开关:共有六挡:10 Hz、100 Hz、1 kHz、10 kHz、100 kHz、1 MHz。

⑨ 测试开关:拨向内测时,输出信号;当拨向外测时,可从输入端测量外部输入的信号频率。

⑩ 输入端口:由外界输入被测信号。

(2) 使用过程的注意事项

信号发生器在使用时必须注意:输出信号端口的两个输出线不得短路,否则会烧毁仪器。应先接好电路,检查无误后再接通电源。

3) XD—I 型低频信号发生器

本仪器是一种多功能多用途测试信号电源,其使用方法如下:

(1) 开机前,应将输出细调电位器旋至最小。

(2) 将电源线接入 220 V、50 Hz 交流电源,并接通电源开关。电源开关上的指示灯及过载指示灯同时亮。待过载指示灯熄灭后,再逐渐加大输出幅度。若想达到足够的频率稳定度,须预热 30 min 后再使用。

(3) 频率选择。依所需的频率按下相应的按钮开关作分段的选择。然后再用按键开关上方的三个频率旋钮(×1、×0.1、×0.01)按十进制的原则细调到所需频率。

(4) 输出调整。仪器有电压输出和功率输出两组端钮。这两种输出共用一个输出衰减旋钮。使用时应注意在同一衰减位置上,电压与功率的衰减分贝数是不相同的,面板上已用不同的颜色区别表示。输出细调是由同一电位器连续调节的。这两个旋钮适当配合,便可在输出端上得到所需的输出幅度。

(5) 电压级的使用。电压级最大可输出 5 V。为了保持衰减器的准确性及输出波形不失真(主要是在电压衰减 0 dB 时)电压输出端钮上的负载阻抗应大于 5 kΩ 以上。

(6) 功率级的使用。使用功率级时应将"功率开关"按下。

(7) 阻抗匹配。功率级共设有 50 Ω、75 Ω、150 Ω、600 Ω 及 5 kΩ 五种负载阻值。若欲得到最大输出功率,应使负载选择在以上五种数值上,以求匹配。若做不到,一般也应使实际使用的负载值大于所选用的数值,否则失真度变坏。当负载接高阻抗时,并要求工作在频段两端,即接近 10 Hz 或几百千赫兹的频率时,为了满足足够的幅度,应将内负载按键按下,接通内负载,否则输出幅度会减小。

(8) 保护电路。在开机时,过载保护指示灯亮,五六秒钟后熄灭,表示功率级进入工作状态。当输出旋钮开得过大或负载阻抗值太小时,过载保护指示灯亮,表示过载。保护动作过几秒以后自动恢复,若此时仍过载则一闪后仍继续亮。在第六挡高端的高频下,有时因功率级输出幅度过大,甚至会一直亮。此时应减小幅度或减轻负载使其恢复。遇到保护指示不正常时,就不要继续开机,需进行检修以免烧毁功率管。当不使用功率级时应把功率开关按钮抬起,以免因功率级保护电路的动作影响电压级输出。

(9)对称输出。功率级输出可以不接地。此时只要把功率输出端钮与地的连接片取下即可。

(10)工作频段。功率级在 10 Hz~700 kHz(5 kΩ 负载挡在 10 Hz~200 kHz)范围的输出,符合技术条件的规定。

(11)电压表。此电压表可作"内测"与"外测"。当用做"外测"时,须将测量开关拨向"外测"。此时根据被测电压选择电压表量程。测量信号从输入电缆上输入。当测量开关拨向"内测"时,电压表接在电压输出级的电压细调电位器之后,粗调衰减旋钮改变时,表头指示不变,而实际输出电压却在变。这时的实际输出电压可根据表头指示与衰减分贝数计算,即实际输出电压为电压表指示除以衰减分贝相对应的电压衰减倍数,此电压表没有接地端,因此可测量不接地的输出电压。

(12)阻尼。为了减小表针在低频时的抖动,可使用阻尼开关。

4)SDG2042X 任意波形发生器

(1)基本功能介绍

信号源在电子实验和测试处理中,可以输出各种测试信号,提供给被测电路,以达到测试的需要。信号源有很多种,包括正弦波信号源、函数发生器、脉冲发生器、扫描发生器、任意波形发生器、合成信号源等。任意波形发生器是一种特殊的信号源,它具有信号源的所有特点,可以给被测电路提供所需要的任意信号(波形)。如图 17.26 所示,以鼎阳公司出品的 SDG2042X 任意波形发生器为例讲解任意波形发生器的使用。

SDG2042X 任意波形发生器具有 40 MHz 带宽、1.2 GSa/s 采样率和 16 bit 垂直分辨率的采样系统指标,在传统的 DDS 技术基础上,采用了创新的 TrueArb 和 EasyPulse 技术,克服了 DDS 技术在输出任意波和方波/脉冲时的缺陷,能够输出高保真、低抖动的信号。

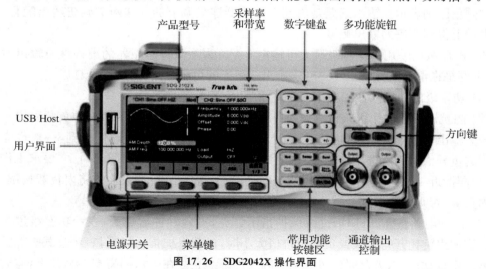

图 17.26　SDG2042X 操作界面

（2）任意波形发生器的使用

① 输出波形设置

在 Waveforms 操作界面下有一列波形选择按键，如图 17.27 所示，分别为正弦波、方波、三角波、脉冲波、高斯白噪声、DC 和任意波。下面对其波形设置逐一进行介绍：

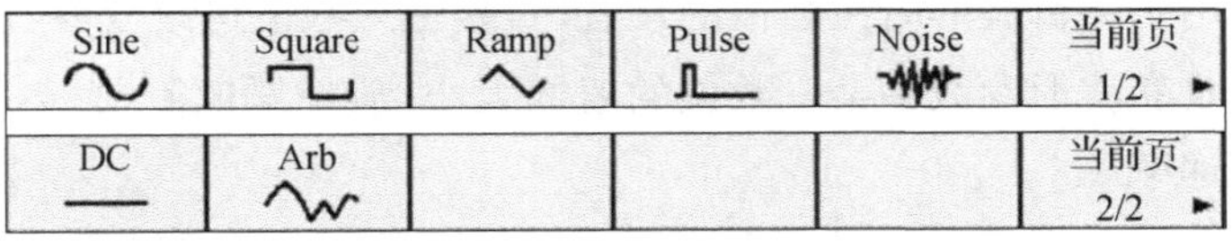

Sine ∿	Square ⊓⊔	Ramp ∧	Pulse ⊓	Noise 〰	当前页 1/2 ▶
DC —	Arb ∿				当前页 2/2 ▶

图 17.27　输出波形设置

• 选择 Sine，可输出 1 μHz 到 40 MHz 的正弦波。设置频率/周期、幅值/高电平、偏移量/低电平、相位，可以得到不同参数的正弦波。

• 选择 Square，可输出 1 μHz 到 25 MHz 并具有可变占空比的方波。设置频率/周期、幅值/高电平、偏移量/低电平、相位、占空比，可以得到不同参数的方波。

• 选择 Ramp，可输出 1 μHz 到 1 MHz 的三角波。设置频率/周期、幅值/高电平、偏移量/低电平、相位、对称性，可以得到不同参数的三角波。

• 选择 Pulse，可输出 1 μHz 到 25 MHz 的脉冲波。设置频率/周期、幅值/高电平、偏移量/低电平、脉宽/占空比、上升沿/下降沿、延迟，可以得到不同参数的脉冲波。

• 选择 Noise，可输出带宽为 20 MHz 至 40 MHz 的噪声。设置标准差、均值和带宽，可以得到不同参数的噪声。

• 选择 DC，可输出高阻负载下 ±10 V、50 Ω 负载下 ±5 V 的直流。

• 选择 Arb，可输出 1 μHz 到 20 MHz、波形长度为 8 pts 到 8 MKpts 的任意波。设置频率/周期、幅值/高电平、偏移量/低电平、相位、模式，可以得到不同参数的任意波。

② 调制/扫频/脉冲串设置

在前面板有三个按键，如图 17.28 所示，分别为调制、扫频、脉冲串设置功能按键。

图 17.28　调制/扫频/脉冲串设置

• Mod 按键可输出经过调制的波形，可使用 AM、DSB-AM、FM、PM、FSK、ASK、PSK 和 PWM 调制类型，可调制正弦波、方波、三角波、脉冲波和任意波。通过改变调制类型、信源选择、调制频率、调制波形和其他参数，来改变调制输出波形。

• Sweep 按键可输出正弦波、方波、三角波和任意波的扫频波形，在扫频模式中，SDG2000X 在指定的扫描时间内扫描设置的频率范围。扫描时间可设定为 1 ms～500 s，触发方式可设置为内部、外部和手动。

• Burst 按键可产生正弦波、方波、三角波、脉冲波和任意波的脉冲串输出可设定起始相位范围为 0°～360°，内部周期范围为 1 μs～1 000 s。

③ 通道输出控制

选择相应的通道，按下 Output 按键，该按键灯被点亮，同时打开输出开关，输出信号；再次按 Output 按键,将关闭输出;长按 Output 按键可在"50 Ω"和"HiZ"之间快速切换负载设置。

④ 数字输入控制

如图 17.29 所示,在操作面板上有 3 组按键,分别为数字键盘、旋钮和方向键。

· 数字键盘用于编辑波形时参数值的设置,直接键入数值可改变参数值。

· 旋钮用于改变波形参数中某一数位的值的大小,旋钮顺时针旋转一格,递增 1;旋钮逆时针旋转一格,递减 1。

· 方向键用于移动光标以选择需要编辑的位。使用数字键盘输入参数时,用于删除光标左边的数字。文件名编辑时,用于移动光标选择文件名输入区中指定的字符。

⑤ 常用功能按键

如图 17.30 所示,常用功能按键包括参数设置、辅助系统功能设置、存储与调用、波形和通道切换按键。

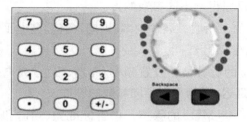

图 17.29 数字输入控制

图 17.30 常用功能按键

· Waveforms:用于选择基本波形。

· Utility:用于对辅助系统功能进行设置,包括频率计、输出设置、接口设置、系统设置、仪器自检和版本信息的读取等。

· Parameter:用于设置基本波形参数,方便用户直接进行参数设置。

· Store/Recall:用于存储、调出波形数据和配置信息。

· Ch1/Ch2:用于切换 CH1 或 CH2 为当前选中通道。开机时,仪器默认选中 CH1,用户界面中 CH1 对应的区域高亮显示,且通道状态栏边框显示为绿色;此时按下此键可选中 CH2,用户界面中 CH2 对应的区域高亮显示,且通道状态栏边框显示为黄色。

17.2.3 SPD3303X-E 可编程线性电源

1) 基本功能介绍

稳压电源是一种能为负载提供稳定的交流电或直流电的电子装置,包括交流稳压电源和直流稳压电源两大类。本节以鼎阳公司出品的 SPD3303X-E 可编程线性直流电源为例,介绍线性直流电源的特点和应用。

SPD3303X-E 可编程线性直流电源配备了 TFT LCD 显示屏,具有可编程和实时波形显示功能。它具有三组独立输出:两组可调电压值和一组固定电压值。SPD3303X-E 可编程线性直流电源操作界面如图 17.31 所示。

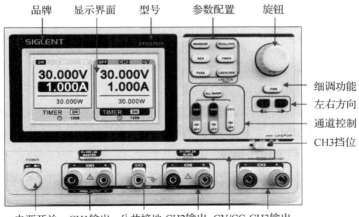

图 17.31　SPD3303X-E 操作界面

① 参数配置界面按键的功能分别为：

- WAVEDISP：按该键打开/关闭波形显示界面。
- SER：设置 CH1/CH2 串联模式,设置后界面显示串联标识。
- PARA：设置 CH1/CH2 并联模式,设置后界面显示并联标识。
- RECALL/SAVE：进入存储系统。
- TIMER：进入定时系统状态。
- LOCK/VER：长按该键,开启锁键功能,短按该键,进入系统信息界面。

② 通道控制按键的功能分别为：

- ALL ON/OFF：开启/关闭所有通道。
- CH1：选择 CH1 为当前操作通道。
- CH2：选择 CH2 为当前操作通道。
- ON/OFF：开启/关闭当前通道输出。
- CH3 ON/OFF：开启/关闭 CH3 输出。

其他按键的功能分别为：

- FINE：开启细调功能,参数以最小步进变化。
- <－,－>：左右移动光标。

17.2.4　稳压电源的使用

1) 三种输出模式

SPD3303X-E 具有三种输出模式:独立、并联和串联,由前面板的跟踪开关来选择相应模式。在独立模式下,输出电压和电流各自单独控制;在并联模式下,输出电流是单通道的 2 倍;在串联模式下,输出电压是单通道的 2 倍。

① CH1/CH2 独立输出

CH1 和 CH2 输出工作在独立控制状态，同时 CH1 与 CH2 均与地隔离。每通道输出范围为 0～30 V 和 0～3 A，其连接图如图 17.32 所示。

其操作步骤为：

- 确定并联和串联键关闭（按键灯不亮，界面没有串并联标识）。
- 连接负载到前面板端子 CH1 ＋/－或 CH2 ＋/－。
- 设置 CH1/CH2 输出电压和电流。首先，通过移动光标选择需要修改的参数（电压、电流），然后，旋转多功能旋钮改变相应参数值（按下 FINE 按键，可以进行细调）。其中粗调为 0.1 V 或 0.1 A/转；细调为最小精度/转。
- 按下 OUTPUT 打开输出，相应通道指示灯被点亮，输出显示 CC 或 CV 模式。

② CH3 独立模式

如图 17.33 所示，CH3 独立输出额定电压值为 2.5 V、3.3 V、5 V 和电流值为 3 A。

图 17.32　CH1/CH2 独立输出

图 17.33　CH3 独立输出

其操作步骤为：

- 连接负载到前面板 CH3 ＋/－端子。
- 使用 CH3 拨码开关，选择所需挡位：2.5 V、3.3 V、5 V；
- 按下输出键 ON/OFF 打开输出，同时按键灯点亮。

③ CH1/CH2 串联模式

串联模式下，输出电压为单通道的 2 倍，输出范围为 0～60 V 和输出电流范围为 0～3 A。

CH1 与 CH2 在内部连接成一个通道，CH1 为控制通道，其连接图如图 17.34 所示。

其操作步骤为：

- 按下 SER 键起动串联模式，按键灯点亮。
- 连接负载到前面板端子，CH2＋和 CH1－。
- 按下 CH1 按键，并设置 CH1 设定电流为额定值 3.0 A。
- 按下 CH1 开关（灯点亮），使用多功能旋钮来设置输出电压和电流值，若要起动细调模式，按下旋钮 FINE 即可。
- 按下输出键，打开输出。

④ CH1/CH2 并联模式

并联模式下，输出电流为单通道的 2 倍，输出范围为 0～30 V 和 0～6 A。内部进行并联连接，CH1 为控制通道，其连接图如图 17.35 所示，

图 17.34　CH1/CH2 串联输出

图 17.35　CH1/CH2 并联输出

其操作步骤为：

- 按下 PARA 键起动并联模式，按键灯点亮。

- 连接负载到 CH1＋/－端子。

- 打开输出，按下输出键，按键灯点亮。按下 CH1 开关，通过多功能旋钮来设置电压和电流值，若要起动细调模式，按下旋钮 FINE 即可。

⑤ 恒压/恒流模式

恒流模式下，输出电流为设定值，并通过前面板控制。前面板指示灯亮红灯（CC），电流维持在设定值，此时电压值低于设定值，当输出电流低于设定值时，则切换到恒压模式。在并联模式时，辅助通道固定为恒流模式，与电流设定值无关。恒压模式下，输出电流小于设定值，输出电压通过前面板控制。前面板指示灯亮绿灯（CV），电压值保持在设定值，当输出电流值达到设定值，则切换到恒流模式。

17.2.5　LCR-800G 测试仪

1）基本功能介绍

LCR 测试仪能准确并稳定地测定各种各样的元件参数，主要是用来测试电感、电容、电阻的测试仪。本节以固纬 LCR-800G 系列为例，介绍高精度 LCR 测试仪的使用。

LCR-800G 系列具有 20 Hz～10 MHz 宽广的测试频率，6 位测量分辨率，10 mV～2 V 测量驱动电平（DC/20 Hz～3 MHz）和 0.1％基本测量精确度等特性，其操作界面如图 17.36所示。

图 17.36　LCR-800G 系列操作界面

具体功能为：

① 函数键：对应于显示区域右侧的菜单。

② 菜单键

* Menu：显示主菜单。
* Local：在远程控制模式下，按此键可恢复至本地面板操作；
* Sing/Rep：选择单次测量模式（手动触发）或连续测量模式（自动触发）；
* Calibration：进入校准模式。

③ 单位键

键的含义见表 17.6 所示。

表 17.6   LCR - 800G 的单位列表

名称	含义	名称	含义
D/Q	损耗因数/品质因数	k	千(10^3)
V/A	伏特/安培	M	兆(10^6)
H	亨利（电感）	p	皮(10^{-12})
F	法拉（电容）	n	纳(10^{-9})
Ω	欧姆（电阻、阻抗）	μ	微(10^{-6})
S	西门子（电纳、导纳）	m	毫(10^{-3})

④ 触发：手动触发测量，仅在单次测量模式下可用。

⑤ 箭头：选择菜单项目或参数。上/下和左/右键成对使用。

⑥ 数字键：输入数值。

⑦ 功能键

* Code：输入系统代码可更改驱动电压/电流的显示或频率调节分辨率。
* Clear：清除之前所有的输入值。
* Enter：确认输入或选择。

⑧ 输入接口：连接测量夹具，连接方式如图 17.37 所示。

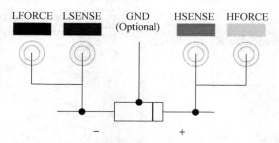

图 17.37   LCR-800G 测量夹具连接方式

* LFORCE：电流返回（Current Return），接收返回的信号电流，将其连接被测器件的负（-）端子。
* LSENSE：低电势（Low Potential），与 HSENSE 一起监视电势，将其连接被测器件

的负（一）端子。

• HSENSE：高电势（High Potential），与 LSENSE 一起监视电势，将其连接被测器件的正（＋）端子。

• HFORCE：电流流出（Current Output），提供信号电流源，将其连接被测器件的正（＋）端子。

• GND：地，如果被测器件有一个大面积的金属未连接至任一测量端子，将其接地以降低噪声水平。

2）LCR 测试仪的使用

（1）夹具连接

• 连接夹具之前，先将被测器件放电。

• 根据对应的颜色连接夹具端口和前面板 BNC 端口。

• 将夹具连接被测器件，如被测器件有极性，将夹具 H 端连接正极，L 端连接负极。确保被测端子与夹具的夹子充分短路。

• 如果被测器件有一个未连接至任何端子的外壳，将外壳接地以降低噪声干扰。

（2）操作步骤

• 连接夹具，将夹具与被测器件连接。

• 进入菜单，按 Menu 键，再按 F1 键（交流测量）或 F2 键（直流电阻 R_{DC}）。

• 隐藏范围，按 F4 键（显示/隐藏范围）隐藏上下限范围（或显示电路图）。选择测量项目，反复按 F1 键（主要测量项目）和 F2 键（次要测量项目）选择测量项目。

• 选择串联/并联电路，如果可用，按 F3 键（串联/并联）可选择等效电路模式。

• 设置测量频率，按左/右方向键将光标移至频率。使用数字键和单位键进行设置。

• 设置测量电压，按左/右方向键将光标移至电压。使用数字键和单位键进行设置。

• 选择单次测量，按 Sing/Rep 键选择单次（手动触发）测量。按 Trig 键进行触发测量。

• 选择连续测量，按 Sing/Rep 键选择连续（自动触发）测量。按左/右方向键将光标移至速度（Speed）。按上/下方向键选择数据采集速度。

17.2.6　IT9100 功率分析仪

1）基本功能介绍

功率分析仪可以测量所有交直流参数，包含有功功率、无功功率、视在功率、功率因数、电压、电流、频率、相位差等，提供积分测量和谐波测量功能，可应用于电力推进、电机、风机、水泵、风力发电、轨道交通、电动汽车、变频器、特种变压器、荧光灯、LED 照明等领域的产品检验和试验、能效评测及电能质量分析。如图 17.38 所示，以艾德克斯出品的 IT9100 系列功率分析仪为例讲解其常见应用,功能说明见表 17.7 所示。

IT9100 系列功率分析仪可提供 1 000 V_{rms} 和 50 A_{rms} 的最大输入,以及 100 kHz 的测量带宽,可以方便地进行电压、电流、功率、频率、谐波等参数的测量。

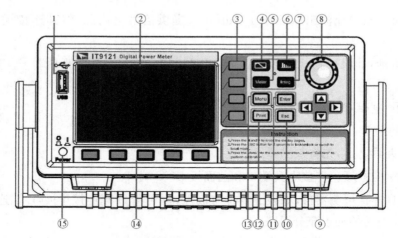

图 17.38　IT9100 系列操作界面表

表 17.7　IT9100 功能说明列表

①	USB 接口	②	显示屏	③	屏幕菜单键
④	波形显示按键	⑤	基本功能键	⑥	谐波功能键
⑦	积分功能键	⑧	调整旋钮	⑨	方向选择键
⑩	锁屏/解锁/退出键	⑪	确认键	⑫	屏幕图像保存键
⑬	参数设置键	⑭	屏幕菜单键	⑮	电源开关

其中主要功能为:

- 波形显示按键:显示当前测量数据对应的波形。
- 谐波功能键:显示谐波的测量结果和谐波测量参数配置菜单。
- 基本功能键:显示各项目的测量数据。
- 积分功能键:显示积分测量结果与积分测量参数配置菜单。
- 参数设置键:用来设置功率表的相关测量参数。
- 锁屏/解锁/退出键:常按此键 5 s 可以锁定/解锁前面板键盘;常按此键 5 s 也可以将功率表远程控制模式切换至面板操作模式。
- 方向选择键:可实现列表编辑,通过左右键移动,显示未显示的行,通过上下键移动显示未显示的列;菜单编辑,通过上下键移动编程项,在右边显示相应选项的提示信息,通过软键进行选择;数字编辑,通过上下键移动编程项,通过左右键移动选择编辑的位,通过旋钮来编辑,可以自动进位。
- 屏幕菜单键:根据显示屏上按键左侧和按键上方显示的菜单功能有所改变。
- 调整旋钮:设置光标处的数据值、选择电压/电流量程和调整波形等功能。

2) 功率分析仪的使用

(1) 设置测量量程

要执行精确的测量,就必须设置合适的测量量程(电压和电流量程)。选择的量程对不同的测量方式如波形显示、积分测量和谐波测量都有效。设置测量量程的操作步骤为:

• 在"Meter"界面中。按屏幕菜单键"U－RANGE"或"I－RANGE"对应的软键,利用旋钮或上下按键选择电压或电流量程。有固定量程和自动量程两种设置方法。固定量程选定后,不再随输入信号大小的改变而切换,如电压量程,峰值因数为 3 时,最大选项为"600 V",最小选项为"15 V"。自动切换量程根据输入信号的大小自动切换量程,可切换的量程种类和固定量程相同。

• 按"Enter"键确认设置。

(2) 设置测量区间

在测量时,测量区间决定了采样数据的获取范围。测量区间是由数据更新率和同步源共同决定的。同步源为测量操作提供了基准信号,数据更新率决定了采样数据的更新周期。

用于定义输入信号测量区间的基准输入信号称为同步源。基准输入信号(同步源),在数据更新周期内从穿过零点(振幅的中间值)的上升斜率(或下降斜率)的最初点,到穿过零点(振幅的中间值)的上升斜率(或下降斜率)的最后点为止,作为测量区间。如果上升斜率或下降斜率在数据更新周期内只有 1 个或者没有时,以数据更新周期作为测量区间。在谐波测量的采样频率下,从数据更新周期开始的第一个 1 024 点为测量区间。

(3) 设置滤波器和峰值因数

• 选择"Menu＞SET UP＞OTHER SET",进入其他配置页面。

• 按上下键选中需要配置的参数(字体背景为蓝色),按右侧参数对应的软键设置为所需要的值。其具体选项含义为:Sync Source 为选择同步源;U/I/OFF 分别可选择信号的电压、电流或数据更新周期的整个区间作为测量时的同步源;Freq Filter 设置频率滤波器状态,选择"ON"或"OFF"时,分别开启或关闭频率滤波器功能;Line Filter 设置线路滤波器状态,选择"ON"或"OFF"时,分别开启或关闭线路滤波器功能;Crest Factor 设置峰值因数分别为 CF3/CF6(峰值因数＝输入峰值/测量量程);Update Rate 可配置电压、电流和功率等数据的捕获间隔,也即数据更新率。加快数据更新率,可获取电力系统较快的负载变动,减慢数据更新率,可测量相对低频信号,可选数据更新率为 0.1 s/0.25 s/0.5 s/1 s/2 s/5 s。

• 按 Enter 键确认设置。

(4) 设置平均功能

• 选择"Menu＞SET UP＞AVERAG SET",进入平均功能配置页面。

• 按上下键选中需要配置的参数(字体背景为蓝色),按右侧参数对应的软键设置为所需要的值。其具体选项含义为:State 设置平均功能状态,选择 ON 或 OFF 开启或关闭平均处理功能;Type 设置平均功能类型,其中 EXP 为指数平均,常用于对非平稳过程的分析,其中 LINE 为线性平均,常用于对平稳的随机过程的测量分析,增加平均次数可以减小相对比准偏差;Tcontrol 设置线性平均模式,其中 MOVING 为移动平均,REPEAT 为重复平均;

Count 设置平均功能次数,平均功能模式若是 EXP(指数平均),设定衰减常数,若是 LINE(线性平均),设定平均次数。

• 按 Enter 键确认设置。

测量基础参数时,有三种界面显示风格。每种风格最多显示 5 页。当需要某一个或者几个重要量测参数突出显示时,可自由切换到 View 1 或者 View 4 模式下,人性化显示风格设计。当需要在一个界面同时查看所有参数时,可切换到 View 12 模式。View 1 测量界面如图 17.39 所示。

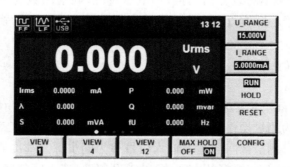

图 17.39　IT9100 菜单软键的功能

其菜单软键的功能为:

• U_RANGE:电压量程设置。

• I_RANGE:电流量程设置。

• RUN/HOLD:运行/保持。

• RESET:复位软键。按下该键后,仪器立即重新测量一次。

• VIEW 1:显示 1 个大 6 个小的视图。

• VIEW 4:显示 4 个大 6 个小的视图。

• VIEW 12:显示 12 个大的视图。

• MAX HOLD (OFF/ON):最大值保持(关/开),可以保持数值数据的最大值。

• CONFIG:基本测量配置。

可测量的数据如表 17.8 所示。

表 17.8　IT9100 参数说明列表

参　数	参数说明	参　数	参数说明	参　数	参数说明
P	有功功率(W)	I_{mn}	电流校准到有效值的整流平均值	U_{mn}	电压校准到有效值的整流平均值
Q	无功功率(Var)	I_{dc}	电流平均值	U_{rmn}	电压整流平均值(V)
S	视在功率(V·A)	I_{pk+}	电流正峰值(A)	U_{dc}	电压平均值(V)
λ	功率因数	I_{pk-}	电流负峰值(A)	U_{ac}	电压交流成分(V)
φ	电压与电流的相位差	I_{pp}	电流峰峰值(A)	U_{pk+}	电压正峰值(V)

参　数	参数说明	参　数	参数说明	参　数	参数说明
F_{syn}	同步源频率	I_{cf}	电流峰值因数	U_{pk-}	电压负峰值(V)
I_{rms}	电流有效值(A)	f_I	电流频率(Hz)	U_{pp}	电压峰峰值(V)
I_{ac}	电流交流成分	I_{rush}	浪涌电流	U_{cf}	电压峰值因数
I_{rmn}	电流整流平均值(A)	U_{rms}	电压有效值(V)	f_U	电压频率(Hz)

IT9100 系列功率表提供基于采样数据显示波形功能,对输入单元的电流和功率进行积分运算、谐波测量等功能,受限于篇幅这里不做一一介绍。

17.2.7　IT8600 系列交直流电子负载

1)基本功能介绍

电子负载是通过控制内部功率(MOSFET)或晶体管的导通量(占空比大小),依靠功率管的耗散功率消耗电能的设备。它能够准确检测出负载电压,精确调整负载电流,同时可以实现模拟负载短路、模拟负载是感性阻性和容性及容性负载电流上升时间。它是开关电源的调试检测时不可缺少的仪器。本文以艾德克斯 IT8600 系列可编程交直流电子负载介绍电子负载的使用。

如图 17.40 所示,IT8600 系列可编程交直流负载可实现 420 V/20 A/1 800 W 的输入范围,提供功能强大的数据测量功能,除了可以测量常规的 V_{rms}、V_{pk}、V_{dc}、I_{rms}、I_{pk}、I_{dc}、W、U_A、U_{AR}、C_F、P_F、F_{req} 等参数外,更提供独特的电压谐波分析功能,以验证待测物(不间断电源 UPS,发电机等)对于电网的谐波干扰,具有高达 50 次电压谐波的分析功能。

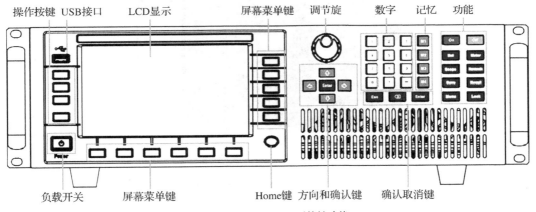

图 17.40　1 IT8600 系列软键功能

(1)操作功能说明

• 调节旋钮:设置光标处的数据值,选择电压/电流量程和调整波形等功能。

• 方向键:菜单编辑通过上下键移动编程项,在右边显示相应选项的提示信息,通过软键进行选择。数字编辑通过上下键移动编程项。通过左右键移动选择编辑的位,通过旋钮来编辑,可以自动进位。

● 数字键：设置时可直接输入数字。

● 记忆键：M1—M4 分别存储 4 个记忆状态。短按可回调以前保存在对应区域的设置参数；长按保存当前设置值到对应区域。

● Enter：确认键。

● Esc：取消键。

● 退出键：数字编辑模式时使用，删除已输入的数字。

● On：负载功能使能，开启负载输入。

● Off：负载功能关闭，关闭负载输入。

● Set：设置按键，设置负载带载的各项参数。

● Meter：基本测量，用来进行基本的测量。

● Scope：示波按键，打开示波功能。

● Harmonic：谐波按键，谐波功能打开，开始测量谐波。

● Save：保存当前设置的负载参数值按键。

● Recall：调出已存储的负载参数设置按键。

● Menu：进入系统菜单，设置系统各项功能的配置参数。

● Lock：键盘锁定键，锁定键盘按钮，复按此键可解锁。

（2）可测量的参数

可测量的参数如图 17.41 所示，参数说明见表 17.9 所示。

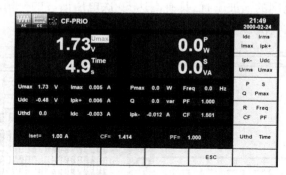

图 17.41　IT8600 的显示界面

表 17.9　IT8600 参数说明列表

参数	参数说明	参数	参数说明
I_{dc}	电流平均值	I_{rms}	电流有效值[A]
I_{max}	最大电流	I_{pk+}	电流正峰值[A]
I_{pk-}	电流负峰值[A]	U_{dc}	电压平均值[V]
U_{rms}	电压有效值[V]	U_{max}	最大电压
P	有功功率[W]	S	视在功率[V · A]
Q	无功功率[Var]	P_{max}	最大功率

参数	参数说明	参数	参数说明
R	电阻值	F_{req}	频率值
CF	峰值因数	PF	功率因数
U_{thd}	电压谐波失真	Time	当开启计时功能时,记录负载 On 的时间,当菜单中的"Timing Mode"为 Off 时,Time 一直为 0

IT8600 系列可编程交直流负载支持定电流模式(CC)、定电阻模式(CR)和定功率模式(CP)三种测量方法。

在定电流及定功率操作模式中,用户可编程功率因数(PF)、峰值因数(CF)或两者均可。在定电阻操作模式下,PF 值则恒为 1。

• 峰值因数 CF:峰值因数是波形峰值和有效值的比值,当 CF 设置为 1.414 时,表示DSP 将创建一个正弦电流波形。

• 功率因数 PF:功率因数是有功功率和视在功率的比值。

在系统菜单中按 Menu＞SYSTEM SETUP 设置 CF 和 PF 及其优先级。

• 当 CF/PF setting 项设置为 CF 时,交流负载模式下只可编程 CF。

• 当 CF/PF setting 项设置为 PF 时,交流负载模式下只可编程 PF。

• 当 CF/PF setting 项设置为 BOTH 时,需要设置 CF 和 PF 的优先级。根据优先级,CF 和 PF 的设定范围受到影响,当优先级是 CF 时,PF 的设定值范围受当前 CF 值的影响,当优先级选择 PF 时,CF 的设定值范围受 PF 的设定值的影响。

在定电流模式下,当电压输入值满足交流负载的最小电压输入要求时,交流电子负载将根据设定的电流值消耗一个恒定的电流有效值,在前面板中按[Set]键,并利用 CC 软键进入CC 模式设定界面。PF 值可以在±1 范围内进行设置,若设定的 PF 为正时,则表示电流超前电压;反之当 PF 设定为负时,则表示电流落后电压。在 CC 模式下,按上下方向键选择需要设置的参数,包括 I_{set}、CF 和 PF 值。电压和电流关系如图 17.42 所示。

在定电阻模式下,交流电子负载被等效为一个恒定的电阻,电子负载将会吸收与输入电压呈线性比的电流,电流的波形与输入电压的波形一致,PF 值恒为 1。按[Set]键,按[CR]软键,进入定电阻 CR 模式的参数设置界面。在此模式下,可通过两种方法修改定电阻值,旋转调节旋钮来设置定电阻值或使用数字键输入电阻值。电阻值、输入电压和负载吸收的电流需要满足公式 $R=U/I$。电压和电流关系如图 17.43 所示。

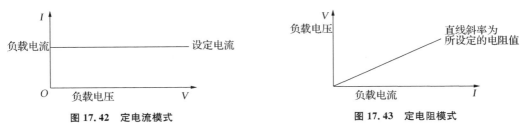

图 17.42　定电流模式　　　　　　　　　　　图 17.43　定电阻模式

在定功率模式下,电子负载将消耗一个恒定的功率,根据功率的设定值吸收相应的电流,如果输入电压升高,则输入电流将减少,功率 $P(=U×I)$ 将维持在设定功率上。电压和电流关系如图 17.44 所示。

IT8600 系列可编程交直流负载支持定电流模式(CC)、定电阻模式(CR)、定电压模式(CV)、定功率模式(CP)和短路模式($SHORT$)五种测量方法。其中 CC、CR、CP 模式和交流负载测量相同。

在定电压模式下,电子负载将消耗足够的电流来使输入电压维持在设定的电压上。电压和电流关系如图 17.45 所示。

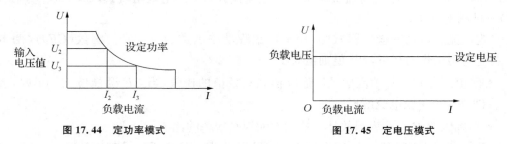

图 17.44　定功率模式　　　　　　　　图 17.45　定电压模式

在直流负载模式下电子负载可以在输入端模拟一个短路电路,可以按[Short]软键来切换短路状态。短路操作不影响当前的设定值,当短路操作切换回 OFF 状态时,负载返回到原先的设定状态。负载短路时所消耗的实际电流值取决于当前负载的工作模式及电流量程。在 CC、CP 及 CR 模式时,最大短路电流为当前量程的 120%。在 CV 模式时,短路相当于设置负载的定电压值为 0 V。开启短路功能步骤为:

• 在 DC 负载功能的主界面,按[SHORT]键进入短路模拟模式。

• 在右侧软键中按[SHORT FUN]软键,按一次设定值在 DIS 和 ENA 之间进行切换,DIS 表示短路功能关闭,ENA 表示短路功能开启。也可以在系统菜单中进行设置:按[Menu]键进入系统配置界面;选择[SYSTEM SETUP]对应的软键,进入系统参数配置界面;按上下方向键选中 Short Function 设置值,在右侧按[On]对应的软键,开启短路模拟功能。

• 按[START]和[STOP]控制短路模拟开始和停止。

18 OrCAD 软件使用简介

18.1 OrCAD 软件系统的组成

OrCAD 软件系统主要有 OrCAD/Capture CIS、OrCAD/Pspice、OrCAD/Layout Plus 等三部分组成。

（1）OrCAD/Capture CIS。它是一个共用软件，在调用 OrCAD 软件包中的其他两个软件以前，都需要首先运行 Capture CIS 软件。Capture CIS 是一个功能强大的电路原理图设计软件，除了可生成各类模拟电路、数字电路和数/模混合电路外，还配备有元器件信息系统 CIS（Component Information System），用以对元器件进行高效管理，同时还有 ICA（Internet Component Assistant）功能，可在设计电路图的过程中从 Internet 的元器件数据库中查阅、调用上百万种元器件。

（2）OrCAD/Pspice。它是一个通用电路模拟软件，除了可对各类模拟电路、数字电路和数/模混合电路进行模拟外，还具有优化功能。该软件中的 Probe 模块，不但可以在模拟结束后显示所得结果的信号波形，而且可以对波形进行各种运算处理，包括提取电路参数特性，分析电路参数特性与元器件参数的关系。

（3）OrCAD/Layout Plus。它是一个印刷电路板（PCB）设计软件。可以直接将 Or-CAD/Capture 生成的电路图通过手工或自动布局布线方式转为 PCB 设计。在 PCB 设计中，板层可达 30 层，布线分辨率为 1 μm。完成 PCB 设计后，可生成三维显示模型，也可直接生成光绘文件。

18.2 OrCAD 软件使用简介

在桌面上点击如图 18.1 所示的图标，即可起动 Capture CIS 软件，图 18.2 为 Capture CIS 软件起动后的窗口。

在图 18.2 中选择 File/New/Project 子命令，屏幕上弹出如图 18.3 所示的"New Project"对话框，需进行下列三项设置。

（1）设置所设计的项目名称：在 Name 文本框中键入新建的项目名称。

图 18.1　Capture CIS 软件的图标

（2）设置所设计的项目类型：若对所设计的电路图进行 Pspice 电路模拟，选择图 18.3 中的"Analog or Mixed—signal Circuit Wizard"；若进行印刷电路板设计，选择图 18.3 中的"PC Board Wizard"；"Programmable Logic Wizard"表示用于 CPLD 或 FPGA 设计；"Schematic"表示绘制一般的电路图。

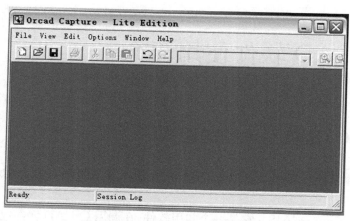

图 18.2　Capture CIS 软件起动后的窗口

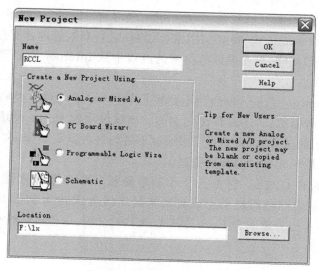

图 18.3　"New Project"对话框

（3）设置所设计项目的路径：图 18.3 中的 Location 用于设置保存新建项目的路径。

上述三项设置完成后，点击"OK"后，出现"Create Pspice Project"对话框，其中"Create based upon an existing project"表示在已有的项目来创建一个新项目；"Create a blank project"表示创建一个空白的项目。在图 18.4 中点击"OK"后，进入 Capture CIS 原理图编辑环境，如图 18.5 所示。

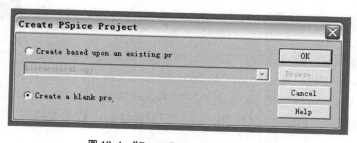

图 18.4　"Create Pspice Project"对话框

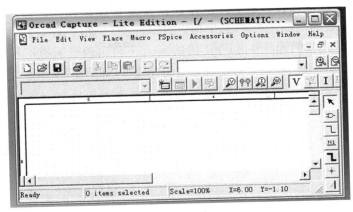

图 18.5 Capture CIS 原理图编辑环境

18.3 OrCAD 软件使用举例

对于 OrCAD 软件使用,从教学的角度,主要解决两个方面的问题,一是如何绘制正确的原理图,二是如何模拟仿真。

下面以一阶 RC 电路的零状态响应为例,简单说明 OrCAD 软件中原理图的绘制及模拟仿真功能。

在图 18.5 中,点击"Place"菜单中的"Part",用以放置相关的元器件。初次使用时,首先要安装相关的元器件库。在图 18.6 中,点击"Add Library",出现如图 18.7 所示的元器件库安装对话框。其中 analog. olb 及 analog—p. olb 包含了常用的无源元器件符号,如电阻、电容、电感等;source. olb 及 sourcstm. olb 符号库包含了常用的电源符号,包括直流、交流、瞬态等不同类型的电源符号;eval. olb 库中包含了常用的数字门电路、其他的逻辑电路以及开关等。

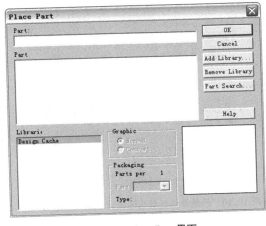

图 18.6 Place Part 界面

图 18.7 元器件库安装对话框

用上述方法将有关元件库安装完毕后,返回到图 18.5 所示 Capture CIS 原理图编辑环境中,点击"Place"菜单中的"Part",此时图 18.6 界面将变成图 18.8 界面,在图 18.8 中,library 下将有已安装的元器件库名,选中相应的库名,在下面的 part 下,将呈现该库名下的所有元器件名,选中相应的元器件名,在上面的 part 下将出现已选的元器件名,点击"OK",在 Capture CIS 原理图编辑环境下将出现相应的元器件,如图 18.9 所示。

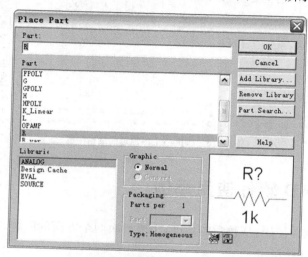

图 18.8　放置元器件的编辑环境

将相应的元器件放置后,我们将发现电阻的阻值固定为 1 k,点击"1 k",将出现如图 18.10 所示的元器件特性编辑环境(Display Properties),根据设计电路,修改电阻的阻值。同样,可放置电容、电源等元器件。开关的元器件名为 Sw-tClose、Sw-tOpen,它们在 eval.olb 库中。对于电感、电容这些储能元件,如果有初始值,可点击该元件,在参数设置中的 IC 项,可设置电容电压、电感电流的初始值。

在调用 Pspice 对电路进行模拟分析时,电路中一定要有一个电位为零的接地点。这种零电位接地点需通过执行 Place/Ground 命令从 SOURCE 库中选用名称为零的符号。

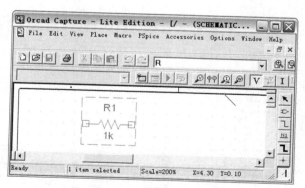

图 18.9　放置元器件下的编辑环境

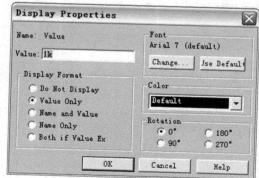

图 18.10　元器件特性编辑环境(Display Properties)

通过上述操作,首先得到图 18.11 的原理图构架。然后,通过 Place/Wire,将各元器件用连接线连接起来,得图 18.12 所示的电路。

当原理图完成后,就可以进行 Pspice 电路模拟仿真。在 Capture CIS 原理图编辑环境下,选中"Pspice/New Simulation Profile",如图 18.13 所示,即可进入电路模拟仿真环境。点击"Pspice/New Simulation Profile"后,将出现图 18.14 所示的模拟仿真文件输入对话框。在 Name 框下,输入模拟仿真文件的文件名,最好和前面输入的项目名一致。

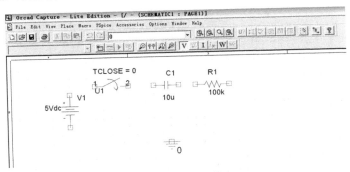

图 18.11　零状态 RC 串联电路原理图构架

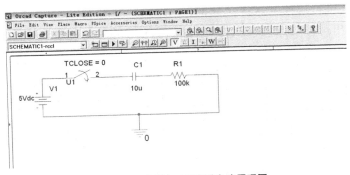

图 18.12　零状态 RC 串联电路原理图

在图 18.14 中,当文件名输入后,点击"Create"后,将出现图 18.15 所示的模拟文件设置对话框(Simulation Settings),用于电路模拟分析和参数设置。其中 Analysis type 用于设置基本分析类型。主要有 Time Domain(瞬态分析)、DC Sweep(直流扫描)、AC Sweep/Noice(交流小信号频率分析)、BiasPoint(直流工作点分析)等四种基本分析类型设置。

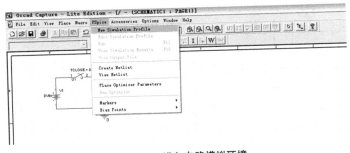

图 18.13　进入电路模拟环境

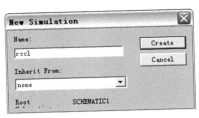

图 18.14　模拟仿真文件输入对话框

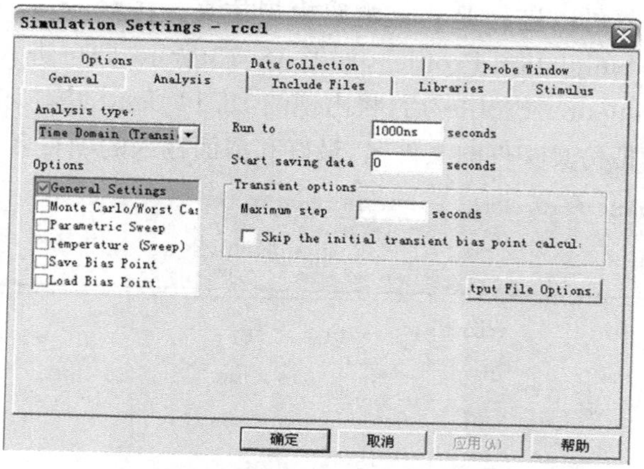

图 18.15　模拟类型和参数设置框

在确定了基本分析类型后,可以在其下方的 Options 栏中,设置在分析类型中还需要同时进行哪几种电路特性分析。对于不同的分析类型,Options 栏中列出的电路特性分析类型也不完全一致。要进行哪种电器特性分析,一定要在 Options 栏中单击该种分析类型名前的复选框,使框中出现选中标志√。其中 General Settings 代表基本分析类型,其左侧复选框中的选中标志是不可更改的。

完成上述设置后,还要进行分析参数设置。不同的电路分析类型,需要设置的分析参数也不相同。在完成上述三类参数设置后,点击"确定"按钮。如果需要修改已经建立的分析类型或电路特性分析类型,则应在 Capture CIS 原理图编辑环境下,选中 Pspice/Edit Simulation Profile,此时屏幕上将重新出现图 18.15 所示的模拟类型和参数设置框,进行重新设置。

对图 18.15 的模拟类型和参数设置框设置完成后,即可进行模拟分析计算。例如对前面的零状态下的一阶 RC 动态电路,对电容元件两端的电压进行模拟分析。首先在图 18.5 的 Capture CIS 原理图编辑环境下,选中"Pspice/Markers/Voltage Differential,"将模拟探针放置在电容元件两端(也可采用图 18.16 所示的测试探针快捷键)。放置后将得到图 18.17 所示的原理图。然后执行 Pspice/Run,将得到图 18.18 所示的模拟仿真结果。

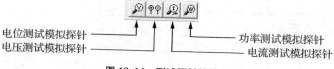

电位测试模拟探针 ——　　　　　　　　—— 功率测试模拟探针
电压测试模拟探针 ——　　　　　　　　—— 电流测试模拟探针

图 18.16　测试探针快捷键

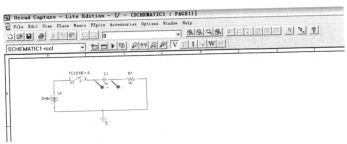

图 18.17　放置模拟电压探针后的零状态下的一阶 **RC** 动态电路

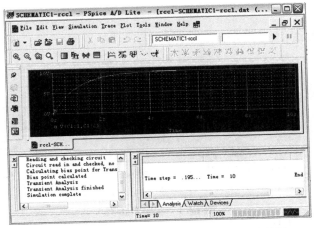

图 18.18　零状态下的一阶 **RC** 动态电路模拟仿真结果

最后,简单介绍在有关实验中将会用到的方波信号的参数设置说明。在图 18.5 Capture CIS 原理图编辑环境,选择执行 Pspice/Part 子命令,选中 source. old 库,从该库中调出 VPULSE 元件即可。放置该元件后,需要对该元件的参数加以设置后方能模拟仿真。该元件的各参数含义如图 18.19 所示。

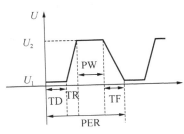

图 18.19　**VPULSE** 元件的参数含义

19 常用实验装置介绍

19.1 HKDG-1型实验装置及功能模块

19.1.1 实验台正面图

实验台正面图如图 19.1 所示。

图 19.1 实验台正面

19.1.2 实验台侧面图

实验台侧面图如图 19.2 所示。

图 19.2 实验台侧面

19.1.3 总开关(含漏电保护功能)

总开关如图 19.3 所示。

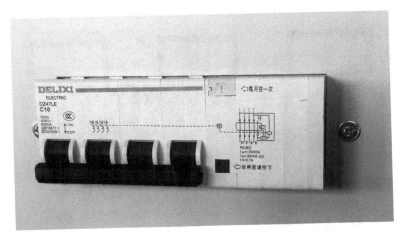

图 19.3 总开关

19.1.4 自耦调压器

自耦调压器如图 19.4 所示。

图 19.4 自耦调压器

19.2　三相交流电源模块

三相交流电源模块如图 19.5 所示。

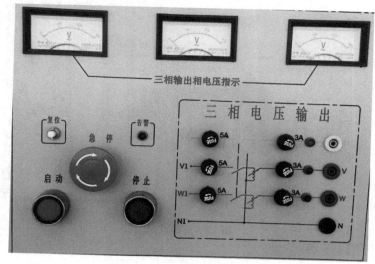

图 19.5　三相交流电源模块

19.3　直流电源模块

直流电源模块如图 19.6 所示。

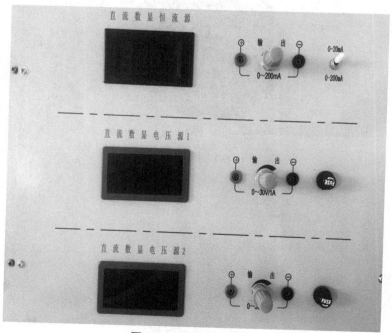

图 19.6　直流电源模块

19.4 直流电表模块

直流电表模块如图 19.7 所示。

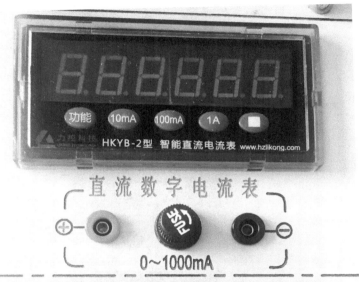

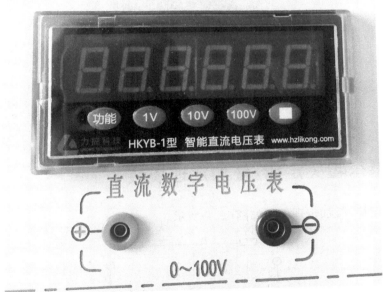

图 19.7 直流电表模块

19.5　交流电表模块

交流电表模块如图 19.8 所示。

图 19.8　交流电表模块

19.6　基尔霍夫定律/叠加定理模块

基尔霍夫定律/叠加定理模块如图 19.9 所示。

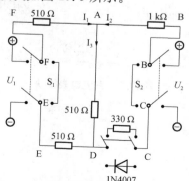

图 19.9　基尔霍夫定律/叠加定理模块

19.7　戴维南定理/诺顿定理模块

戴维南定理/诺顿定理模块如图 19.10 所示。

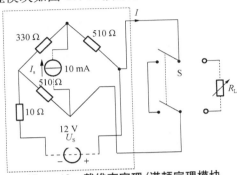

图 19.10　戴维南定理/诺顿定理模块

19.8　元件箱

元件箱如图 19.11 所示。

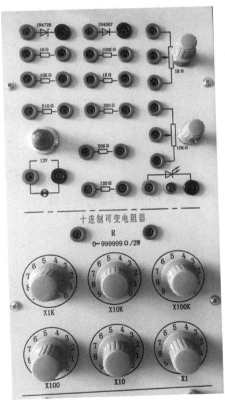

图 19.11　元件箱

19.9　日光灯实验箱

日光灯实验箱如图 19.12 所示。

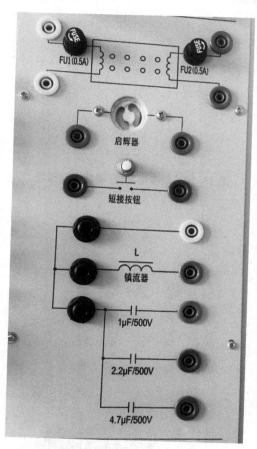

图 19.12　日光灯实验箱

19.10   三相负载电路模块

三相负载电路模块如图 19.13 所示。

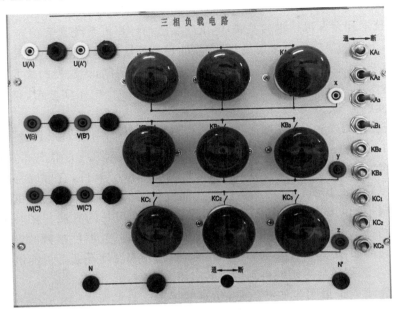

图 19.13   三相负载电路模块

20 电路仿真软件（EWB）简介

　　随着电子技术和计算机技术的发展，电子产品已与计算机系统紧密相连，电子产品的智能化日益完善，电路的集成度越来越高，而产品的更新周期却越来越短。在电子技术高速发展的今天，新电路、新器件不断涌现，由于实验室受条件的限制，无法及时满足各种电路的设计和调试要求，采用软件仿真的方法，以计算机软件虚拟一个电子实验台，是解决这些问题的一个比较现实的方案。

　　电子工作台（EWB）是一种不受工作场地、仪器设备和元器件品种、数量限制的，由加拿大 Interactive Image Technologies 公司于 20 世纪八十年代末九十年代初推出的、专门用于电子线路仿真的"虚拟电子工作台"（Electronics Workbench）软件，它可以将不同类型的电路组合成混合电路进行仿真。它给从事电子产品设计、开发等工作的人员克服对所设计的电路进行实物模拟和调试将面临的困难，提供了一种切实可行的方法。在对所设计的电路进行实物模拟和调试过程中，可以随心所欲地完成电路数据、元器件参数的设定、修改，使整个电路性能达到最佳，达到设计要求的技术指标，顺利完成设计任务。目前该软件已在电子工程设计、电子类课程教学等领域得到广泛的应用。

　　电子工作台（EWB）最明显的特点是：仿真的手段切合实际，选用元器件和仪器与实际情形非常相近。绘制电路图需要的元器件、电路仿真需要的测试仪器均可直接从屏幕上选取，而且仪器的操作开关、按键同实际仪器极为相似，因此容易学习和使用。

　　EWB 的元器件库在提供了数千种电路元器件供选用的同时，还提供了各种元器件的理想值，并且还可以新建或扩充已有的元器件库，其建库所需的元器件参数可从生产厂商的使用手册中查到。

　　EWB 提供了较为详细的电路分析手段，不仅可以完成电路的瞬态分析和稳态分析、时域和频域分析、器件的线性和非线性分析、电路的噪声分析的失真分析等常规电路分析方法，而且还提供了离散傅里叶分析、电路零极点分析、交直流灵敏度分析和电路容差分析等共计 14 种电路分析方法。

　　EWB 还可对被仿真电路中的元件设置各种故障，如开路、短路和不同程度的漏电等，从而观察在不同故障情况条件下的电路工作状况。在进行仿真的同时，还可以存储测试点的所有数据，列出被仿真电路的所有元器件清单，以及存储测试仪器的工作状态、显示波形和具体数据等。该软件创建电路图所属的元器件库与目前常见的电子线路分析软件的元器件库完全兼容，其完成的电路文件可直接输出至常见的印制线路板排版软件，自动排出印制电路板。

　　EWB 在帮助学生了解和掌握 EDA 技术及提高学习电子技术的效率方面，其优越性是不容置疑的。

参 考 文 献

[1] 熊伟,侯传教,梁青,等. 基于 Multisim 14 的电路仿真与创新[M]. 北京:清华大学出版社,2021.

[2] 陶晋宜,李凤霞,任鸿秋. 基于 Multisim 的电工电子技术[M]. 北京:机械工业出版社,2021.

[3] 何胜阳,赵雅琴. 电路基础创新与实践教程[M]. 哈尔滨:哈尔滨工业大学出版社,2020.

[4] 许其清,宋卫菊,庞丽莉,等. 电工电子技术基础[M]. 北京:机械工业出版社,2022.

[5] 薛同译. 电路实验技术[M]. 北京:人民邮电出版社,2003.

[6] 褚南峰,田丽鸿. 电工技术实验及课程设计[M]. 北京:中国电力出版社,2005.